양자물리학과
깨달음의 세계 2

양자물리학과 깨달음의 세계 ❷

1쇄발행 2014년 6월 26일
2쇄발행 2017년 11월 27일

지 은 이 양철곤
펴 낸 이 최지숙
편집주간 이기성
편집팀장 이윤숙
기획편집 윤일란, 이하영
표지디자인 신성일
책임마케팅 임용섭, 장일규
펴 낸 곳 도서출판 생각나눔
출판등록 제 2008-000008호
주 소 서울시 마포구 동교로 18길 41, 한경빌딩 2층
전 화 02-325-5100
팩 스 02-325-5101
홈페이지 www.생각나눔.kr
이 메 일 bookmain@think-book.com

• 책값은 표지 뒷면에 표기되어 있습니다.
ISBN 978-89-6489-291-6 94420
세 트 978-89-6489-288-6 94420 (전 2권)

• 이 도서의 국립중앙도서관 출판 시 도서목록(CIP)은 서지정보유통지원시스템 홈페이지(http://seoji.nl.go.kr)와 국가자료공동목록시스템(http://www.nl.go.kr/kolisnet)에서 이용하실 수 있습니다(CIP제어번호: CIP2014017092).

알기 쉽게 강의식으로 풀어 쓴 마음 경영서

양자물리학과 깨달음의 세계 2

"종교 없는 과학은 불완전하며, 과학 없는 종교는 맹목적이다."
"진정한 종교는 현실 속에 살아있다. 모든 사람의 영혼과 함께 살아가며, 모든 사람의 선과 정의와 함께 살아간다."

– 앨버트 아인슈타인 –

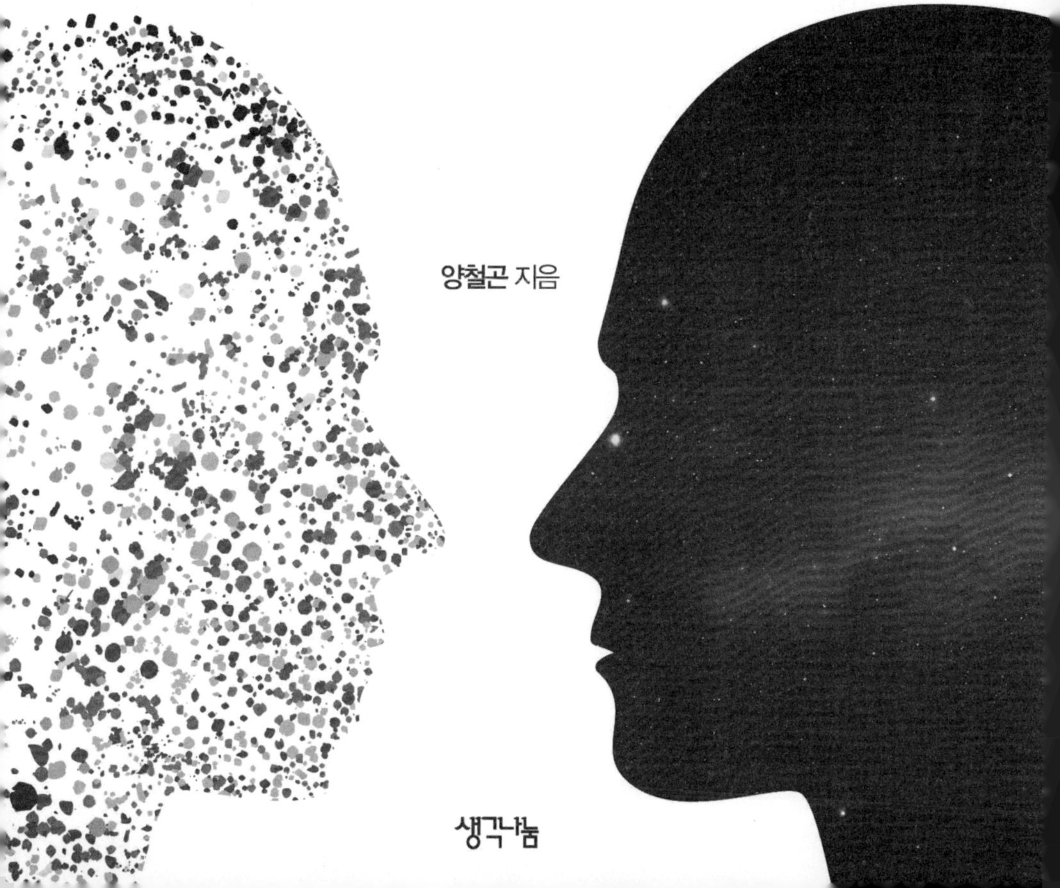

양철곤 지음

생각나눔

| 차례 |

제 19 강

내 안에 있는 세 개의 '나' 8

원력願力으로 하라! 14

이익되게 화火내는 방법 15

참나(진아眞我)와 공 16

진짜 나(참나, 진아眞我)와 가짜 나(가아假我) 20

'참나(진아眞我)'와 '거짓 나(가아假我)' 22

제 20 강

마음을 읽는 법 29

내 생각 버리기 32

깨달음으로 가는 지름길 36

제 21 강

명상을 하는 이유와 그 방법 43

여실지견如實知(之)見 53

제 22 강

명상과 형성 작용 65

자기계발(마음경영)이 어려운 이유 74

제 23 강

무념無念, 무상無相, 무주無住 92

제 24 강

삶에서 발생하는 모든 문제를 지혜롭게 해결하는 공식 107

| 세상 살기가 왜 이리도 힘들고, 세상은 왜 이리도 시끄러울까? 108

| 삶의 모든 문제를 해결할 수 있는 지혜로운 방편(공식, 원리, 중도) 112

제 25 강

여섯 개의 공식을 하나로 회통시킨 완성된 중도의 지혜 149

| 지혜롭게 한다는 것의 의미 155

제 26 강

구求하거나 얻으려 하지 마라! 161

제 27 강

본질과 학설 176

| 세상 모든 것은 어디에서 오고 어디로 갈까요? 191

제 28 강
깨달은 사람의 지혜를 빌린다는 것 197
| 삶의 지혜(열쇠) 221

제 29 강
자기 방어 본능 223
| 알아차린 것은 어떻게 내려놓을까? 229

제 30 강
논리적인 사고와 관계성을 길러라 237

제 31 강
해탈解脫 245
| 해탈은 모든 것으로부터 자유로워지는 열쇠다! 252
| 무소유 255

제 32 강
삶의 열쇠 262
| 또 하나의 열쇠 268
| 부모와 자식의 인연 270
| 나이에 따른 자식 교육 방법 275

제 33 강
신앙인의 종교와 수행인의 종교 281
상견常見과 단견斷見 286
종교라는 것 288

제 34 강
믿음과 우상 298

제 35 강
회 통 會 通 314

* 慧山이 하고 싶은 말 321
* 참고 문헌 392

제 19 강

내 안에 있는 세 개의 '나'

이번 강의는 5강 마음의 구조와 작용에서 공부한 내용을 잘 활용해서 그 의미를 새기기 바랍니다.

우리는 일반적으로 '나我'라고 하면 지금 활동하고 있는 나를 나라고 생각하기 때문에 나는 하나밖에 없는 것으로 생각합니다. '나'라고 하는 것도 내 생각이 만들어 내는 것이기 때문에 결국은 마음(생각)의 소산물所産物입니다. 인간의 마음은 하나이면서 그 하나 안에 세 개의 방이 있으며 각 방에서 하는 인식작용(형성작용, 업식)이 다릅니다. 인식작용이 다르다는 것은 하는 역할이 다르다는 말입니다. 결국, 인식작용에 따라서 만들어지는 세 개의 '나'가 있게 됩니다.

인간의 인식작용은, 다섯 개의 감각기관인 눈, 귀, 코, 혀, 몸(전오식前五識)을 통해서 들어오는 정보를 뇌에서 받아들여 6의식이 만들어지고, 6의식은 7말나식의 지배를 받고, 7말나식은 8아뢰야식의 지배를 받아 말과 행동으로 나타내는 것은 6의식에서 합니다. 8식에서 7식을 거쳐 6식으로 표출(행동)되는 데 걸리는 시간은 약 0.2초(거의 동시) 정도 걸립니다.

1) 6의식은 우리가 가장 많이 쓰는 마음이기 때문에 겉으로 드러나는 마음이라는 의미에서 표층의식이라 합니다.

6의식 자체는 눈, 귀, 코, 혀, 몸으로부터 들어오는 정보를 깊게(복잡하게) 생각하지 않고 단순하게 판단하고 분별하는 역할만 합니다. 예를 들어, 꽃이 아름다우면 아름답다고 느끼고, 음식이 맛이 있으면 맛있다고 느끼고 맛이 없으면 맛이 없다고 느끼면서 분별하는데 그냥 분별하는 것이 아니라 싫다 좋다와 같이 차별을 지으면서 분별하기 때문에 경계(대상)에 항상 끌려다닙니다. 단순하게 비교만 하는 차별이므로 6의식 자체에서 느끼고 분별하는 것은 사람마다 큰 차이는 없습니다. 다시 말해서, 내가 맛있다고 느끼거나 아름답다고 느끼는 것은 많은 사람에게서 거의 같은 느낌으로 나타난다는 말입니다.

2) 7말나식은 6의식과 8아뢰야식을 연결시켜주는 중간 역할을 한다고 해서 '중간의식'이라고도 합니다.

7말나식에는 자아의식이 있기 때문에 6의식에서 받아들인 정보를 깊게 사량思量(생각하고 헤아림)하는데 모든 정보를 자기중심적(이기적)으로 사량함으로써 나에게 이익 되는 것은 취하고(취取) 이익되지 않으면 버리는(사捨)취사선택을 합니다.

6의식과 7말나식은 마음의 5%를 차지합니다.

3) 8아뢰야식(무의식, 업장業藏)은 누구에게나 본래 갖추어져 있는 청정심(본래심)이기 때문에 본질적으로는 모든 사람이 똑같습니다.

여기에는 본래 아무것도 없이 텅 비어 있었으나 내 생각(무명)으로 6식과 7식에서 만들어진 삶의 찌꺼기(업業, 업식종자業識種子)가 저장되어 있으며, 마음의 95%를 차지하고 있습니다.

무의식에 저장된 업(경험, 지식, 습관)은 6의식과 7말나식이 모든 것을 판단할 때 이 업식業識 (업의 활동)에 의해서 이루어지기 때문에 비록 겉으로 드러나지는 않으나 안으로는 6식과 7식을 강력하게 지배하게 됩니다. 무의식은 지나간 과거의 모든 것을 저장하는 창고(업장業藏)지만 6식과 7식을 지배하고 있기 때문에 과거이면서 실질적으로는 현재 진행형입니다.

이와 같은 마음의 구조에서 형성되는 '나'는 세 개의 '나'가 있습니다.

첫 번째 '나': 무의식(아뢰야식)에 저장되어있는 업에는 두 가지가 있습니다. 태어나서 지금까지(금생) 배우고 익힌 것이어서 내가 기억할 수 있는 것과 태어나기 이전(전생)에 배우고 익힌 것이어서 전혀 기억할 수 없는 것(타고나는 기질, 성격, 본능적인 것)입니다.

금생에 만들어진 업의 인식작용(업식)에 의해서 만들어지는 '나'는 첫 번째 '나'입니다. 첫 번째 '나'는 금생의 일이기 때문에 내가 알 수 있는 '나'이기 때문에 이것으로 일어나는 현상은 그 원인을 찾기가 비교적 쉽습니다.

두 번째 '나': 태어나기 이전의 전생에 만들어진 업의 인식작용(업식)에 의해서 만들어지는 '나'는 두 번째 '나'입니다. 두 번째 '나'는 전혀 알 수가 없습니다. 그러나 자기계발(수행)을 통해서 원리를 깨닫게 되면 통찰력(지혜)으로 알 수가 있습니다. 이것이 전생을 아는 것입니다.

세 번째 '나': 첫 번째 '나'와 두 번째 '나'는 나의 업(업식, 무명, 내 생각)으로 만들어진 이기적인 가짜 '나(가아假我)'인데, 우리는 이것을 진짜 '나'인 것으로 착각하면서 살아가기 때문에 생사生死가 있는 것으로 생각하면서 고통스럽게 살아가고 있습니다.

세 번째 '나'는 진짜 '나'(참나, 진아眞我)로서 누구에 의해서 만들어진 '나'가 아니라 모든 사람에게 본래 갖추어진 깨끗한 마음(본래심, 청정심)의 '나'입니다. 다시 말해서, 첫 번째 '나'와 두 번째 '나'가 없어진 '나'를 말하기 때문에 생사가 없는 영원불멸의 본래 '나'입니다.

세 번째 '나'는 깨끗한 거울에 비교되며, 첫 번째 두 번째 '나'는 거울에 낀 먼지나 때에 비교됩니다. 우리가 찾으려 하는 '나'는 바로 이것이며, '참나'는 자기계발(수행)을 통해서 깨달음으로 체득體得(증득證得)하는 것입니다.

첫 번째 '나'와 두 번째 '나'는 가아假我로서 생멸이 있고 윤회를 합니다. 그러나 세 번째 '나'는 '참나'(진아眞我)로서 생멸이 없고 업식에 의한 의무적인 윤회를 하지 않습니다.

자기계발이 완성되면 제8아뢰야식에 저장되었던 모든 업이 소멸되고 본래심으로 회복되는데(되돌아감) 이것을 '열반에 들었다'라고 합니다.

본래심은 마치 거울은 본래 깨끗해서 무엇이든 앞에 나타나면 있는 그대로 비추기만 하고 사라지면 어떠한 자취도 남기지 않는 것과 같습니다. 그러나 거울에 먼지나 때가 끼면 있는 그대로 비추지 못할 것입니다. 8아뢰야식(무의식)에 끼는 먼지나 때(업)는 내 생각에 의해서 만들어지기 때문에 내 생각을 바꾸면(내려놓으면) 저절로 본래의 모습을 되찾게 되는 것입니다. 그래서 이 공부는, 더러운 마음을 닦아서 깨끗한 마음으로 만드는 것이 아니라 본래의 모습(청정심, 진여)으로 되돌아가는(회복) 공부입니다. 이와 같이 우리의 본래 모습은 청정하기 때문에 누구나 공부해서 원리(진리)를 깨달으면 자기계발이 완성될 수 있는 것입니다.

본래심本來心은 무심無心이기 때문에 행行하기는 행하였으나 행한 바가 없는 행이기 때문에 어떠한 업도 남기지 않습니다. 이 말을 다른 말로 나타낸 것이 바로 "거울은 본래 깨끗해서 무엇이든 앞에 나타나면 있는 그대로 비추기만 하고 사라지면 어떠한 자취도 남기지 않는다."입니다.

예를 들어, 도와주어야 할 일을 만나면 그냥 무심으로 도와줄 뿐 어떠한 다른 마음을 일으키지 않는다는 말입니다. 다만, 작용만 한다는 뜻입니다.

이와 같이 과거로부터 지금까지 지은 모든 업은 소멸시키고 앞으로는 어떠한 업(삶의 찌꺼기)도 남기지 않으므로 윤회의 주체가 되는 업이 8아뢰야식에 하나도 저장되지 않기 때문에 더 이상 의무적인 윤회는 하지 않게 됩니다. 본래심은 "모든 것은 있는 그대로 하나다."라는 진리(원리)와 같기 때문에 어떠한 경우에도 모두를 이익되게 합니다.

8아뢰야식에는 초월된 능력이 여러 가지 있는데, 이 능력은 자기계발(수행)이 진전되는 만큼 비례해서 쓸 수 있습니다. 초능력에는 일반적인 인간의 능력으로는 불가능한 일을 하는 것도 있지만 진정한 초능력은 어떠한 경우에도 모두를 이익되게 하는 그 능력(중도, 지혜)을 말합니다.

결론적으로 자기를 계발한다는 것은, 6의식과 7말나식의 인식작용(형성작용, 업식業識)으로 만들어진 이기적인 '나(가아假我)'를 바꾸어 8아뢰야식(무의식)에 본래 갖추어진 청정한 마음(진아眞我)을 일으켜 쓰는 것입니다. 다시 말해서, 모든 경계(대상, 객관)에 물든 6식과 7식, 즉 염오식染汚識의 작용으로 살아가던 '나'를 바꾸어 8식에 저장된 모든 삶의 찌꺼기를 제거함으로써 본래심(본성本性)으로 되돌아간 9백정식白淨識을 일으켜 쓰는 것을 말합니다.

금생의 업(삶의 찌꺼기, 삶의 결과물)은 다음 생으로 윤회할 때 윤회의 원인(주체)이 됩니다. 그래서 업을 만들지 않으면 윤회의 주체가 되는 원인(인因)이 없어짐으로 태어남이라는 결과(과果)가 생기지 않습니다. 따라서 첫 번째, 두 번째 '나(가아)'가 없는 본래의 '나(진아)'는 본래 나고 죽음이 없을 수밖에 없습니다. 그래서 태어나고 죽음(생멸生滅)에는 자아自我가 있는 것이 아니고 단지 원인과 결과만 있을 뿐입니다(12연기를 참고하기 바랍니다).

* 지금까지 내 안에 있는 세 개의 '나'는 어떻게 생겨났으며, 각각이 하는 역할은 무엇인지에 대해 간략하게 정리해 보았습니다.

내 안에 있는 세 개의 나를 확실하게 안다는 것은 곧 깨달음을 의미하기 때문에 지금까지 공부한 것들을 내용으로 각자 깊게 헤아려 볼 것을 바라는 마음에서 상세하게 서술하지 않았습니다. 원리를 적용해서 참구參究하기 바랍니다.

* 원력願力으로 하라! *

"일할 때 하는 일에만 집중하고 다른 생각을 하지 않는다."는 말은 '그냥 한다'는 의미입니다. 다시 말해서, 지금까지 얼마나 했는가? 또는 앞으로 해야 할 것이 얼마나 남았는가? 와 같은 것을 헤아리지 말라는 뜻입니다. 이러한 생각은 거의 대부분 번뇌 망상이기 때문에 일을 하는데 있어서 전혀 도움이 되지 않을 뿐만 아니라 대개의 경우 부정적인 생각이 떠올라 "아직도 이것밖에 못 했구나!" 또는 "이렇게 많이 남아있네!"라고 생각하기 때문에 일이 힘들어지고 고통스럽습니다. 반대로 "벌써 이렇게 많이 했구나!" 또는 "이것밖에 남지 않았구나!"라고 긍정적인 생각을 하면 도움이 되기도 하지만 무심으로 그냥 하는 것보다는 못합니다.

그냥 한다는 것은 긍정과 부정의 양 극단을 떠난 중도로 하는 것, 즉 원력願力으로 하는 것을 말합니다. 일반적으로 긍정적인 생각은 좋은 생각이고 부정적인 생각은 좋지 않은 생각이라고 하지만 이것은 좋다-나쁘다로 분별한 것이므로 둘 다 마음(한 생각)을 일으켰다는 의미에서는 갈습니다. 그러나 그냥 무심으로 하는 것은 어떠한 마음도 일으키지 않고 그야말로 그냥 최선을 다하는 것입니다.

무슨 일이든 그냥 최선을 다한 것이 조금씩 모여 큰 것을 이루는 것입니다. 애를 쓰면서 하는 일은 즐겁지 않고 그냥 하는 일은 늘 즐겁습니다. 애를 쓴다고 일이 잘되는 것은 아닙니다. 애를 쓰면서 하는 일은 인연(연기, 조건)을 따라가지 않고 인연을 자의적(의도적, 억지로)으로 만들기 때문에 순리를 거스르게 되고 무리하기 쉬우나 그냥 하는 일은 인연을 거스르지 않고 오는 대로 잡아 쓰기 때문에 결코 무리할 일이 없습니다. 무엇보다 중요한 것은 이루고 난 뒤 전자의 경우는 나누기가 어려우나 후자는 나누기가 쉬워진다는 사실입니다.

* 이익되게 화火내는 방법 *

화火가 나는 이유 중에서 가장 많은 경우는, 일의 크고 작음에 관계없이 내가 싫어하는 일을 여러 차례 반복해서 상대방이 계속할 때입니다. 화란? 이럴 때 강력하게 "나는 그것이 싫다."는 의사를 상대방에게 표현하는 일입니다. 그래서 화를 어떻게 내고 어떻게 받아들이느냐의 문제는 매우 중요합니다. 지금까지 공부한 것을 토대로 생각해 보기 바랍니다.

우리는 일반적으로 화를 낼 때 상대방을 미워하게 됩니다. 때문에 화가 나면 나도 모르게 평상시에 마음에도 없던 말을 마구 쏟아놓게 되고 이로 인해 문제는 점점 더 커지게 됩니다.

자기를 계발하게 되면 미워하는 마음 없이(무심無心으로) 화내는 방법을 알게 됩니다. 다시 말해서, 화내는 것을 모두를 이익되게 하는 하나의 방편으로 쓸 줄 안다는 말입니다. 이렇게 무심無心으로 화를 내면 그 화낸 것으로 인해서 2차 3차 다른 일이 발생하지 않습니다. 미워하는 마음 없이 화를 냈기 때문에 화를 내고 돌아서면 바로 잊어버리므로 화를 낸 것에 대한 찌꺼기(업業)가 남지 않습니다. 이때 상대방이 마음의 상처를 입지 않게 잘 관찰하여야 합니다. 그래서 화는 가급적 내지 않는 것이 최선이나 상대방에게 내 의사(정견正見)를 강력하게 전달해서 이익이 되게 하고 싶을 때는 필요에 의해서 방편으로 쓸 수 있어야 합니다. 그래서 선禪은 활발하게 살아있어야 된다고 말합니다.

불행을 극복하는 것이 행복이듯이 화를 서로 이익이 되게 하는 기회로 삼을 줄 알아야 합니다. 그러나 이 방편은 마음의 움직임을 잘 알아차려야 가능하므로 공부가 많이 되었을 때 쓸 수 있다는 사실도 함께 알아야 합니다.

* 참나(진아眞我)와 공空 *

수행자들은 진짜 나, 즉 나의 본질이 무엇인가를 알고 싶어 합니다. 그러나 나의 본질은 쉽게 드러나지를 않습니다. 지금 내가 나라고 생각하는 나는 가짜 나로서 진짜 내가 옷을 입고 있는 형상인데 이것은 마치 사이버라는 가상공간假想空間에서 사용자의 분신처럼 사용되는 가상의 자아(아바타), 그래픽(그림이나 도형, 사진 등 다양한 시각적 형상形象이나 작품을 통틀어 이르는 말), 아이콘(유사한 물건)과 같습니다. 다시 말해서, 가상의 자아(아바타), 그래픽 아이콘은 가짜 나를 뜻하고, 이것을 사용하는 자(부리는 자, 게임을 하는 사람)는 진짜 나(참나)라는 말입니다. 참나를 찾기 어려운 이유는 가짜 나가 진짜 나인 것으로 너무나 오랜 세월 착각하면서 살아왔기 때문에 이것이 개념화되어 개개인의 무의식(제8아뢰야식)에 깊숙이 자리 잡고 있기 때문입니다.

참나는 본래 상주常住(항상恒常한 것)하던 것으로서 우주를 창조하고 어떠한 것도 다 가능하게 하는 전지전능全知全能(무한한 가능성)한 실존이며 에너지이기 때문에 인간의 능력으로는 감지할 수 없는 것이며, 어떠한 개념도 초월해 있는 것(벗어나 있음)입니다. 그렇기 때문에 무의식에 저장되기가 매우 어려우며 다만, 아직까지는 깨달음으로 체득體得(증득證得)하는 것만이 유일한 방법입니다.

참나는 여러 가지 이름으로 쓰이고 있는데, 진여眞如(법法), 진리, 창조주, 신神을 의미하는 모든 말을 뜻합니다. 참나의 작용에 의해서 만들어진 것으로는 우주에 존재하는 모든 것들(만상)입니다. 참나는 스스로의 작용으로 만들어낸 모든 것들을 통해서 자신의 모습을 나타내고 있으므로 우주만상은 있는 그대로 참나의 서로 다른 모습이기 때문에 모든 것은 다 참나입니다. 그래서 불교에서는 있는 그대로 부처 아닌 것이 없고, 모든 것에는 다 불성佛性이 있다고 하며, 모든 것이 법法이기 때문에 법을 법이라고 단정 지어 말하면 그것은 이미 법이 아니라고 말합니다. 기독교에서는 하나님을 창조주라 하기 때문에 다를 것이 조금도 없습니다.

참나의 세계와 가짜 나의 세계를 물리적(과학적)으로 본다면, 참나는 미시세계의 영역이고 가짜 나는 거시세계의 영역입니다. 거시세계는 3차원이고 미시세계는 3차원 이상의 고차원이기 때문에 3차원에서 살고 있는 인간은 참나의 작용을 인식할 수 없습니다.

20세기에 들어와서 양자물리학이 등장하면서 미시세계를 조금씩 알게 되었으나 아직은 가야 할 길이 멀었습니다. 물건이 중력에 의해 떨어진다는 사실도 아직은 명쾌하게 밝혀내지 못하고 있는 실정입니다. 이런 이유로 참나의 세계(미시세계)는 실존하고 있으나 상대적으로 분리되어있는 현상계에서 살아가고 있는 인간의 의식으로는 인식할 수 없기 때문에 인간의 차원(3차원)에서 볼 때 참나를 어쩔 수 없이 공空이라는 말로 대신하고 있는 것입니다.

참나는 인간의 어떠한 개념도 떠나 있으므로 언어문자로 나타낼 수는 없습니다. 그러나 참나가 작용할 때는 아무렇게나 작용하는 것이 아니라 참나의 성품대로 일정하게 작용하는데 이것을 원리라고 합니다. 따라서 원리에 대해서는 언어문자로 나타낼 수 있기 때문에 원리를 깨달으면(체득하면) 참나와 늘 함께할 수 있다는 말입니다. 이러한 이유로 우리가 깨달아야 할 대상은 원리입니다. 우주는 공空의 원리대로 돌아가고 있습니다. 봄, 여름, 가을, 겨울이 있고 철 따라 꽃이 피고 지고, 우리가 사랑하기도 하고 미워하기도 하며, 개개인이 인생을 살아가고 있는데 이러한 일정한 법칙들이 모두 공에서 나옵니다. 만약 아무것도 없이 텅 비어있는 것이 공이라고 생각했다면 그것은 공(참나)이 아니라 하나의 상相(견해, 개념)입니다. 공은 모든 가능성(전지전능)을 다 갖추고 있기 때문에 진공眞空은 묘유妙有입니다. 다시 말해서, 미시세계와 거시세계에서 일어나는 모든 사건이 다 공의 작용(원리)이라는 말입니다.

참나의 작용으로 인해서 만상이 생겨나고 그 만상을 통해서 참나가 각각의 또 다른 모습을 나타내기 때문에 만상(모든 존재)이 없다면 공(참나)도 무의미해집니다. 가짜 나(에고ego, 자아自我)를 통해서 진짜 나를 나타내기 때문에 가짜 나가 없다면 진짜 나는 드러낼 수 있는 매개체가 없어지기 때문에 의미가 없어진다는 말입니다. 가짜 나와 공의 만남이 우리 인생의 전부입니다. 가짜 나가 진짜 나와의 만남을 아름답게 끌고 가면 성인이 될 것이고, 아름답지 않게 끌고 가면 나쁜 사람이 됩니다.

공은 오직 존재하면서 알아차리고 있는 무서운 능력을 지니고 있어서 가짜 나가 한 행위에 대해 한 치의 어김도 없는 인과因果를 적용시키기 때문에 가짜 나가 무지와 아집에 사로잡혀 공(진짜 나)을 보지 못하고 자기 마음대로 막살게 되면 일정한 인과를 발생시킵니다. 만약에 공이 텅 빈 존재라면 아무리 나쁜 짓을 해도 그 과보가 돌아오지 않아야 할 것입니다.

인간은 누구나 참나(공空)와 가짜 나(불공不空)의 영역을 가지고 있습니다. 공의 영역은 절대계로서 시공간이 없습니다. 참나는 생각이 끊어졌기 때문에 시간과 공간을 알지 못하고, 오직 존재하고 오직 알아차림(모든 가능성)만 있을 뿐입니다. 불공의 영역에서의 나는 마치 게임 속의 캐릭터(아바타)와 같은 존재입니다. 게임 속의 나는 아바타일 뿐 참나가 아님을 자각하고 내가 하는 모든 행동은 참나의 아바타라는 사실을 확실하게 알고 참나와 함께하는 일(깨어있음)이 끊어지지 않으면 확철대오(견성) 했다고 말합니다. 나의 본질이 본래 공(참나)인 줄 알고 중도를 체득함으로써 중도적인 삶을 살아가는 것이 도道(선禪)입니다.

* 진짜 나(참나, 진아眞我)와 가짜 나(가아假我) *

'진짜 나'는 어떠한 것에도 때 묻지 않은 발가벗은 나를 말합니다. 이것은 우주에 본래부터 있었던 것으로서 만상을 존재하게 한 원인(본질, 체體)이며 항상恒常한 것이기 때문에 불생불멸입니다. '진짜 나'는 여러 가지 의미로 이름 하여 지는데, 진여眞如, 진리, 법法, 불성佛性, 여래如來, 원각圓覺, 일심一心, 본래심本來心, 청정심淸淨心, 하나님, 신神 등입니다. '진짜 나'의 성품을 '원리原理'라고 합니다. '진짜 나'를 '양심良心'이라는 의미로 사용해도 무방합니다. '진짜 나'는 무한한 가능성을 지니고 있으며 인간이 행하는 모든 것을 비롯해서 우주 만상도 '진짜 나'의 작용이 겉으로 드러난 모습(상相)입니다. 이 사실을 확연히 깨치면(체득體得) 모든 것이 하나로 꿰뚫어지는 '회통會通'이 이루어집니다.

'진짜 나'와 영원히 함께하는 것을 불교에서는 열반涅槃에 들었다고 합니다. 열반에 들게 되면 상락아정常樂我淨의 네 가지 덕(사덕四德)을 누리게 되는데, 상常은 생멸 변천함이 없으므로 영원함을 뜻하고, 낙樂은 생사의 고통이 없으므로 자연법칙에 따라 행위하고 인위적인 작위를 하지 않는 무위無爲의 안락함이며, 아我는 망상(내 생각)에 집착하는(아집我執) 나(가아假我)를 버리고 참나(진아眞我)와 항상 함께함이며, 정淨은 번뇌의 더러움을 벗어나 청정한 자성을 얻었음을 말합니다. 쉽게 말해서 영원한 행복(구원)에 드는 것을 의미합니다.

'가짜 나'는 과거(전생)로부터 지금까지 배우고 익힌 것(알음알이, 지식, 고정관념)을 내 것으로 삼고, 이것을 통해 모든 것을 분별하고, 판단해서 행동으로 옮기기 때문에 자기중심적(이기적)입니다. '가짜 나'는 '진짜 나'가 옷(알음알이, 지식, 고정관념, 업業)을 입은 것입니다. '진짜 나'는 옷을 입지 않고 있기 때문에 모양(상相)이 없어 우리가 인식하지 못하고, '가짜 나'는 그동안 배우고 익힌 것(업業)으로 옷을 만들어 입고 있으므로 사람마다 서로 다른 모양으로 나타나는데 이것을 사람들은 자기 자신(진짜 나)이라고 생각합니다. 결국, '진짜 나'와 '가짜 나'는 몸은 한몸이지만 작용만 서로 다를 뿐이기 때문에 서로 분리될 수가 없으며, '가짜 나'의 모습도 '진짜 나'의 작용이라는 사실을 잊어서는 안 됩니다.

사람마다 배우고 익힌 것을 자기 것으로 삼고, 이것으로 모든 생각을 만들어 내고 행동하기 때문에 내 생각을 죽이기만 하면 '진짜 나'는 저절로 드러나게 됩니다. '진짜 나'를 인식하지 못하고 '가짜 나'가 행한 모든 행위('가짜 나'의 작용)는 자아의식(아집我執, 이기적)이 개입됨으로 삶의 찌꺼기(업業)가 남게 되고, 업은 윤회의 주체가 됩니다. 그러나 '진짜 나'의 작용으로 한 행위는 자아의식(아상我相, 무명無明)이 타파된 상태에서 모두를 이익되게 한 행위이므로 행하기는 하였으나 행한 바가 없는 행이어서 삶의 찌꺼기가 전혀 남지 않기 때문에 윤회가 없습니다. 이것은 마치 새가 허공을 날았으나 그 자취가 남지 않는 것과 같습니다.

'가짜 나'의 속성은 바깥 경계(객관, 대상, 상황, 여건)에 집착하기 때문에 생각이 항상 밖으로 나가려고 합니다. 이렇게 바깥으로 나가는 생각(마음, 의식)을 안으로 돌려서 내 생각(가짜 나)을 일으키는 근본(진짜 나)이 무엇인가를 찾아 들어가는 것을 '회광반조回光反照'라 하고, 이것을 '반조수행'이라 합니다.

우리가 알고 있는 '나'는 '가짜 나(가립假立된 존재存在)'입니다. '가짜 나'에게 속지 마십시오. 늘 '진짜 나'와 함께하고, 영원히 행복하시기 바랍니다. 이것이 모든 종교가 바라는 바입니다.

* '참나(진아眞我)'와 '거짓 나(가아假我)' *

'참나'는 옷을 입기전의 알몸과 같으며, '거짓 나'는 참나가 옷을 입은 것과 같습니다. 따라서 참나가 없다면 거짓 나도 있을 수 없습니다. '참나'는 내가 무엇을 하든 그 사실을 알아차리기만 하고 내(거짓 나)가 찾든 찾지 않든 항상 나(거짓 나)와 함께하고 있습니다. 우리가 '거짓 나'를 '나'라고 인식하는 이유는, 경계(대상, 객관, 여건, 조건, 상황)에 따라 끊임없이 일어나는 '내 생각(무명無明, 아상我相, 알음알이, 지식)'에 집착하기 때문입니다.

명상을 하면 내 생각이 그치게 되고 그때 '참나'는 자연스럽게 인식할 수 있으나 명상에서 나오면 곧바로 내 생각이 다시 살아나기 때문에 '참나'를 또 잊어버리게 됩니다. '참나'를 인식하기 위해 평생을 명상 가운데 있을 수는 없습니다. 명상할 때 선정禪定에 들면 고요한 분위기가 최고조에 이르게 되는데 이때를 '참나'로 생각하면 잘 못입니다. 다시 말해서, 고요한 분위기에서 생각이 없을 때 느껴지는 것은 '참나'가 아니라는 말입니다. 진정한 '참나'는 고요한 분위기에 머무는 것이 아니라 고요함에도 때 묻지 아니하고, 움직임에도 때 묻지 않으며, 어떠한 경계에도 때 묻지 않은 '나'로 존재하는 것입니다. 내가 하는 모든 행위를 알아차리기만 할 뿐 어떠한 경계에도 물들지 않는 것(끌려가지 않는 것)이 바로 '참나'입니다. 경계에 끌려다니는 것은 '거짓 나'입니다. 누가 부르면 부르는 줄 알고 대답하게 하는 그놈이 바로 '참나'라는 말입니다.

우리가 '참나'를 인식하지 못하는 원인은 경계에 끄달려 일어나는 현상에 집착하기 때문입니다. 그러나 경계에 걸려 내 생각이 일어나는 것도 '참나'가 있기 때문입니다. 내 생각을 일으키는 원천이 '참나'입니다. '참나'는 원래 삼매 상태이고, 한시도 삼매를 떠난 적이 없습니다. 이것을 본연삼매本然三昧라 합니다. 명상에서 '참나'를 느끼는 것은 자아의식을 가라앉히고 가라앉혀서 억지로 만들어 보는 '참나'입니다. 자아의식은 반드시 다시 움직이게 되어 있습니다. '참나'는 존재 자체가 고요하고, 알아차림이고, 오감五感과 생각이 없습니다.

선정에 들었을 때 '참나'가 나타나는 것은 분명한 사실이나 선정 그 자체가 '참나'는 아닙니다. 선정에 들지 않았을 때도 '참나'는 항상 나와 함께하고 있기 때문입니다. 내가 화났을 때나 기쁠 때나 그 사실을 알아차리고 있는 그놈이 바로 '참나'입니다. 나에게서 일어나는 모든 것을 알아차리고 있는 그 바탕이 '참나'입니다. 다만, 일어나는 그것에 집착하기 때문에 그 바탕을 인식하지 못하고 있을 뿐입니다. '참나'는 내가 무슨 짓을 해도 나와 분리될 수 없습니다. 이와 같이 '참나'는 어떠한 경우에도 나와 분리될 수 없다는 사실을 인식하는 것이므로 '참나'는 찾아야 할 대상이 아니라 인식 전환의 대상입니다.

'참나', 즉 '나'라는 존재는 항상 느끼면 될 뿐, 굳이 찾으려고 애쓰지 마십시오. '참나'를 물리적으로 말하면 '소립자(미립자)'이기 때문에 무한한 가능성만 있을 뿐 어떠한 제약도 받지 않는 '나'이며, 나와 남이라는 구별도 없는 그냥 '나'입니다. 모든 것과 아무런 분별없이 함께하고 있는 '나'입니다. 여기에 '배고프다, 아프다, 좋다, 나쁘다, 기쁘다, 싫다'와 같이 '내 생각(개념, 아상, 알음알이 등)'이 붙으면 '거짓 나'가 됩니다. 그러나 이 모든 것을 가능하게 하는 그놈은 바로 '참나'의 작용입니다.

발가벗은 맨몸이 있으니 옷을 입힐 수가 있기 때문에 옷을 입지 않은 발가벗은 몸을 보면 그것이 '참나'입니다. 그러므로 확철대오廓徹大悟(큰 깨달음)는 '본래 있는 것'에 승복하고, 따라가고, 포기하는 것일 뿐 결코 새로운 것을 찾아서 얻거나, 구하거나, 만드는 것이 아닙니다. 따라서 찾기를 포기하는 것이고, 어떻게 할 수 없으므로 승복하는 것입니다. 아무리 떨쳐내려 해도 그렇게 할 수 없기 때문입니다. 물리적으로 소립자를 벗어날 수 없는 것과 같습니다. '거짓 나'는 '참나'를 결코 떠날 수 없다는 사실에 승복하고, 포기하는 것입니다.

'참나'가 잠을 자지 않고 있기 때문에 우리는 자다가 누가 부르거나 깨우면 일어 날 수 있고, 자고 나서 "아! 참 잘 잤다!"라고 말할 수 있는 것입니다. '참나'는 만들어 내는 것이 아니라 본래 있다는 사실을 확실하게 아는 것입니다. 그래서 '인식의 전환'이라고 말하는 것입니다. "모든 사람은 본래 부처다." 라는 말과 그 의미가 같고, "내 생각(지식, 알음알이, 고정관념, 중생심, 거짓 나)을 바꾸어 지혜(참나, 진리, 원리, 불심佛心, 진여)로 되돌아간다(전식득지轉識得智)."는 말과 같습니다.

우리가 살아간다는 것은 순간순간 흘러가고 있는 시간의 흐름 가운데 있기 때문에 계속 버리고 있는 것입니다. 다만, 찰나 찰나만 살아가고 있을 뿐, 계속 지나가고 있는 것이 제행무상諸行無常(모든 것은 변하고 바뀐다)입니다. 이것을 있는 그대로 보는 것이 지혜입니다. 진리의 세계는 독창적이거나 창의적인 것은 없습니다. 다만, 있는 그대로 볼 뿐입니다. 지금 이 순간에 그대로 집중할 수 있다면 그것이 그대로 삼매입니다. 한순간에 집중하면 그 순간 시간과 공간은 없습니다. 한 생각 일으켜 자아의식이 일어나면 비로소 시간과 공간이 만들어집니다. 따라서 이 모든 것은 믿음의 영역이 아니라 오직 있는 그대로를 인정하고 승복하는 승복의 영역입니다.

어떠한 경우에도 '참나'를 놓치지 않으면 그것이 삼매입니다. 싸우거나 잠잘 때도 놓치지 않으면 됩니다. 이렇게 '참나'를 놓치지 않는다고 해서 지혜가 완성되는 것은 아닙니다. 이것이 오늘날 공부(수행)를 잘못하는 가장 큰 원인입니다. '완성된 중도의 지혜'는 반드시 원리(진리)를 깨달아야 이룰 수 있습니다. 오늘날 과학(양자물리학)은 이 문제를 더욱 분명하게 증명해 주고 있습니다. 그래서 부처님께서는 깨닫고 나서 가장 먼저 하신 말씀이 "나는 중도中道를 정등각正等覺(무상정등정각 無上正等正覺: 아뇩다라삼먁삼보리)했노라!"였습니다 .

- 윤홍식 강의 참고 -

* 마음에 새겨야 할 글 *

* 무학無學의 본래 뜻은, 깨달음을 얻고 나면 더 이상 배울 것이 없다(완성되었기 때문에)는 뜻이다. 그러나 깨달음을 얻기 위해서는 과거로부터 지금까지 내가 배우고 익힌 모든 것들(내 생각, 아상, 알음 알이, 지식, 고정관념)을 다 버려야 하기 때문에 무학이기도 하다.

깨달음을 얻기 위해서는 인위적인 모든 개념(내 생각)은 다 버리고 진리(진여)를 대변하는 원리를 참구參究해야 된다. 원리는 진리의 성품이다.

깨닫고 나서 나는 깨달았다는 생각으로 깨닫지 못한 사람들을 차별한다거나 깨달음의 내용을 실천에 옮기지 못한다면 아무런 이익이 없다.

* 죽을 때 부와 명예는 아무리 가져가고 싶어도 가지고 갈 수 없다. 그러나 우리가 행行한 것(업業)은 아무리 가지고 가지 않으려 해도 가지고 가야 한다. 업은 윤회의 주체요, 업은 다음 생에 내가 가야 할 길을

정해준다.

원리를 공부해서 깨달음을 얻으면, 업의 순환(윤회)원리를 명확하게 알고 믿음이 강해지기 때문에 부나 명예와 같은 것은 인생의 전부가 아닌 부분이므로 인생의 전부인 내면을 성장시키는 일(영적인 성장)에 중점을 둔다.

* 내가 지금 이미 가지고 있는 것은 지난날(전생 포함) 내가 행한 행위(원인)의 결과(과보)이기 때문에 이유 없이 받아들여야 합니다. 이것은 진리(원리)이기 때문입니다. 이 원리를 모르면 지금의 처지를 원망하게 됩니다. 알고 받아들이면 극복하는 마음이 일어나고, 몰라서 원망하면 좌절하게 됩니다.

내가 죽지 않고 살아있다는 사실은 너무나 당연하게 생각하기 때문에 이 사실이 축복이고, 은총이고, 가피라는 사실을 우리는 잊고 있으므로 감사하게 생각하기는 쉽지 않습니다. 그러나 이 사실보다 더 감사해야 할 일은 없습니다. 죽음을 앞에 둘 때 비로소 느끼게 됩니다.

원하고 바라는 것은 집착하게 되고, 집착하면 욕심으로 바뀌게 됩니다. 욕심으로 하는 일은 이루어지기가 어려울 뿐만 아니라, 이루어진다 하더라도 이룬 것을 나누기가 어렵습니다.

지금 이 자리에서 행복해야 된다는 말은 새로운 것을 구하거나 얻으려는 것이 아니라, 이미 가지고 있는 것을 즐기는 것(누리는 것)입니다.

지금이 행복해야 다가오는 날도 행복해질 가능성이 높아집니다. 다가올 미래를 위해 지금을 희생시키는 것은 매우 지혜롭지 못한 일(어리석은 일)입니다.

* 무법無法이라고 해서 법이 없다는 뜻이 아니다. 무아無我라고 해서 내가 없다는 뜻이 아니다. 있기는 있으나 법이라고 할 만한 것도 없고, 딱히 나라고 할 만한 것도 없다는 뜻이다. 다시 말해서 고정불변의 자성自性(스스로의 성품)은 없으나, 인연 따라 정해진 것은 있다는 말이다.

있기는 있으나 정해진 것이 없고(무자성無自性), 없는 것 같으나, 무한한 잠재력을 갖추고 있는 것(진공묘유眞空妙有)을 '공空하다'라고 한다.

중도中道는 중도라는 자성이 있다. 그러나 중도에도 머무르지 않기 때문에 자성이 없다. 그래서 중도는 진리이며, 최상의 완성된 지혜다.

만물은 지수화풍地水火風 사대四大가 인연 따라 모이고(생生) 흩어지는 것(멸滅, 사死)을 반복(순환, 윤회)하고 있으며, 인간은 오온五蘊(색수상행식色受想行識)이 인연 따라 모이고 흩어질 뿐 어느 것 하나 그것이 자성이라고 말할 수 있는 것은 없다.

왜 '마음이 그대로 부처, 부처가 그대로 사람'이니 제발 어떠한 언어문자(올가미)에도 걸리지 말라고 할까?

지금까지 공부한 내용으로 이 글을 깊게 참구하면 공부에 많은 진전이 있을 것입니다.

제 20 강
마음을 읽는 법

마음을 경영하기 위해서는 우선 일어나는 마음을 읽을 줄 알아야 합니다.

마음을 읽는 데는 두 가지 경우가 있는데, 그 하나는 내가 내 마음을 읽는 경우가 있고, 또 다른 하나는 내가 남의 마음을 읽는 경우가 있습니다.

전자의 경우는 알아차림 또는 마음 챙김이라 하고, 후자는 타심통他心通이라고 합니다. 남의 마음을 읽든 내 마음을 읽든 마음을 읽기 위해서는 반드시 내 생각(고정관념, 무명, 아상)을 버려야 됩니다. 내 생각을 버린다는 것은 주관적으로 판단하던 것을 객관적으로 판단해야 된다는 뜻입니다. 객관적으로 판단한다는 것은 상대방(대상, 경계)과 내가 분리(분별)되지 않고 하나(불이不二)가 되어야 합니다.

모든 것과 하나 되기 위해서는 원리를 깨달아야 가능해집니다. 따라서 내 생각은 아무리 의식적으로 버리려 해도 버려지는 것이 아니고, 원리를 깨닫는 것과 정비례해서 저절로 조금씩 자기도 모르게 없어지는 것입니다.

알아차림은 지금 일어나는 내 마음을 내가 보는 것이기 때문에 과거로부터 익숙해져 있는 내 생각(고정관념, 아상我相)을 가지고 있으면 지금 일어나는 마음과 습관으로 굳어진 내 생각이 서로 부딪히게 되어 마음의 움직임을 알아차리기 전에 습관적으로 행동이 먼저 나오게 됩니다. 알아차림에 익숙해지기 어려운 원인이 바로 여기에 있습니다. 알아차린다는 말은 마음의 움직임을 알아차리기만 하고 일어나는 마음과 다투지 않는다는 뜻입니다.

무슨 생각이 일어나도 그것은 다 내 마음의 작용일 뿐 하나의 같은 마음이기 때문에 나(아我)와 내(아我)가 싸우는 것이 됩니다. 본래심(한마음: 일심一心)에는 선악이 본래 따로 없고 그 작용만 다를 뿐입니다. 그러므로 다만, 일어났다는 사실만 알아차리고 따뜻한 마음으로 감싸안고 잠시만 있으면 일어나고 사라지는 마음의 속성에 의해 저절로 사라집니다. 다시 말해서, 밖에서 내가 나를 그냥 무심으로 들여다본다는 뜻입니다.

밖에서 나를 들여다본다는 것은 매우 중요합니다. 우리는 항상 나를 주관화(합리화, 이기적)시키는 것에 익숙해져 있기 때문에 내가 나를 가장 모르게 됩니다. 밖에서 나를 들여다본다는 것은 나를 객관화시켜 내가 나를 바라보는 것입니다. 내 안에서 치솟은 화도 남의 일인 양 객관적으로 바라보면 쉽게 사라집니다.

남의 마음을 읽는 타심통도 마찬가지여서 내 생각을 내려놓음으로써 상대방과 내가 하나 되는 것(불이, 중도, 융합)입니다. 내 생각을 내려놓으면 모든 것과 내가 하나 됩니다. 이때 모든 것이 있는 그대로 보이게 되는데 이것을 타심통他心通이라 합니다.

상대방이 무엇을 원할 때 내 생각과 다르면 야단부터 치게 됩니다. 이때 내 생각을 내려놓고 상대방이 원하는 것을 끄집어내 객관적으로 바라보도록 하면 그 문제가 가장 지혜롭게 해결될 수 있습니다. 상대방이 원하는 것을 끄집어내 객관적으로 바라보도록 하려면 반드시 내 생각을 내려놓아야 가능해집니다.

오늘날 심리학에서도 많이 활용하고 있으나 심리학에는 이치와 정보는 있으나 원리가 없기 때문에 실천할 수 있는 힘이 약한 것이 문제입니다.

아이가 무엇을 사달라고 할 때 엄마의 생각과 다르면 대부분의 엄마는 "그건 안되!"라고 합니다. 이럴 때 아이가 엄마의 말을 듣는 경우는 거의 없고 아이는 더욱 세차게 사달라고 떼를 쓰게 되고 엄마는 아이를 때리기도 합니다. 엄마는 아이의 불만을 억누르려 하고 아이의 불만은 자꾸만 커져갑니다. 문제가 해결되기는커녕 쌓이고 쌓이면 작은 문제가 아이의 장래에 예기치 못할 일까지 만들어 내기도 합니다.

이러한 현상은 서로의 생각이 달라서 일어나는 일이며, 우리들의 일상에서 일어나는 대부분 문제가 여기에 속합니다.

어린아이는 물론 일반인들은 마음의 움직임을 알아차리는 힘이 없거나 있다고 해도 매우 부족합니다. 아이가 사달라고 하는 것을 "그건 안 된다고 했잖아!"라고 부정적으로 말하지 말고 아이의 마음을 읽고 긍정적으로 "응, 그래 그게 갖고 싶었지." 하면서 긍정적으로 아이의 불만을 끄집어내 아이가 자신을 객관적으로 바라보도록 하면 아이의 불만은 순간 사라지게 되고 아이의 마음도 문이 열리게 됩니다. 그리고 내가(엄마) 가지고 있는 생각(지금 사줄 수 없는 이유)을 아이에게 설득시키고 지금은 사줄 수 없으나 다음에 살 수 있는 여건이 마련되면 그때 사자고 아이와 약속하면 됩니다.

화火와 같이 "우리들의 마음의 움직임은 에너지 덩어리(미립자)다."라고 '아인슈타인'은 강조하였습니다. 화처럼 눈에 보이지 않는 마음의 움직임도 저마다 독자적인 생명력을 지니고 있기 때문에 이익이 되는 마음은 더욱 활성화시키고 이익이 되지 않는 마음은 가슴에 품어두지 말고 따로 떼어내 남처럼 객관화시켜 알아차림으로 지켜보고 사라지게 만들어야 합니다.

* 내 생각 버리기 *

내 생각을 버린다는 것은 어떠한 개념도 내 것으로 만들어 가지지 않는 것을 말하고, 이것은 중도를 의미합니다. 중도는 두뇌를 활짝 열어놓는 것입니다.

우리는 많은 것을 배우고 익힌 내 두뇌가 새로운 무엇을 창조해 내는 것으로 알고 있습니다. 천재들의 특징은 두뇌의 문을 활짝 열어놓고 우주의 모든 가능성, 즉 미립자의 모든 가능성을 이용할 뿐 다른 잡다한 여러 가지 번뇌 망상을 하지 않는다는 것입니다. 다시 말해서, 한 가지 일에 몰두하기 때문에 머릿속에 그것 하나 외의 다른 것을 넣지 않고 단순화한다는 점입니다. 인간의 뇌는 두 가지 일을 동시에 집중할 수 없는 구조로 되어 있기 때문에 내 생각(고정관념)에 집착하면 다른 생각은 떠오르기가 매우 어렵습니다. 내 생각에 묶인 소립자는 무한한 가능성을 잃어버리게 됨으로 무한한 가능성을 가진 다른 소립자와 소통을 할 수 없으며, 새로운 아이디어를 창출할 수 없게 됩니다. 이것은 마치 우물 안에 갇힌 개구리와 같아서 넓은 세상(전체)을 볼 수 없는 것과 같습니다.

내 생각으로 만들어진 망념으로 아무리 많은 생각을 해도 그 고정된(정해진) 틀을 벗어날 수 없으므로 새로운 것이 나오기는 어렵고 많은 에너지만 소모할 뿐입니다. 천재들의 두뇌를 촬영해본 결과 그들은 무엇인가를 깊이 생각하면 오히려 두뇌 에너지가 뚝 떨어지는 것이었습니다. 그러나 일반인들은 깊은 생각을 할 때 두뇌 에너지가 급증한다는 사실이 입증되었습니다. 이러한 이유는, 천재는 하나의 생각에만 몰두하고 다른 번뇌 망상을 하지 않으나 일반인들은 여러 가지 생각을 총동원하기 때문에 번뇌는 더 많은 번뇌를 일으키기 때문입니다. 이러한 현상을 다르게 표현한다면, 천재는 두뇌의 문을 활짝 열어놓고 우주의 모든 가능성(미립자의 모든 가능성)과 자유자재로 소통함으로써 새로운 생각이 고정관념으로 가득 찬 내 머리에서 나오는 것이 아니라 무한한 가능성을 가진 우주로부터 저절로 흘러들어오니(아이디어를 우주에서 얻음) 많은 에너지를 소모할 필요가 없어집니다.

저자의 머리에는 오직 원리(중도)를 깨친 것으로 가득하고 다른 어떠한 개념도 가지고 있지 않기 때문에 24시간 명상 가운데 있는 것과 같아서 글을 쓰거나 말을 할 때 원리를 벗어나지 않는 것이 가능한 것입니다. 만상은 원리와 서로 연결(연기, 관계성)되어 있기 때문에 원리와 통하지 않는 것은 있을 수 없습니다. 원리와 통하지 않는 것은 그것이 잘못된 것이라는 가장 확실한 증거입니다.

중도를 체득(깨달음, 견성見性)하고 나면 제8아뢰야식(무의식, 업장業藏)에 부정적인 생각을 만들어내는 업종자가 소멸되기 때문에 어떠한 경우에도 긍정적으로 생각하는 '절대 긍정'으로 바뀌게 됩니다. 이것을 유식론唯識論에서는 '전식득지轉識得智'라 하였습니다.

원리를 깨닫지 못하면 삶의 문제를 해결하기 위해 많은 생각을 하게 되고 그로 말미암아 머리만 점점 더 복잡해지고, 나름대로 해답을 찾고 실행을 해도 근원적으로 해결되기란 매우 어렵습니다. 그러나 원리를 깨닫고 나면 무슨 일이 벌어져도 가볍게 생각하고(긍정적), 문제가 생기는 즉시 모두를 이익되게 하는 정견(지혜)이 확립됨으로써 그것을 실행할 수 있는 강력한 힘이 있기 때문에 조금의 망설임도 없이 행할 수 있고, 하고 나서 조금의 후회도 없으므로 삶의 찌꺼기(업)가 남지 않아서 행하기는 행하였으나 행한 바가 없는 행이 됩니다.

내 생각을 비우고 있으면 망념(분별심, 차별심)이 없기 때문에 늘 명상 가운데 있는 것과 같습니다. 내 생각으로 가득 채우고 있으면 무슨 생각을 해도 그것은 번뇌 망상입니다. 내 생각을 비우는 그 자리에 지혜(모든 가르침의 말씀)는 채워지는 것이 우리들의 마음입니다. 망념에서 나오는 생각은 다른 것들과 소통이 활발하지 못하고 한정되어 있기 때문에 새로운 것이 나오기 어려우나 지혜는 우주에 가득한 모든 가능성과 항상 소통이 이루어짐으로 늘 새롭습니다.

내 생각은 고정되어 있어서 내 생각과 같은 소립자라야 소통이 가능하나 지혜는 활짝 열려있으므로 어떠한 소립자와도 소통이 원활하게 이루어집니다. 새로운 것(창의)은 이렇게 만들어지는 것입니다.

새로운 생각이 내 머리에서 나온다고 생각하면 내가 가지고 있는 개념에서 벗어나기 힘들기 때문에 아무리 머리를 쥐어짜도 머리만 아플 뿐 고정관념을 벗어나기는 어렵습니다. 그 생각이 그 생각일 뿐입니다.

고정된 생각에서 나오는 망념은 생각의 활동 영역이 좁아서 생각이 깊어질수록 머리가 무거워짐으로 오랫동안 지속되기가 어려우나 활짝 열린 지혜는 명상이기 때문에 생각이 깊어지면 깊어질수록 오히려 머리가 더욱 맑아지고 마치 최면에 걸린 듯 집중도는 높아지고 시간 가는 줄도 모르게 됩니다. 이러한 현상은 고정관념은 좁디좁은 내 머릿속을 벗어나지 못하나 지혜는 무한한 우주를 활동 무대로 삼기 때문입니다.

고정관념을 가지고 있는 천재적인 머리보다 활짝 열린 머리로 깊게 오래 생각할 수 있으면 그것이 인류를 깜짝 놀라게 하는 사건을 만들어 냅니다.

이렇게 볼 때 지능(IQ)은 고정되어있는 것이 아니라 근육처럼 많이 쓸수록 좋아지는 것입니다. 머리를 깊게 오래 쓰기 위해서는 내 생각을 버리고 마음을 활짝 열어야 합니다. 마음을 열지 않고 처음부터 자신감을 잃어버리면 될 일도 결코 이루어내지 못합니다.

아이들에게 칭찬할 때도 "넌 머리도 좋고 참 똑똑하구나!"라고 '지능'을 칭찬하면 아상我相(고정관념, 자아의식: 자만심)이 강해져 어른이 될수록 창의력이 떨어지고, 머리를 믿고 노력을 게을리하게 됩니다. 그러나 "넌 참 열심히 했구나!"라고 '노력'을 칭찬해 주면 어떠한 일이라도 노력하면 이루어지고, 지능도 노력하면 올라가는 것이라고 생각하기 때문에 날로 발전하게 됩니다.

- 김상운 저 『왓칭』 참고 -

* 깨달음으로 가는 지름길 *

(반복 학습입니다.)

깨달음의 대상은 우주에 항상恒常한 진리(진여, 원리)이며, 진리는 우리가 느낄 수 있는 현상계 속에 숨어있기 때문에 현상계의 개념으로는 이해하기 매우 어렵습니다. 이것은 현상계(거시세계)를 설명하고 있는 고전물리학(뉴턴역학)을 이해하기는 쉬우나 현상계의 본질인 미립자(소립자, 미시세계)를 설명하고 있는 현대물리학(양자역학)을 이해하기는 매우 어려운 것과 같습니다. 이러한 이유는, 그동안 인간의 오감으로 느낄 수 있는 현상계를 중심으로 과학이 발전되고 거기에 따라 개념이 만들어져 무의식(아뢰야식)에 저장되어 고정관념으로 굳어져 있기 때문입니다. 한 가지 좋은 예로 고전물리학(뉴턴역학)에서는 우주가 있기 때문에 내가 존재할 수 있지만, 현대물리학(양자역학)에서는 내가 있기 때문에 우주가 존재한다는 것입니다. 여러분의 생각은 어떻습니까? 이러한 사실을 놓고 설전을 벌인 사고실험이 바로 그 유명한 '슈뢰딩거의 고양이'입니다. 양자물리학에 많은 업적을 남긴 '아인슈타인'과 '슈뢰딩거'는 내가 있기 때문에 우주가 존재한다는 양자역학을 전적으로 받아들이지 못하고 '닐스 보어'를 중심으로 한 '코펜하겐 학파'에게 밀려났으며 '슈뢰딩거'는 양자물리학을 버리고 말았습니다.

슈뢰딩거의 무덤
– 출처: Elizabeth and Robert Scheyder at en.wikipedia.com –

인간의 마음은 우리가 마음대로 조작하고 쓸 수 있는 제6의식과 개개인이 자기중심으로 생각하는 자아의식이 들어있는 제7말나식(중간의식)과 6식과 7식에서 만들어진 모든 것(업業)을 저장해서 자기 것(고정관념)으로 간직하고 있는 제8아뢰야식(무의식)으로 구성되어 있습니다. 무의식(아뢰야식)은 본래 무한한 가능성만 갖추고 있을 뿐 텅 비어 있어 청정하나 의식과 자아의식에서 만들어진 삶의 찌꺼기(업業)로 오염되어 있으며, 업業의 힘이 워낙 강하기 때문에 아뢰야식에 있는 무한한 가능성은 우리 뜻대로 쓸 수 없습니다. 우리가 마음대로 쓸 수 있는 6의식과 7말나식은 마음의 5%를 차지하고 있으며 무의식은 95%를 차지하고 있는데 무의식에 저장된 업의 힘(고정관념, 아상我相, 무명無明, 지식, 경험)은 6식과 7식을 지배하고 있습니다. 다시 말해서, 무의식에 저장되어 있는 업으로 모든 것을 판단하고 결정해서 의식으로 나타낸다는 말입니다.

우리가 '나'라고 생각하는 '나'는 겉으로 드러나는 6의식(표층의식)과 7말나식인데 이것은 깨닫고 나면 '만들어진 나(가짜 나: 가아假我)'라는 사실을 알게 됩니다. '진짜 나(참나: 진아眞我)'는 6식과 7식에 조금도 물들지 않고 깊숙이 숨어있는 제8아뢰야식입니다.

원리를 깨닫는 공부의 핵심이 바로 여기에 있습니다. 원리를 깨닫는 공부를 제외하고 아무리 많은 공부를 하고 많은 지식을 갖추고 있다 할지라도 그것은 업(가아, 무명, 어리석음, 학설, 지식)일 뿐입니다. 원리(진리, 진여, 참나)를 깨닫기 위해서는 업을 모두 버려야 합니다. 그래서 깨달음을 얻는 공부를 '무학無學'이라고 합니다.

원리는 '참나(본질)'의 성품이기 때문에 '가짜 나(내 생각, 아상, 무명, 지식, 고정관념)'를 내려놓지 않으면 결코 겉으로 드러나지 않습니다. 이것은 마치 만물의 본질이 소립자로 구성되어 있으나 소립자는 겉으로 드러나지 않는 것과 같습니다.

결론적으로 깨달음을 얻기 위해서는 6의식과 7말나식으로 만들어져 8아뢰야식에 저장되어있는 내 생각을 버려야 된다는 것입니다. 내 생각은 망념妄念(번뇌, 망상)으로서 모든 것을 분별하고 차별하고 자기중심적으로 생각하기 때문에 겉으로 드러난 것(경계, 객관, 대상, 현상)에 집착함으로 있는 그대로의 본질을 볼 수가 없습니다. 하늘에 해는 항상 밝게 비추고 있으나 먹구름이 해를 가리면 어두워지는 것과 같습니다.

원리(진리, 진여, 참나, 아뢰야식)를 깨닫기 위해서는 '내 생각'을 내려놓아야 하고 '내 생각(번뇌, 망상)'이 일어나지 않게 하기 위해서는 한 가지에만 몰입(집중)해서 몰입하는 그것과 내가 한 덩어리가 되어야 합니다. 이것이 명상입니다. 이 강의에서 하는 말은 진여의 성품인 원리만을 말하고 있기 때문에 저자의 말(생각)이 아닙니다. 우선 이 말을 철저하게 믿어야 합니다. 믿지 않으면 '내 생각'과 다른 말이 나오면 나도 모르게 '내 생각'과 원리가 싸우게 되고, 원리를 더 알고자 하는 순수한 의심이 일어나지 않게 됨으로써 재미를 잃게 되며, 결국에는 공부를 중단하게 됩니다.

이러한 이유 때문에 깨달음으로 가는 지름길은 다음과 같습니다.

첫째, 원리를 말하고 있는 글을 읽을 때 '내 생각'을 내려놓고 철저하게 믿는 마음으로 읽어야 합니다.

둘째, 원리는 우리가 가지고 있는 개념과 전혀 다르기 때문에 읽다 보면 자연적으로 의심이 생기게 됩니다. 이 공부는 '의심공부'이기 때문에 의심이 일어나지 않으면 안 됩니다. 이때 일어나는 의심은 '내 생각(고정 관념)'을 내려놓은 상태에서 생기는 의심이므로 원리를 알고자 하는 '순수한 의심'입니다.

셋째, 의심은 끊어지지 않고 새로운 의심이 계속 일어나기 때문에 저절로 몰입하게 되며, 집중이 깊어지면 의심과 내가 차츰 한 덩어리가 됩니다.

넷째, 이렇게 되면 공부에 재미를 느끼게 되고 공부가 끊어지지 않습니다. 의심은 쉽게 풀어지기도 하고, 어렵게 풀어지기도 하며, 내가 아는 어떠한 것으로도 풀리지 않는 의심도 생깁니다. 풀리지 않는 의심일수록 좋은 화두가 됩니다.

다섯째, 공부 중에 만들어지는 의심은 반드시 스스로의 힘으로 풀어야 합니다. 스승이나 다른 사람에게 물어보고 직답을 얻는 것은 지식은 될지언정 지혜가 되지 않기 때문에 실생활에 활용할 수 없습니다. 스스로 공부하는 과정에 풀어져야 합니다.

여섯째, 깨달음은 알고자 하는 간절한 의심 덩어리와 내가 하나 되는 과정에 때(시절인연)가 되면 어느 날 갑자기 모든 것이 하나로 융합(회통)되는 것을 체험(체득, 증득)하는 것입니다.

다른 사람의 힘을 빌려 아는 것은 깨달음이 아니기 때문에 실천할 수 있는 힘이 약합니다. 의심(화두)도 스스로 만들고 스스로 풀어야 깨달음을 체득할 수 있습니다. 그래서 훌륭한 스승은 제자의 근기(공부의 정도)를 보고 때에 따라 가장 알맞은 방편으로 더욱 강한 의심을 가지게 해주는 역할만 합니다.

깨달음에는 여러 단계가 있는데 가장 큰 깨달음은, 원리에 대한 조금의 의심도 일어나지 않고 어떠한 경우에도 물러서지 않는 불퇴전의 믿음으로 모든 일을 본분사本分事(무심無心)로 하는 것을 말합니다.

* 마음에 새겨야 할 글 *

* 무엇을 할 때 원願을 세우고 원력願力으로 하라고 합니다. 욕심과 원을 세우는 것은 다릅니다. 욕심으로 하는 것은 잘되지 않으면 화가 나고, 화가 나기 때문에 오랫동안 지속해서 하기가 매우 힘듭니다. 그러나 원을 세우고 하는 일은 잘되지 않으면 더욱더 노력하고 연구하기 때문에 힘이 생기는데 이 힘을 원력이라 하고, 원력으로 하는 일은 무심으로 최선을 다할 뿐 그 결과에는 집착하지 않습니다.

두 다리가 없는 장애를 가진 사람이 달리고 싶어하는 것은 이루어지기가 거의 불가능한 일일 것입니다. 지금 내가 가지고 있는 것이 내 것이고, 이것을 가지고 무엇을 할 것인가를 생각하는 것이 필요한 것을 하는 것입니다.

필요한 것은, 지금 나에게 주어진 여건을 긍정적으로 받아들이는 것이고, 원하는 것은, 지금 나에게 주어진 여건을 부정적으로 받아들이지 않는 것이기 때문에 필요한 것은 남과 비교하지 않으나, 원하는 것은 남과 비교함으로 욕심에서 비롯되는 경우가 대부분입니다.

원하는 것에 지나치게 집착하면 필요한 것을 놓치게 됩니다. 그래서 원하는 것과 필요한 것은 다릅니다.

* 당唐나라의 선승禪僧 임제 선사의 임제록臨濟錄에 "수처작주隨處作主(가는 곳마다 주인이 된다면) 입처개진立處皆眞(자기가 있는 그곳이 바로 참된 곳이 된다)."이라는 말이 있습니다.

'수처작주 입처개진'의 삶은 '다투지 않고 나누는 삶'을 의미합니다. 다투지 않으려면 미워하는 마음이 없어야 하고, 미워하지 않으려면 바라는 바(욕심)가 없어야 하고 바라는 바가 없다는 것은 어떠한 경계에도 머무르지 않는 것(무주無住, 무집착)입니다. 바라는 바가 있으면 항상 대상(경계)에 끌려다니는 수동적인 삶이 됩니다.

다투지 않는다는 것은 지혜를 의미하고 나누는 것은 자비를 의미합니다.

바라는 바가 없으니 비교할 일은 없습니다.

["바라는 마음을 없애는 것이 행복을 내가 창조하는 것이고, 지금 당장 행복해지는 것입니다."]

바라는 마음은 원리를 깨닫고 향상일로向上一路 해야 일어나지 않습니다.

다투지 않고 나누는 삶이 주인공(주체적)의 삶이고, 진리대로(순리대로, 진리에 순종하는 삶, 참나와 늘 함께하는 삶) 살아가는 것입니다.

제 21 강

명상을 하는 이유와 그 방법

명상을 하는 이유는, 행동으로 옮기기 전에 일어나는 마음의 움직임을 먼저 알아차림으로써 마음이 고요해지고 그로 인해 지혜로워지는데 있습니다.

그러나 자기를 계발하는 사람(수행자)이라면, 명상을 통해 내 생각(망념)을 버림으로써 원리를 깨달아 모든 대상(경계, 객관)으로부터 벗어나는 해탈(열반)을 이루는 일이 보다 더 궁극적인 목적일 것입니다.

오늘날 과학(명상의학)의 발달로 명상이 건강에 좋다는 사실이 증명됨으로써 단지 건강을 좋게 하려는 것(힐링)만을 목적으로 명상을 상업적으로 이용하기 때문에 명상의 궁극적인 본질이 회손 되고 있습니다.

명상에서 가장 조심해야 할 것은, 명상함으로써 마음이 조용하게 되면 그 편안함에 빠지는 경우(혼침昏沈)가 매우 많다는 사실입니다. 그래서 적적寂寂(고요함, 편안함, 삼매)한 가운데 성성惺惺(깨어있음, 알아차림, 지혜)해야 합니다. 늘 깨어 있으려면 반드시 원리를 깨달아야 합니다. 원리를 깨닫고 나면 불안 초조, 긴장과 같은 것(번뇌 망상)들로부터 벗어나기 때문에 명상하지 않아도 24시간 명상 속에 있는 것과 같으므로 명상을 별도로 하지 않아도 됩니다.

우리들의 마음이 행복하고 즐거울 때는 도파민이 나오고, 도파민은 우리들의 마음에 활력을 주고 행복감을 줍니다. 반면에 분노하거나 불평하거나 스트레스 속에 있을 때는 아드레날린이 나옵니다. 웃을 때, 기쁠 때는 엔돌핀이 나오며, 엔돌핀은 통증을 해소하기도 하고 암을 치료하기도 합니다. 엔돌핀 효과의 4,000배나 되는 다이돌핀은 마음이 깊은 감동을 받았을 때 나옵니다. 전혀 알지 못했던 새로운 진리를 깨달았을 때 또는 엄청난 사랑에 빠졌을 때, 좋은 노래를 듣거나 아름다운 풍경에 압도되었을 때 다이돌핀이 나옵니다. 기분이 좋거나 행복감을 느낄 때 전혀 반응이 없던 호르몬 유전자가 활성화되어 안 나오던 엔돌핀, 도파민, 세로토닌이라는 아주 유익한 호르몬들을 생산하기 시작합니다.

사람의 뇌 속에서는 여러 가지 뇌파가 나오는 데 깨어있는 낮 동안에는 우리 몸에 해로운 베타파가 나오며, 밤에 잠을 자는 동안에는 알파파가 나옵니다. 베타파는 해로운 호르몬을 내보내고, 알파파는 유익한 호르몬을 내보내기 때문에 낮에는 스트레스와 피곤이 쌓이고, 잠을 자고 나면 병이 낫기도 하고 피로도 풀리며 기분이 좋아지게 됩니다. 낮에도 알파파가 나오는 데 웃을 때나 사랑할 때와 같이 기분이 좋으면 나오게 됩니다.

명상을 20~30분 정도하게 되면 6시간 정도 자는 것과 같은 효과가 있다고 합니다.

이와 같이 인간의 생리적인 현상은 마음의 상태에 따라서 결정됩니다.

인간을 비롯한 모든 생명체는 자기 자신을 위해서 또는 종족보존을 위해 이기적으로 진화했기 때문에 이기려 하고, 빼앗으려 하고, 죽지 않으려 하고, 행복해지려 하고, 즐거워 지려하고, 보호하려고 하는 등 자신에게 이익되기를 바라는데, 이러한 것들 때문에 활동하고 있는 시간에는 자신도 모르게 늘 초조하고, 불안해서 긴장(스트레스)의 연속 속에서 살아가게 됩니다. 우리는 이것을 당연하게 생각하기 때문에 이렇게 살아야 남과의 경쟁에서 이기는 것으로 생각합니다. 그래서 모든 생각을 이기적(번뇌, 망상, 무명, 내 생각)으로 하게 됩니다. 이것이 오랜 시간 습관(업)으로 굳어져 당연하다고 생각하는 것이 잘못되었다는 것을 깨닫게 하는 것이 자기계발입니다.

명상을 하는 궁극적인 목적은, 원리(진리)를 깨닫게 해서 이기적인 내 생각을 일으키는 무의식에 저장된 근원(업종자)을 제거함으로써 누구에게나 본래부터 갖추어진 본래심(청정심, 본성)을 회복하여, 마음을 아무리 일으켜 써도 항상 고요하게 하기 위함입니다. 마음이 이러한 상태로 되면 24시간 알파파가 나오기 때문에 엔돌핀, 세로토닌, 다이돌핀과 같은 유익한 호르몬이 나오게 됩니다.

그렇다면 엔돌핀, 세로토닌, 다이돌핀과 같이 유익한 호르몬은 어떠한 경우에도 다 유익하게 작용하고 아드레날린과 같은 나쁜 호르몬은 어떠한 경우에도 나쁜 역할만 할까요? 그렇지 않습니다. 모든 것은 고정불변의 자성이 없습니다(무자성). 다만, 그때그때 필요하기 때문에 연기緣起의 원리에 의해서 생겼을 뿐입니다. 그래서 중도의 원리는 진리이기 때문에 여기에도 어김없이 정확하게 적용됩니다.

우리가 살아가기 위해서는 유익한 호르몬과 해로운 호르몬이 본래 없습니다. 다 필요하기 때문에 있는 것일 뿐, 유익하다 유익하지 않다는 것은 인간이 만들어 놓은 개념입니다. 다만, 그 작용이 다를 뿐입니다. 만약에 아드레날린이 나오지 않는다면 인간은 생존할 수 없습니다. 아드레날린은 우리를 위험으로부터 보호해 주기 때문입니다. 맹수를 만났을 때 순간적으로 스트레스 지수가 치솟으면서 체내에서 아드레날린이 솟구치게 되고, 아드레날린은 인간이 온 힘을 다해 맹수로부터 도망칠 에너지를 내게 해 줍니다. 뿐만 아니라 높은 곳에 올라가면 긴장되게 해서 떨어지지 않게 하며, 치료약으로 쓰이기도 합니다.

세상에 존재하는 모든 것은 연기의 원리에 의해서 꼭 필요하기 때문에 존재하는 것이므로 부분적으로는 좋을 수도 있고 나쁠 수도 있으나 전체적으로 보면 모든 것은 상생相生의 관계입니다.

그래서 우리들의 삶도 편안한 가운데 긴장이 있어야하고 긴장하는 가운데 편안함이 있어야 합니다. 이것이 긴장(스트레스)과 편안함을 초월하면서 하나로 융합시킨 중도의 삶입니다.

마음이 꼬이면 내 주변의 모든 것들이 꼬이기 시작합니다. 마음이 정리가 안 되어 있고, 불편과 짜증과 화로 뒤덮여 있을 때는 가는 곳마다 이상하게도 되는 일이 없고 잘 되던 일도 그날 따라 어긋나곤 합니다. 반대로 기분이 좋고 마음이 열려있을 때는 무엇을 하든 생각보다 훨씬 잘 되고, 무엇이든 술술 풀려나가게 마련입니다. 그러기에 모든 일을 할 때는 먼저 마음을 고요히 하고, 과거로 인해 만들어진 온갖 화, 번뇌, 짜증, 고민 등 복잡한 마음을 다스리고 관찰하고 따뜻하게 풀어준 뒤에 새로운 일을 시작해야 합니다. 만약 힘든 일로 마음이 뒤숭숭하다면 그 마음을 가지고 다음 일을 시작하지 마십시오. 시작하는 일마다 꼬이기 시작할 것입니다. 그 마음을 먼저 풀어주고 다독여주어야 합니다.

마음이 편치 못하고 망념으로 차 있으면 좋지 않은 뇌파(소립자)가 나오게 되고 이것은 다른 소립자(상대방, 대상, 경계)를 나쁘게 반응하도록 함으로써 좋은 결과를 얻기가 어려워집니다. 그래서 내 마음이 즐거워야 주변도 즐거워진다고 하며, 우리 속담에 "윗물이 맑아야 아랫물도 맑다."고 합니다.

복잡한 마음이 일어날 때는 그 마음, 그 생각, 그 힘든 감정을 잠시 관찰하거나, 고요히 앉아 호흡을 관찰하거나, 그 복잡한 마음을 향해 감사와 사랑의 느낌(원리에 입각한 긍정적인 마음)을 방사함으로써 그 마음을 풀어줄 수 있습니다. 보통 마음이 복잡하고 괴로울 때 우리는 또 다른 생각(번뇌 망상)으로 그 괴로운 마음에 무수히 더 많은 생각, 판단, 분별을 덧붙임으로써 문제를 더 크게 부풀리곤 합니다.

누군가를 욕하거나, 자기 자신을 정당화시키기 위해 온갖 생각을 동원하여 자기를 방어해 보지만, 그것은 내 기분을 더욱 괴롭힐 뿐, 아무런 효과를 보지 못합니다. 그 때는 그냥 모든 생각을 내려놓아야 합니다. 마음을 고요히 하기 위해 무언가를 해야 한다고 생각될 것입니다. 그러나 무언가를 해야 한다는 그 생각도 내려놓아야 합니다. 다만, 일어난 마음의 움직임을 지켜보기만 하면 됩니다(알아차리기만 하고 즉시 내려놓기).

호흡을 가만히 지켜보고, 불편한 감정과 화와 복잡한 심경을 그저 한 발자국 떨어져 지켜보는 것입니다. 한 가지 일이 꼬여서 문제를 안은 채로 다음 일을 어쩔 수 없이 또 해야 한다면, 아주 단순하게 다음 일을 하기 전에 2분이나, 5분, 10분이라도 잠시 앉아 마음을 관찰한 뒤 다음 일정을 시작해 보십시오. 그것은 강력한 힘을 가질 것입니다.

언제나 무슨 일을 시작하거나, 어떤 사람을 만나거나 할 때는, 먼저 마음을 살피십시오. 마음이 안정되어 있다면, 바깥세상도 안정감을 되찾아 모든 것이 순조롭게 풀려 갈 것입니다. 핵심은 언제나 바깥세상에 있지 않고, 다만 내 안에 있다는 것을 잊지 말아야 합니다.

때때로 분명하게 바깥에서 오는 괴로움이 있을 수 있겠지만, 그 또한, 더 깊이 바라보면 내면의 어떤 부분이 바깥의 인연(상황, 조건, 여건)을 끌어들여 나온 것일 뿐입니다. 그러니 언제나 속아서는 안 됩니다. 바깥 문제인 것으로 깜빡 속아서 바깥에 대고 화를 내거나, 타인에게 분풀이해서는 안 됩니다. 세상이 아무리 조용해도 내 마음이 시끄러우면 세상은 시끄러워집니다. 다시 말해서, 어떠한 바깥 경계에도 끌려가지 말라는 말입니다.

언제나 시작도 내면이기 때문에 그 문제의 해결도 내면에서 시작되어야 합니다. 내면을 먼저 고요히 한 뒤에 바깥의 일들을 시작하는 습관을 가져야 합니다. 사람을 만날 때도 만나기 직전 내 마음을 관찰함으로써 마음을 고요히 한 뒤에 만나고, 사업의 큰 계약을 앞둔 미팅에 앞서 5분 먼저 도착해 마음을 먼저 고요히 정화해 두십시오. 직장에서 퇴근해 집에 들어갈 때 내 마음이 고요한지를 분명히 확인하십시오.

모든 일에서 먼저 내면을 고요히 하는 공부(명상)를 습관화하십시오. 바깥의 세계와는 상관없이 나 스스로 나의 삶을 주도적으로 이끌어 갈 수 있는 강력한 힘을 얻게 될 것입니다.

수행(공부)의 방편에는 여러 가지가 있으나 모든 수행에는 공통점이 있습니다. 그 공통분모는 바로 번뇌 망상, 즉 망념(무명)을 없애는 것인데 명상을 하는 이유가 바로 여기에 있습니다.

망념이란? 현실에 집착하여 '우주는 하나다'라는 진실을 보지 못해서 만들어지는 나의 모든 고정관념을 말함으로 이기적인 생각으로 만들어진 '내 생각'을 의미합니다. 결국, 모든 수행(명상)은 일체의 망념이 일어나지 못하게 하고(적적寂寂, 정定) 알아차림으로 늘 깨어있게 함으로써(성성惺惺, 혜慧) 원리(진리)를 체득하는 데 있습니다.

망념(무명)을 걷어내면 본래 누구에게나 갖추어져 있는 맑고 깨끗한 청정심(본성)이 드러납니다. 이것은 마치 거울은 본래 깨끗해서(청정심) 모든 사물을 있는 그대로 분명하게 비추나, 때(망념)가 끼이면 희미하게 비추거나 아예 비추지 못하는 것과 같습니다.

앞의 강의에서 이미 말했듯이 수행은 별도의 조용한 곳에서 시간을 따로 마련해서 할 필요는 없습니다. 생활의 모든 것이 수행의 방편이 되어야 합니다. 생활을 떠나서 도道(선禪)는 있을 수 없기 때문입니다. 다만, 시간이 나는 대로 걷기 명상이나 들숨 날숨으로 하는 호흡 명상 또는 원리에 대한 의심공부로서 하면 됩니다. 이 세 가지 명상 방법의 공통점은 망념이 일어나지 않게 하는 데 있습니다. 생각(망념)과 무관한 호흡이나 걷기, 원리에 대한 의심공부와 같은 것에 주의를 기울이면(집중, 몰입) 망념은 어느새 사라집니다. 처음에는 의식적으로 하다가 익숙해지면 인식하지 않아도 수행의 관성에 의해서 관념적으로 할 수 있게 됩니다.

일반적으로 수행한다고 하면 특별한 사람이 하는 것으로 알고 미리 포기한다거나 아니면 조금 해보다가 별 효과가 없는 것으로 생각하여 중단하는 것이 보통입니다. 이 고정관념을 우선 버리십시오. 수행은 몸과 마음을 편안하게 해주어 일상에서 몸과 마음에 쌓인 찌꺼기를 밖으로 배출시켜 자연치유를 해주는 휴식입니다. 몸과 마음이 건강해야 하는 모든 일도 마음먹은 대로 이루어지고 행복해 집니다.

수행한다는 것을 여가를 선용한다는 정도로 가볍게 생각하기를 권하고 싶습니다. 그동안 수행을 하는 방편과 이치에 대해서 너무나 복잡하고 어렵게 말해왔으며 특히, 수행의 결과에 대해서는 초월된 경지를 얻는 것에 지나치게 치우쳐 있어 거리감을 느끼게 한 것이 사실입니다. "해야지, 해야지." 하지 말고 어디에서나 짧은 시간에도 할 수 있는 일이므로 그냥 해보십시오. 장난삼아서라도 하다 보면 무언가 알 수 없는 시원함과 편안함을 느끼게 되고 머리가 맑아져 지금 해야 할 일들의 판단이 또렷해집니다. 수행은 이론도 중요하지만, 체험으로 터득하는 것이 무엇보다도 더 중요합니다. 다시 한 번 강조해서 말합니다. 진실을 터득하기 위해서는 '내 생각'을 버려야 하고 명상수행을 하는 궁극적인 목적도 '내 생각'을 버리기 위해서입니다.

모든 종교에서는 종교마다 섬기고 모시는 신神의 말씀을 믿고 그 말씀에 절대적인 순종을 함으로써 살아서는 복을 받아 행복하고 죽어서는 그들 신의 나라에서 영원을 살아가는 구원에 있습니다. 결국, 공통분모는 신의 말씀(가르침)에 대한 믿음과 순종입니다. 말씀은 진리의 말씀이기 때문에 '내 생각'을 버리지 않으면 진리는 들어올 자리가 없습니다. 우리의 마음은 넓게 쓰면 우주를 품고도 남음이 있지만 좁게 쓰면 바늘 하나도 꼽을 자리가 없습니다.

마음의 속성은 일어나고 사라지는 데 있기 때문에 찰나(약 1,200분의 1초) 지간에 자신도 모르는 사이에 약 900번 정도 움직입니다. 따라서 마음을 움직이지 않게 한다는 것은 불가능한 일이며 마음이 움직이지 않으면 그것은 죽은 사람입니다. 따라서 마음을 움직이지 않게 하는 수행은 잘못된 수행입니다. 다만, 움직이는 마음을 알아차려야 합니다.

마음을 움직이지 않게 한다는 것은 망념으로 가득 차 있는 이기적인 생각이 일어나지 않게 하는 것을 뜻하는 말이고, 망념이 일어나지 않으면 저절로 본래의 마음인 청정심이 움직여 이타적인 마음이 일어나게 되어 있기 때문에 청정한 마음을 쓰는 것입니다. 따라서 수행은 마음을 버리거나 일어나지 않게 하는 공부가 아니라 마음 쓰는 법(용심법用心法)을 배우는 공부입니다. 즉, 지금 여기에 있는 나의 모든 일에 지혜가 작용되게 하는 일입니다. 지혜의 작용에 반드시 있어야 할 것은 자비(사랑과 나눔, 보살행)입니다. 자비가 없는 지혜는 지혜가 아닙니다.

청정한 마음에서 나오는 생각은 완성된 지혜(중도)의 마음입니다. 결국, 망념이 일어난 것은 마음이 일어났다고 하나 청정심이 일어난 것은 마음이 일어났으나 일어났다고 말하지 않습니다. 이러한 까닭에 망념으로 한 말과 행동은 업(찌꺼기)을 남겨 윤회의 주체가 만들어지나 청정심으로 한 것은 행하였으나 행하지 않은 것이 되어 업을 남기지 않습니다. 청정심은 무심無心이기 때문입니다.

망념이 일어나지 않게 하기 위해서는 한 가지 일(하나의 생각)에 집중해야 하며, 집중이 잘되면 그 한 가지 생각마저도 버려야 하나 여기까지 수행을 하려면 많은 시간을 필요로 합니다. 이것을 운동에 비유한다면 프로선수급에 해당되는 일이므로 건강을 위해서 운동을 하는 일반적인 경우에는 해당되지 않습니다.

천리 길도 한 걸음으로부터 시작되고, 아무리 높은 곳이라 할지라도 낮은 곳으로부터 시작되기 때문에 꾸준히 하다 보면 언젠가는(시절인연) 이루어지게 되어 있습니다.

* 여실지견如實知(之)見 *

[무엇을 볼 때 무엇을 보는 그 마음을 보십시오. 마음을 보지 않고 보고 있는 그 무엇에 빠지는 것은 진실(법法, 진리, 진여眞如, 사실)을 보는 것이 아닙니다.
무엇을 보는 그 마음을 볼 때 비로소 진실을 보는 것입니다.]

아름다움(안眼: 눈), 듣기 좋은 소리(이耳: 귀), 향기로움(비鼻: 코), 좋은 맛(설舌: 혀), 좋은 촉감(신身: 몸)과 같은 것을 그냥(무심無心) 즐기는 것과 그것에 빠지는 것과는 차이가 많습니다. 그냥 무심으로 즐기는 것은 반대의 것을 만나도 분별하거나 차별하지 않으나, 빠지게 되면 집착하게 되고 집착하면 욕심이 일어나게 되어 취하거나 버리게 됩니다. 그냥 즐기는 것과 빠지는 것은 겉으로 드러나는 모습은 같으나 결과는 하늘과 땅 차이입니다.

그래서 무엇을 보든 있는 그대로 보라는 것입니다. 있는 그대로 보는 것이 가장 바르게(옳게)보는 것입니다. 이것을 '여실지견如實知(之)見'이라 합니다.

분별하고 차별하는 내 생각을 내려놓고 있는 그대로 보는 것이 법法(진여)을 보는 것입니다.

* 명상 수행하는 방편으로 여기서는 가장 일반적이면서 일상과 가장 밀접한 '걷기 명상' 들숨과 날숨으로 하는 '호흡 명상', '앉는 명상'을 대

상으로 할 것이며, 베트남 출신의 스님이자 시인이며 평화 운동가로 '달라이 라마'와 함께 세계적인 명상가로 손꼽히는 '틱낫한(석일행釋一行)' 스님의 명상 법인 '호흡관법경呼吸觀法經'에 나오는 수행의 핵심인 사념처四念處 수행을 참고로 해서 말하고자 합니다.

사념처 수행에서 궁극적으로 이루려 하는 것도 역시 저자가 말하는 원리를 깨닫게 하려는 것입니다. 간화선 수행과 사념처 수행과 원리를 곧바로 깨닫게 하는 수행을 중도로 하기 위해서 서술합니다.

숨을 쉬고 걷는 것은 누구나 다 하는 일입니다. 그러나 특별한 경우를 제외하고는 의식적으로 인식하면서 하지는 않습니다. 앉을 때, 호흡할 때, 걸을 때 우리는 삶에 있어서 중요하다고 생각하는 다른 일들에 생각을 뺏기기 때문에 이 일에 집중하지 못합니다.

6강에서 언급했으나 다시 살펴본다면, 명상수행을 '정념正念'이라고 합니다. 수행할 때 감각과 생각으로 하는 것은 틀린 것입니다. 오직 알아차림으로써 하여야 하며 알아차리는 것을 정념이라고 합니다. 감각(눈, 귀, 코, 혀, 몸, 뇌)과 생각은 대상(경계, 객관)에 끌려다니는 것이기 때문에 번뇌 망상입니다.

정념의 성질은

① 깊게 본다.

② 알아차린다.

③ 대상(경계)에 끌려가지 않는다.

④ 마음 챙김.

⑤ 깨어 있음입니다.

우리의 말과 행동은 안으로 생각이 먼저 일어나고 그 다음에 밖으로 나타납니다. 화가 나면 밖으로 화를 표출하는데 이것은 안에서 일어나는 마음의 움직임을 알아차리지 못했기 때문에 화를 내게 됩니다. 그러나 마음에 화가 났다는 사실을 알아차리면 화가 겉으로 드러나기 전에 마음의 속성에 의해서 화난 마음은 사라지게 됩니다.

정념으로 수행한다는 것은 깊게 관찰하고 알아차림으로써 어떠한 대상(일어난 마음)에도 집착하지 않기 때문에 끌려가지 않아서 마음이 고요하게 챙겨짐으로 항상 깨어 있게 되는 것을 습관화하는 것을 말합니다.

우리가 앉을 때 우리는 앉는 것을 즐겨야 합니다. 앉아있는 동안의 모든 시간은 행복의 시간이고 휴식의 시간이어야 합니다. 우리는 항상 일상에 쫓겨 평화로움이 없고 앉는 것을 즐기지 못하고 있습니다. 일어나서 무엇인가를 해야만 한다는 어떤 힘(업력)에 떠밀려 다닐 뿐입니다.

앉는 명상은 그저 앉기 위해서 앉는 것이기 때문에 앉는 것 자체를 즐기는 것입니다. 앉는 것을 즐기기 위해서는 우리 몸 안에 있는 긴장을 풀 수 있어야 합니다. 우리에게는 할 일이 너무 많아 삶은 정신 없이 바쁘고 일마다 마감일이 있어 더욱 편안할 수 없습니다. 그래서 우리 몸 안에는 긴장이 쌓이는 것입니다. 흔히 긴장을 풀기 위해서 술, 담배, 오락 등과 같은 것을 대상으로 삼고 그것들을 통해 기쁨을 얻으려고 합니다. 그러나 이러한 것들은 잠시는 도움이 될는지는 모르지만, 또 다른 고통을 만들 수도 있습니다.

앉아 있으면서 걸을 수는 없고 걸으면서 앉아 있을 수는 없으나 어떠한 경우에도 숨 쉬는 것은 할 수 있습니다. 긴장을 풀어내기 위해서는 숨을 내쉬며(날숨) 풀어냅니다. 그리고 숨을 들이쉬며(들숨) 몸의 존재에 주의를 집중시킵니다. 숨을 들이쉬며 내 몸 전체를 알아차립니다. 긴장을 풀어낼 때는 긴장이 내 몸의 어깨에 있는지 얼굴에 있는지 아니면 팔이나 다리에 있는지 어디에 있는지를 살펴야 합니다.

긴장하거나 걱정하거나 화가 나거나 짜증이 날 때 가장 분명하게 나타나는 곳이 얼굴입니다. 이때는 그저 숨을 들이쉬고 자신의 얼굴에 있는 긴장을 알아차리면 됩니다. 그리고는 숨을 내쉬며 긴장에 미소를 보내면 긴장은 아주 순식간에 사라집니다. 아주 쉬운 일입니다. 이것이 '호흡의 마음 챙김'입니다.

미소를 짓기 위해서 매우 즐거운 일이 있어야만 하는 것은 아닙니다. 그냥 먼저 미소를 짓다 보면 긴장은 사라질 것이며, 그런 다음에는 행복해 질 것입니다. 즐거운 일이 있어서 미소를 짓기도 하지만 때로는 미소를 먼저 지음으로써 행복해 질 수도 있습니다. 몸이 마음을 이끌 수도 있지만, 마음이 몸을 이끌 수도 있습니다. 하루하루의 삶을 꾸려 나가기 위해서 우리는 매우 산만합니다. 몸과 마음이 분리되어 딴 데 가 있습니다. 몸은 무엇을 만들고 있으면서 마음은 몸이 하는 일에 집중하지 않고 전혀 다른 것을 생각하고 있습니다. 그러므로 마음을 챙겨 숨을 들이쉬는 것은 마음을 몸으로 다시 가져오는 일입니다. 몸과 마음을 하나 되게 하는 일이며, 이 일은 단지 몇 초 만에 일어납니다.

웃음은 암도 낫게 한다고 해서 크게 웃는 '웃음치료법'이 성행하고 있습니다. 이것은 매우 효과적인 것은 틀림없습니다. 그러나 온종일 크게 웃으면서 살아갈 수는 없을 것입니다. 몸과 마음이 하나 되어 무엇을 하든 온전하게 하는 것은 편안한 마음, 즉 항상 미소를 머금고 즐거운 마음으로 하는 것입니다. 잠을 잘 때도 큰 소리로 웃으면서 잘 수는 없으나 미소를 머금고 잘 수는 있습니다. 번뇌 망상이 없으면 항상 미소를 머금게 됩니다. 24시간 큰 소리로 웃는 것과 같은 효과를 내는 것이 명상수행에서 얻어지는 미소입니다.

호흡 명상을 할 때는 호흡의 장단, 완급 등을 의식적으로 조절하려 하지 말고 자연스럽게 들이쉬고 내쉬는 것만을 알아차리면 됩니다. 현대인들은 과거에 대한 불만 미래에 대한 불안 등으로 헐떡이는 삶을 살고 있습니다. 이때 호흡 명상은 흩어진 마음상태를 즉각적으로 알아차리게 합니다. 호흡은 지금 여기에 돌아올 수 있게 하는 가장 효과적인 도구입니다. 명상의 포인트는 지금 여기에 있습니다. 깨어 있는 마음을 잃지 않는 것, 순간순간에 마음 알아차림이 중요합니다. 지금 정신없이 바쁘다면 심호흡을 해보십시오. 그 숨 상태를 바라보면 곧바로 지금 여기로 돌아오는 경험을 할 것입니다.

매 순간 호흡을 놓치지 않고 알아차리려면 주문 외우듯 호흡을 챙기면 됩니다. 순간순간 숨과 함께 깨어 있기에 가장 쉬운 방법은 "지금 여기." 하면서 숨을 인식해 들어가는 것입니다. 또 숨을 놓치게 되면 다시 "지금 여기."를 주문 외우듯 자신의 숨을 다시 인식합니다. 물론 초심자에게는 호흡 관찰이 금세 도망가 버립니다. 그러니 "지금 여기." 하면서 계속 들숨과 날숨을 계속 바라봐야 합니다. 과거에 붙잡혀 있고 미래에 도망가 있는 그 마음을 “지금 여기.”의 숨으로 다시 불러오는 것입니다.

호흡과 생각은 24시간 하는 것입니다. 무의식적으로 하던 호흡을 의식적으로 하며 이때 번뇌, 망상으로 하던 생각을 내려놓고 지금 여기로 돌아오는 것이 호흡 명상이기 때문에 언제 어디에서나 순간순간 마음 챙김의 수행으로 버려진 시간을 언제라도 살려 쓸 수 있어야 합니다.

숨을 들이쉬면서 들숨에만 온통 주의를 기울일 수 있다면 온갖 일들을 떠나보낼 수 있습니다. 이렇게 하는 일은 쉽기도 하지만 매우 즐거운 일입니다. 건강하면 우리는 내가 살아있다는 것을 잊어버리고 있기 때문에 살아있다는 그 자체가 얼마나 값진 것이라는 사실에 대한 고마움을 모릅니다. 어떤 사람이 이미 이 세상 사람이 아니라면 그는 더 이상 숨을 들이쉬고 내 쉴 수 없습니다. 기적 가운데 살아있다는 것보다 더 큰 기적은 없습니다. 살아있다는 기적을 통해서 우리는 삶의 경이로움을 알게 되고 우리를 에워싸고 있는 모든 일에 미소를 머금을 수 있습니다. 모든 들숨과 날숨은 많은 기쁨과 휴식을 우리에게 선물합니다.

이것을 ‘마음 챙김’이라 하며, 마음을 챙긴다는 것은 본래 갖추어져 있어 너무나 당연하게 여겨 잊고 사는 것에 대한 고마움을 찾는 것입니다. 볼 수 있고, 들을 수 있고, 힘차게 뛰는 심장의 경이로움을. 마음 챙김은 지금 여기에 온전히 존재하는 것입니다. 있는 그대로의 경이로움, 삶의 경이로움을 깨닫는 것입니다.

숨을 들이쉬고 숨을 내쉬는 것을 알아차리고 그것을 즐길 줄 알면 몸과 마음이 하나 되어 내 몸에 아버지, 어머니, 그리고 여러 조상님, 더 나아가서는 우주와 내가 하나 됨을 느끼게 됩니다. 내가 숨을 들이쉬고 내 쉬는 것은 나만의 호흡이 아니라 아버지, 어머니, 조상님, 그리고 온 우주와 함께 호흡하는 것입니다. 그리고 당신의 가슴에는 사랑이 가득 차오릅니다. 이렇게 되면 당신은 수행이 그저 즐겁기만 하고, 이 즐거움을 모르는 이웃을 수행의 즐거움으로 초대하게 됩니다.

숨을 들이쉬고 내쉬는 것은 이미 경이로운 일입니다. 그것은 마음 챙김과 집중, 통찰, 그리고 모든 일상을 열심히 하면서도 그냥 열심히 할 뿐(무심無心)이므로 일에 집착하거나 끌려다니지 않게 되어 자유로운 삶을 살게 됩니다. 이것을 '해탈解脫'이라고 합니다. 이것은 많은 자비와 지혜를 일구어낼 수 있기 때문에 앉아서 호흡하는 시간을 기쁨의 시간이라고 생각합니다. 당신의 몸이 곧게 앉아 편안해지도록 해야 합니다. 만일 너무 애를 쓰면 금방 고단해질 것입니다. 앉아서 한두 시간 TV를 보는 것은 아무렇지도 않은데 앉은 자세로 명상하려고 노력할 때는 온몸이 고통스럽다고 느낄 것입니다. 그것은 무리하게 애를 쓰기 때문입니다. 너무 애쓰지 마십시오.

그저 당신의 몸이 편안해지도록 하고 앉는 것을 즐기십시오. 그리고 숨 쉬는 것도 함께 즐기십시오. 우리는 스트레스나 긴장이 몸에 쌓이면 많은 질병을 일으킨다는 사실을 잘 압니다. 만일 몸을 편안하게 하고 쉬게 하면 우리 몸은 스스로 치유할 능력을 갖게 되어 많은 상승효과를 갖게 될 것입니다.

당신이 한 잔의 차를 들고 있을 때 숨을 한번 들이쉬고 몸과 마음을 지금 여기로 가져오는 마음 챙김으로 한다면, 당신의 손안에 있는 한 잔의 차를 알아차립니다. 만일 당신이 차를 마신다는 생각 외에 다른 망념이 없이 여기에 온전히 존재한다면(무심) 다른 것도 역시 온전히 존재할 텐데 그것이 바로 진실한 삶입니다. 만일 당신이 차를 마시면서 망념으로 딴 생각을 하고 있다면 차를 마시고는 있으나 마시지 않는 것과 같아서 당신의 삶도 거기 있지 않을 것입니다.

예를 들어서 공부 잘하는 아이는 머리가 좋아서 잘하는 것으로 알고 있으나 그렇지 않다는 사실을 통계를 통해서 밝히고 있습니다. 공부를 잘하고 못하는 아이들의 공통점은 '집중하느냐?', '집중하지 못하느냐?'의 차이에 있습니다. 잘하는 아이는 공부하면서 다른 생각(번뇌, 망상)을 하지 않고 오직 공부에만 집중하나, 공부 못하는 아이는 몸은 공부하고 있으면서 마음은 밖에 나가 놀고 있거나, PC방에 가서 좋아하는 게임을 하고 있거나, 아니면 자기가 좋아하는 다른 무엇에 생각을 뺏기고 있기 때문에 몸은 지금 여기에 있지만, 마음은 전혀 다른 곳에 나가 있어 몸과 마음이 하나 되지 못하는 까닭에 있습니다.

좋아하는 것을 할 때 몸과 마음이 하나 되기가 가장 쉬우므로 아이들이 좋아하는 것을 찾아서 그 일을 하게 해야 합니다. 그러나 이것을 실천하려면 반드시 나의 주관적인 생각을 버려야 아이의 좋아하는 것을 볼 수 있습니다.

경이로움을 느낄 때 우리는 미소를 머금게 되고 이것은 일반적으로 즐겁고 기쁜 것과는 차이가 있습니다. 한 마리의 아주 작은 개미에도 생명의 모든 신비로움이 다 갖추어져 있습니다. 그 신비로움은 그대로 나에게 전해져 개미를 보고 있는 그 순간에도 미소를 머금게 됩니다.

명상을 통해 깨달음을 얻으면 모든 것에서 경이로움을 느낍니다. 이것은 그 사람의 삶이 경이롭다는 뜻이어서 최고의 삶이 된다는 뜻이기도 합니다. 우리가 경이로움을 느끼지 못하고 살아가는 까닭은 번뇌, 망상 때문입니다.

우리가 숨을 들이쉴 때 숨에 주의를 기울입니다. 그러면 우리는 갑자기 온전히 살아있게 되고, 지금 여기에 온전히 서 있게 됩니다. 그리고 거기 열려 있는 삶의 경이로움을 만납니다.

우리가 걸을 때 그와 같이 걷습니다. 삶이 거기 열려 있고, 모든 걸음마다 삶을 만나는 것입니다. 그것이 바로 걷기 명상입니다.

우리는 걸을 때 내가 지금 걷고 있다는 생각을 하지 않습니다. 걷기 명상은 당신이 혼자 있을 때, 10분이나 15분 정도의 시간이 있다면 천천히 걸을 수 있습니다. 숨을 들이쉬고 한 걸음을 천천히 내딛습니다. 당신의 발과 땅이 접촉하는 것을 알아차려야 하고, 이때 당신은 지금 여기에 열려 있는 삶의 모든 경이로움과 접촉하는 것입니다.

이 일을 가능하게 하는 힘은 '마음 챙김의 힘'입니다. 마음 챙김은 지금 일어나는 일이 무엇인지를 알아차리게 하는 힘입니다. 지금 일어나는 일은 내가 숨을 들이쉬고 있다는 사실입니다. 마찬가지로 일할 때는 그 일을 하고 있다는 사실만을 알아차리고 다른 어떤 망념도 일으키지 않아서 그 일에 집중하게 되고 집착은 하지 않습니다. 이렇게 명상이 무르익게 되면 명상을 하는 대상이 앉고, 걷고, 숨 쉬는 일에만 머무르지 않고 그 대상의 폭이 넓어져 궁극에는 삶의 모든 것이 대상이 되어 이것은 대상이 없어지는 것과 같습니다.

우리는 마음을 챙기면서 차를 마시고, 밥을 먹고, 이를 닦고, 심지어 화장실에서도 할 수 있는 것이 마음 챙김입니다. 이것은 모든 순간을 나의 삶으로 만들고 나는 그것을 통해서 늘 편안함과 즐거움을 느낍니다. 이를 닦을 때도 절대 서두르지 마십시오. 즐거움을 만끽하십시오. 이러한 삶이 진정한 주인공의 삶이고, 대 자유인의 삶입니다.

음식을 먹을 때 그저 식사하는 것을 즐기면서 그 일에 머무십시오. 음식을 집어 들 때 잠시 그것을 들여다보고 그것이 하늘과 땅의 선물임을 알아차리십시오. 이 빵 한쪽이 햇빛, 구름, 비, 대지, 농부 등으로 만들어졌다는 것을 깨닫는 데는 잠깐의 시간밖에 필요치 않습니다. 먹는 것도 이렇게 먹으면 고마움을 느끼게 되어 오래 씹을 수 있어 보다 많은 영양분을 섭취하게 되고 수행이 됩니다.

걷기 명상을 할 때 주의해야 할 일은, 만약에 한 걸음을 내디뎠을 때 그 걸음과 더불어 삶에 깊이 접촉되지 않는다면 다음 걸음을 떼지 말아야 합니다. 삶과 모든 경이로움에 접촉할 때까지 그냥 그렇게 머물러 계십시오.

아무도 뒤에서 재촉하지 않습니다. 당신은 혼자 있기 때문입니다. 천천히 걷는 명상은 반드시 혼자 있을 때 하십시오. 인간은 자각(깨달음, 알아차림)하는 능력이 있습니다. 모든 걸음마다, 모든 호흡마다 삶과 삶의 경이로움에 접촉한다는 것은 매 순간 깨어 있는 것입니다. 이것은 깨달음을 의미하기 때문에 깨달음은 매분, 매초 가능해서 결코 멀리 있는 것이 아닙니다. 마음 챙겨 숨을 쉴 때 당신이 살아있다는 것, 여전히 살아있다는 것을 깨달을 것입니다. 어제 죽은 사람이 아무리 많은 돈을 주고 강렬히 원한다고 할지라도 한번 일어서서 한 걸음을 내딛고 싶어 해도 그렇게 할 수가 없습니다.

과거는 이미 날아간 새고, 미래는 아직 날아오지 않은 새이니, 우리가 잡을 수 있는 새는 오직 현재의 지금이라는 새뿐입니다. 다시 말해서, 과거는 이미 지나가서 돌이킬 수 없으며, 미래는 아직 오지 않아서 어떻게 할 수없기 때문에 우리들의 삶은 지금 여기에서만 가능하다는 말입니다. 순간이 행복하면 행복한 것이고, 순간이 불행하면 불행한 것입니다. 시간은 순간의 연속일 뿐입니다. 명상은 순간순간 알아차리고 깨어 있는 것입니다.

항상 깨어 있다는 것은, 너와 내가 본래 하나임을 몰라서 분별하고 차별하는 망념에서 깨어나는 것입니다. 이러한 깨어 있음이 끊어지지 않고 연속될 때 우리는 비로소 모든 고통으로부터 자유로워집니다. 그렇기 때문에 우리의 노력, 우리의 수행은 언제나 현재의 순간에 머물러야 합니다.

현재의 순간은 치유와 변화, 평화를 위한 문門입니다. 우리가 이루고자 하는 모든 것은 오직 현재에서만 찾을 수 있습니다. 과거나 미래의 망상에 떠밀려 다니면 에너지만 소모하게 되고 현재를 나아지게 하는 통찰(지혜)을 얻을 수 없습니다. 우리는 몸에 병이 나면 건강을 염려하게 됩니다. 병이 나기 전의 과거를 그리워하거나 아니면 병이 더 나빠질 미래를 걱정하느라고 지금 무엇을 해야 할지를 모르게 됩니다.

통찰은 지금 해야 할 일과 하지 말아야 할 일을 정확하게 가려줍니다. 모든 것들은 지금 여기에만 열려 있습니다. 우리는 항상 과거와 미래에 집착하지 말고 현재의 순간이라는 집으로 돌아와야 합니다. 이것이 모든 것을 온전하게 하는 것입니다. 이렇게 무엇을 하든 온전하게 하면서 원리에 대한 믿음이 확실하게 되면 지금 당장 어떠한 일이 생긴다 할지라도 시절인연을 따라가는 삶, 즉 모든 것을 초월하는 삶(중도의 삶)을 살아가게 됩니다.

* 마음에 새겨야 할 글 *

* "빈 수레가 요란하다."라는 말이 있습니다.

법력(깨달음)이 약할수록 내면(자존감)이 가난해서(열등감) 겉으로 많은 것을 드러내려 하고, 법력이 강할수록 내면이 충만해져 겉으로 드러내지 않습니다.

원리(진리)를 깨달아 법력이 궁극에 도달하면 오직 법(진리, 원리)과 자기 자신만을 등불로 삼을 뿐(법등명法燈明 자등명自燈明), 다른 어떠한 것도 따르지 않습니다.

제 22 강

명상과 형성 작용

형성 작용이란? 상호간(이것과 저것)에 어떤 힘(작용)으로 말미암아서 형상(사물의 생긴 모양이나 상태)을 이루는 것을 말하며, 모든 형성 작용은 항상 변합니다.

형성 작용에는 육체적인 형성 작용, 생물학적인 형성 작용, 정신적인 형성 작용으로 구분할 수 있습니다. 꽃도 꽃이라고 하는 고정불변의 실체가 있는 것이 아니라 한 송이 꽃이 피기 위해서는 햇빛, 비, 씨앗, 흙, 농부, 그리고 다른 많은 조건(인연)들이 모여 꽃이 나타나게 한다는 사실을 우리는 잘 압니다. 그래서 꽃을 형성 작용이라 하고 꽃은 영원하지 않습니다. 꽃은 잠시도 쉬지 않고 변하고 있습니다.

인간의 몸을 비롯해서 모든 생명체는 이와 같아서 많은 조건이 모여서 생물학적 형성 작용을 하도록 도왔습니다. 인간의 몸은 '몸'이라 불리는 형성 작용입니다.

21강에서 살펴본 명상수행은 주로 몸에 대한 형성 작용을 공부한 것이었습니다.

인간의 마음에서 일어나는 모든 생각, 즉 즐거움, 성냄, 용서와 같은 감정과 지각은 정신적인 형성 작용입니다. 모든 정신적인 형성 작용 또한, 영원하지 않습니다. 이것에는 사랑, 슬픔, 기쁨, 용서, 마음 챙김, 집중, 통찰, 깨달음과 같은 긍정적이고 청정한 정신적 형성 작용과 욕심, 성냄, 어리석음, 미움, 폭력, 질투와 같은 부정적이며 청정하지 못한 정신적 형성 작용과 청정할 수도 있고 청정하지 않을 수도 있는 정신적 형성 작용이 있습니다. 명상하는 동안에는 어떤 형성 작용이 나타나든 그것을 알아차리도록 내가 지금 거기에 있어야만 합니다.

육체적(몸) 형성 작용을 공부할 때, 숨을 들이쉬며 나는 내 몸을 알아차리기 때문에 몸에 대해 잘 알 수 있으므로 긴장, 스트레스, 고통이 있다는 것을 잘 알게 됩니다. 마음 챙김은 우리가 지금 일어나는 형성 작용을 알아차리게 하는 일종의 힘energy입니다. 똑같은 것이 정신적 형성 작용에도 적용됩니다.

기쁨이라고 불리는 정신적 형성 작용이 있다면 우리는 기쁨이 내 안에 있음을 압니다. 슬픔과 질투와 다른 것들도 마찬가지입니다. 그래서 마음 챙김은 무엇보다 힘입니다. 바로 거기 있는, 현 순간에 일어나는 형성 작용을 알아차리는 힘입니다. 이 힘은 명상할 때 번뇌 망상으로 얼룩진 내 생각이 일어나지 않게 함으로써 마음의 움직임을 꿰뚫어 보는 힘을 말합니다.

만약에 명상을 하면서 이 생각 저 생각을 한다면 어떠한 형성 작용도 알아차릴 수 없습니다. 이것이 명상의 핵심입니다. 망념으로 한 잔의 차를 마신다면 구름을 마시는 경이로움을 결코 맛볼 수 없을 것입니다.

무엇을 하든 그것에만 집중할 수 있다면 그 자체가 모두 명상입니다. 이것을 일러 '온전하게 한다'라고 합니다. '온전하게 한다'라는 말은 '무심無心으로 한다', '그냥 온 힘을 다해 열심히 한다'라는 말과 같은 뜻입니다.

정신적 형성 작용을 이해하려면 5강 '마음의 구조와 작용'에서 설명한 것을 다시 상기시키면 이해가 빠르리라 생각합니다.

우리의 마음은 심층부에 8아뢰야식(무의식)이 있고 그 위에 7말나식(중간의식)이 있고 그 위에 말과 행동으로 나타나는 6의식(표층의식)이 있습니다. 아뢰야식은 활동하지 않는 의식이며 여기에는 사랑, 슬픔, 기쁨, 용서, 마음 챙김, 집중, 통찰, 깨달음과 같은 긍정적이고 청정한 정신적 형성 작용과 욕심, 성냄, 어리석음, 미움, 폭력, 질투와 같은 부정적이며 청정하지 못한 정신적 형성 작용과 청정할 수도 있고 청정하지 않을 수도 있는 정신적 형성작용에 의해서 만들어진 모든 것들(업業)이 선악의 구별 없이 종자(씨앗)로써 저장된 창고(업장業藏)입니다.

마음을 챙긴다는 것은 언제나 어떤 무엇에 대해서 마음을 챙기는 것이기 때문에 항상 깨어있는 것을 말합니다. 마음 챙김으로 숨을 쉬면 호흡의 마음 챙김이고, 마음 챙김으로 걸으면 걷기의 마음 챙김이기 때문에, 명상이란? 마음을 챙기는 것이고 이것은 매 순간의 깨달음입니다. 명상수행을 처음 할 때는 마음먹고 해야 하기 때문에 의식적으로 하게 되나 수행이 차츰 익어가면서 습관화되면 수행의 관성에 의해서 의식하지 않아도 관념적으로 마음 챙김이 진행되어 늘 깨어 있게 됩니다. 항상 깨어 있다는 것은 지혜가 항상 함께하고 있다는 뜻입니다.

우리의 말과 행동은 아뢰야식에 있는 씨앗(업, 습관 된 것)이 외부의 조건에 자극을 받으면 싹을 틔우는데 이때 말나식이 깊게 분별하고 판단하여 의식으로 나타나는 것이 말과 행동입니다. 즉, 모든 씨앗은 우리 의식의 밑바닥에 잠자고 있기 때문에 건드리지 않으면 밖으로 드러나지 않습니다. 그러나 누군가가 무슨 말을 하거나 무슨 행동을 해서 그것이 화의 씨앗을 건드리면, 그것은 정신적 형성 작용으로 나타나서 화를 내게 됩니다.

마음에서 일어나는 모든 것은 이와 같아서 외부의 조건이 특정한 하나의 씨앗에 물을 주면 그 씨앗이 싹을 틔우고 말나식에서 정신적 형성 작용을 일으켜 의식으로 나타나게 됩니다.

청정한 씨앗이 싹을 틔울 때는 문제가 되지 않기 때문에 또 다른 청정한 씨앗이 나타나도록 할 필요가 없지만, 만약에 화의 씨앗이나 좌절의 씨앗과 같이 부정적이고 청정하지 못한 씨앗이 정신적 형성 작용으로 나타날 때는 우리는 그것이 혼자 있도록 놔두어서는 안 됩니다. 다른 긍정적이고 청정한 씨앗이 나타나도록 노력하여야 합니다. 보통 마음 챙김의 씨앗이 또 다른 사랑이나 기쁨, 희망과 같은 청정한 씨앗이 정신적 형성 작용으로 나타날 수 있도록 하여야 합니다. 이것은 화, 좌절이라고 하는 정신적 형성 작용이고, 마음 챙김이라고 하는 정신적 형성 작용입니다.

마음 챙김은 하나의 에너지이기 때문에 다른 정신적 형성 작용을 알아차리도록 늘 중간의식(7말나식, 자아의식)에 초대됩니다. 이러한 수행은 화 또는 좌절에 대해 마음을 챙기는 수행입니다. 따라서 긍정적이고 깨끗한 씨앗에 물을 주느냐, 아니면 부정적이고 깨끗하지 못한 씨앗에 물을 주느냐의 문제입니다.

공부하지 않은 사람은 씨앗에 물주는 방법을 알지 못하기 때문에 화가 나면 화를 내고 맙니다. 화의 에너지가 많은 해를 끼치도록 그냥 내버려 둡니다. 그러나 공부를 한 사람은 화가 나면 화를 내기 전에 화가 났다고 하는 마음의 움직임을 알아차림으로써 화를 혼자 있도록 내버려 두지 않고 마음 챙김이 나타나도록 해서 화를 보살피게 되므로 화가 여전히 거기에 있지만, 마음 챙김이 이미 거기에 함께 있으므로 화는 가라앉게 됩니다. 이것이 바로 화에 대한 마음 챙김입니다.

마음 챙김의 역할은 알아차리기만 할 뿐 어떠한 경우에도 아뢰야식에 있는 다른 씨앗들과 싸우지 않습니다. 마음 챙김은 내 생각이 없기 때문에 무엇이든 내 생각으로 만들어 보지 않고 사물을 있는 그대로 알아차리기만 합니다. 마음 챙김은 마치 엄마가 아기를 끌어안듯이 거기에 무엇이 있던 아주 부드럽고 다정하게 끌어안기만 합니다.

깨달음의 명상수행은 존재하는 모든 것을, 둘이 아니다(불이不二), 다르지 않다(불이不異), 같다(즉화卽化) 라는 원리를 가지고 있기 때문에 아뢰야식에 있는 긍정적인 씨앗이나 부정적인 씨앗이나 서로 다르지 않게 봅니다. 하나의 같은 마음이 그 작용에서 다를 뿐입니다. 따라서 긍정적인 씨앗도 당신이고 부정적인 씨앗도 바로 당신이기 때문에 당신 자신에 맞서서 싸울 필요가 없습니다. 오직 알아차림과 부드럽게 감싸 안는 것이 필요할 뿐입니다. 그래서 수행은 불이不二고 불이는 비폭력으로 통합니다.

수행자는 어떤 느낌이 있을 때 수행자로서 당신은 그 모든 느낌을 있는 그대로 다 알아차리고 그대로 다 받아 들일뿐, 그 느낌에 맞서 싸울 의도가 없습니다. 우리 마음에는 매 순간 느낌(감정)의 강물이 흘러가고 있습니다. 수행자는 모든 느낌이 일어날 때 그것을 알아차리기 위해 항상 그 느낌과 자리를 같이합니다. 이것은 고요한 마음으로 사물이나 현상을 관찰하거나 비추어 보는 것이므로 대상을 직접 경험(체험, 지혜를 얻음)하는 것이기 때문에 사유思惟만으로 인식하려는 수동적인 것(지식을 얻음)이 아닙니다. 이것을 느낌에 대한 '관조觀照의 수행'이라 합니다.

관조의 수행은 먼저 몸에 마음을 챙기는 수행에 집중하여야 합니다. 호흡(들숨과 날숨)에 대한 마음 챙김은 수행의 첫 번째 영역인 몸에 속해있습니다. 내가 들이쉬는 숨을 수행할 때 숨을 들이쉬면서 그것이 나의 들이쉬는 숨임을 알고 나의 들숨을 끝까지 따라가고, 숨을 내 쉬면서 나의 날숨을 끝까지 따라가게 되면 들숨과 날숨은 바로 당신과 하나가 됩니다. 이때 망념은 사라지고 당신은 당신의 모든 일에서 벗어나게 되어 몸과 마음이 편안하고 가벼워지며 집중력이 높아져 나는 내 몸 전체를 알아차리게 됩니다. 먼저 당신은 몸의 일부인 숨으로 돌아가고 그 숨을 통해서 몸으로 돌아갑니다. 내가 내쉬는 숨을 수행할 때 나는 내 몸에 있는 긴장을 풉니다. 내가 온전히 깊은 이완의 수행을 할 때 나는 내 몸의 모든 부분을 알아차리고, 내 몸의 모든 부분을 이완시킵니다. 이것은 몸을 관조하는 수행의 영역입니다.

두 번째 수행의 영역은 느낌과 감정을 알아차리는 것을 수행하는 것입니다. 느낌이나 감정은 즐거울 수도 있고 즐겁지 않을 수도 있습니다. 수행자로서 우리는 그것들을 알아차리고 보살피기 위해서 거기 있어야만 합니다. 마치 엄마가 아기를 보살피는 것처럼. 만일 그 느낌이나 감정이 즐거운 것이라면 숨을 들이쉬고 나는 내 안에 즐거운 느낌이 있다는 사실을 알아차리면 됩니다. 그러나 그 느낌에 집착하여 끌려다니게 해서는 안 됩니다. 그러나 그것이 고통스러운 느낌이라면 숨을 들이쉬고 그 사실을 알아차리기만 하고 그것과 싸우거나 밀어내거나 억누르려 하지 마십시오. 명상은 비폭력입니다. 그냥 다정하게 껴안고 있으면 조금 뒤 위안을 얻게 되고 고통스러운 마음의 상태(정신적 형성 작용)는 서서히 사라질 것입니다.

마음 챙김의 에너지는 어머니이고 고통스러운 느낌은 아픈 아이입니다. 마음 챙김은 알아차리고, 끌어안고, 위안을 주는 기능을 갖고 있습니다. 우리는 흔히 즐거운 것은 좋은 것이고 고통스러운 것은 나쁜 것이라 여겨, 좋은 것은 가지려 하고 나쁜 것은 버리려 합니다. 가지려 하는 마음은 집착하게 하여 욕심을 일으키고 버리려 하는 마음은 차별하게 되어 둘 다 분쟁을 일으키는 원인이 됩니다. '본질(체)과 현실(상, 용)의 원리'에서 보았듯이, 모든 것은 서로 상반되는 것 같으나 사실은 동전의 양면과 같아서 서로 몸을 공유하고 있기 때문에 다르면서도 다르지 않다는 것입니다.

즐거운 느낌이나 감정과 고통스러운 느낌이나 감정도 이와 같아서 좋다고 끌려다니지도 말며, 싫다고 그것과 싸우거나 밀어내거나 억누르려 하지 말고 알아차리고 그냥 다정하게 껴안고(내려놓고) 있으라는 말입니다. 결국, 서로 상반되는 모든 개념을 초월해야 합니다. 초월한다는 것의 의미는 '모든 것을 다 끌어안는다'라는 뜻입니다. 세상만사는 옳다, 그르다를 따지는 문제가 아니라 조화의 문제입니다. 이러한 원리를 한마디로 '중도中道'라 합니다.

마음을 챙긴다는 것은 번뇌 망상(내 생각)이 없이 청정한 마음으로 사물을 직시하는 것이기 때문에 지금 당신이 보는 것이 있으면 그것 외의 다른 어떤 생각도 하지 않고 오직 그 사실에만 몰입하게 되며, 만약 당신이 마음 챙김을 오래 유지하게 된다면 집중은 강력해지기 시작합니다. 이렇게 마음 챙김이 집중으로 통하게 되면 깊은 집중 속에서 당신은 지금 보는 것의 본성(원리, 진리)을 깊이 바라볼 수 있습니다. 이것은 더 깊은 수준의 명상입니다.

맨 처음 당신은 알아차리고, 그런 다음 깊이 들여다보고, 그리고 집중으로 더욱 깊이 들여다보면 사물의 뿌리와 본성을 발견할 수 있습니다. 당신은 그런 통찰과 지혜로 모든 고통으로부터 해방될 수 있습니다. 마음 챙김은 일종의 에너지로 그 안에 집중의 에너지를 갖고 있으며 집중의 에너지는 그 안에 통찰의 에너지를 갖고 있습니다. 통찰은 해탈의 요건이며, 통찰은 오직 강력한 집중이 있을 때만 나옵니다. 집중을 기르고 계발하기 위해서 우리는 마음 챙김을 수행해야 합니다.

마음 챙김(념念), 집중(정定), 통찰(혜慧)은 깨달음 명상(자기계발)의 핵심입니다. 마음 챙김, 집중, 통찰은 우리가 일상의 모든 순간에 계발할 수 있는 세 가지 종류의 에너지입니다. 숨 쉬고, 걷고, 운전하고, 요리하는 동안 언제 어디에서나 이 에너지들을 계발할 수 있습니다. 이러한 까닭으로 수행의 본질은 '우리 삶의 모든 순간에 수행이 살아 있어서 항상 깨어있도록 하는 것입니다'

몸의 영역에서든, 마음의 영역에서든, 환경의 영역에서든 일어나는 일에 반응하는 것입니다. 생리적인 형성 작용에 반응하는 것, 정신적, 신체적인 형성 작용에 반응하는 것입니다.

수행이란? 무엇이든 지금 여기서 일어나는 일에 응답하는 것입니다. 다시 말해서, 지금 여기에 있는 나의 일을 함에 있어서, '긍정적이고 청정한 마음으로 응답할 것인가' 아니면 '부정적이고 번뇌 망상으로 오염되어 청정하지 못한 마음으로 응답할 것인가'의 문제입니다. 즉, 마음 쓰는 법을 배우는 것입니다. 지금 여기서 일어나는 일은 나 자신에 관련되는 여러 가지 일과 지구 온난화의 문제와 생태계의 파괴, 소통의 부족, 전쟁, 갈등, 자살, 이혼 등과 같은 일들입니다.

* 자기계발(마음경영)이 어려운 이유 *

(1) 아무것도 모르는 사람은 시키는 대로 잘 따라 합니다. 따라 하던 것은 차츰 익숙해져 자기 것이 되고 세월이 지나면 자기 것은 점점 많아지게 됩니다. 이렇게 되면 따라 하던 것은 줄어들고 자기 방식대로 하는 것이 저절로 많아지게 됩니다. 다시 말해서, 모를 때는 말을 잘 듣다가 아는 것이 많아지면 많아질수록 말을 잘 듣지 않게 된다는 말입니다.

자기계발은 "내 생각을 버림으로써 철저하게 믿는 마음으로 그대로 따라 하는 것이 가장 잘하는 것이다."라고 하는 까닭이 여기에 있습니다. 그래서 무학無學이라 합니다.

내 생각을 버리는 데에는 다른 별도의 특별한 방법이 없습니다. 아무런 이유 없이 그냥 내려놓기를 반복하다 보면 저절로 됩니다. 이것이 잘 안 되기 때문에 명상을 하는 것입니다.

(2) 공부가 어느 정도 진행되면 하나씩 실천에 옮겨지게 됩니다. 이때 원리대로 하다 보니 나만 손해 본다는 생각이 나도 모르게 자꾸 떠오르게 됩니다. 아직은 공부가 무르익지 않았기 때문에 이 생각과 싸워서 이길 수 있는 힘이 약함으로 포기하게 됩니다.

이 생각과 싸워서 이길 수 있는 방법은 싸우지 않는 것입니다. 다만, 이러한 생각이 일어났음을 알아차리고 내려놓고 또 일어나면 "어이쿠! 또 일어났네." 하면서 또 내려놓기를 반복하다 보면 자연히 일어나지 않게 됩니다.

싸우지 마십시오! 싸우지 않는 것이 쉽지 않기 때문에 명상을 하는 것입니다.

이 두 개의 큰 산은 누구에게나 어김없이 찾아옵니다. 이 두 개의 산을 넘기 위해서 하는 것이 수행입니다.

22강의 내용을 정리하면 수행을 함에 있어서 네 가지 바른 방법은 다음과 같습니다.

첫째, 부정적이고 청정하지 못한 씨앗이 일어날 기회를 주지 마라.

부정적이고 청정하지 못한 씨앗이 일어날 기회를 주면 그 씨앗들이 의식에서 나타나고 7말나식을 강화시킨다.

둘째, 부정적이고 청정하지 못한 씨앗이 의식에 나타날 때 그 씨앗이 가능한 한 빨리 원래의 자리인 8아뢰야식으로 돌아가게 해야 한다.

만일 부정적인 형성 작용이 나타나서 당신에게 해를 끼치면 이 사실을 얼른 알아차리고 아주 빨리 바꾸기 위해서, 그때는 마음 챙김의 호흡을 수행해야 합니다. 다른 긍정적인 형성 작용이 올라와서 이것을 대체하도록 하기 위해서입니다. 이것은 마치 CD의 음악이 당신을 즐겁게 하지 않는다면 그것을 듣고 있을 이유가 없으므로 즉시 그 음악을 멈추고 CD를 바꾸는 것과 같습니다. 이렇게 빨리 알아차리고 빨리 바꾸려면 긍정적인 씨앗에 매일 물을 줄 수 있는 환경을 만드는 것이 매우 중요합니다. 그래서 우리는 정진에 정진을 거듭하는 것입니다. 어려움에 부닥친 사람들을 도우려고 뭔가를 하려고 생각하는 것이나, 좋은 강의를 듣거나, 이 훌륭한 일 중 어느 것 하나를 골라 당신 안에 있는 형성 작용을 바꾸기만 하면 됩니다.

사랑하는 마음은 누구에게나 다 갖추어져 있으나 당신의 사랑은 당신이 키우지 않으면 살아남을 수 없습니다. 당신이 사랑을 키울 때, 그것을 양분으로 삼아서 사랑은 자라기 때문입니다. 미움과 절망, 우울도 마찬가지여서 당신이 키우지 않으면 그것들은 죽습니다. 긍정적인 씨앗이 되었거나 부정적인 씨앗이 되었거나 당신의 삶의 방식이나 습관, 고정관념이 그 씨앗을 키운다는 사실은 틀림이 없습니다. 부정적인 씨앗이 자라면 그것을 깊이 들여다보고 그것을 키워온 근원을 찾으십시오. 그리고 그 근원을 잘라내면 며칠 뒤 우울, 슬픔, 질투와 같은 부정적인 형성 작용은 사라질 것입니다.

셋째, 긍정적이고 청정한 씨앗에 기회를 주어라.

우리는 누구에게나 사랑, 믿음, 용서, 기쁨, 연민의 씨앗과 같은 긍정적이고 청정한 씨앗이 있다는 사실을 잘 압니다. 이것들이 형성 작용으로 나타날 때 우리는 행복합니다. 그러므로 당신은 주변의 사람들을 행복하게 할 수 있습니다. 우리는 우리 안의 좋은 씨앗이 잘 자라도록 해야 하며, 다른 사람도 그들의 청정한 씨앗에 물을 주도록 도와야 합니다.

넷째, 긍정적이고 청정한 형성 작용이 나타났을 때 그것을 가능한 한 6의식에 오래 머물게 하라.

부정적인 씨앗이 의식에 오래 머물게 되면 아뢰야식에 있는 그때 그 씨앗이 더욱 강해질 것이기 때문에 빨리 아뢰야식에 내려보내야 하며, 반대로 긍정적인 씨앗이 의식에 올라오면 가능한 한 오래 머물게 함으로써 그때 그 씨앗이 아뢰야식에서 더욱더 강해질 수 있게 하여야 합니다.

명상수행을 하는 일반적인 목적은 아뢰야식(함장식含藏識, 일체종식一切種識)에 있는 수많은 씨앗 중에서 부정적인 씨앗이 거기서 잠자도록 하는 데 있습니다. 그러나 궁극적인 목적은 부정적이고 깨끗하지 못한 씨앗을 아예 없애버려서 설사 부정적인 씨앗에 물을 주는 경계에 부딪치더라도 싹이 틀 수 없게 하는 데 있습니다.

부정적인 씨앗을 싹트게 하는 이유는 말나식(중간의식)에 있는 자기가 존재한다고 믿고(자아의식), 밤낮없이 즐거움을 찾고, 비교하고, 분별하고, 헤아리기 때문에 만들어지는 정신적인 형성 작용에 의해서입니다. 이것을 한 마디로 표현하면, 번뇌 망상, 즉 내 생각(무명, 아상, 고정관념)에 의해서 부정적인 씨앗이 싹을 틔웁니다. 다시 말해서, 7말나식은 청정하지 못한 수많은 씨앗, 즉 자아가 있다고 생각하는 자아에 대한 무지, 우월감, 열등감, 동등해지려는 강박관념 등에서 나오며, 8아뢰야식을 자아自我라 여기며 매달리고, 말나식을 자아라 여기며 사랑하기 때문에 다른 모든 것들(대상, 객관, 경계)은 자아가 아니라고 생각합니다.

7말나식은 매우 분주해서 산만하기 때문에 집중력을 떨어지게 합니다. 명상수행은 집중력을 키워주고 집중력은 내 생각이 일어나는 것을 억제하는 역할을 하면서 진실을 밝게 비추어 알아차리게 함으로써 항상 깨어 있게 합니다. 항상 깨어 있다는 것이 순간순간의 깨달음이고, 깨닫게 되면 현실을 정확하게 보는 능력(지혜, 정견)이 생겨 모든 일을 정확하게 처리할 수 있게 됩니다. 이것이 자기계발입니다.

21, 22강에서 설명한 내용은 '호흡관법경呼吸觀法經'에 나오는 수행의 핵심인 사념처四念處 수행입니다. 사념처는 사념주四念住라고도 하는데 37조도품助道品 가운데 첫 번째의 실천수행 하는 방법입니다. 사념처란 통찰해야 할 네 가지 대상을 말합니다. 사념처 수행에는 신수심법身受心法 등 4가지 염처念處 수행마다 각각 4단계가 있습니다.

사념처에서 염念이란? 빠알리어 'sati'입니다. 'sati'는 마음을 챙긴다(mindfulness)는 뜻입니다.

마음을 챙긴다는 의미는,

1) 대상(사념처, 경계, 객관)에 깊이 들어가는 것입니다.

2) 대상을 철저하게 붙들고 지혜로 파악하고 관찰합니다.

3) 확립한다는 뜻입니다.

각각의 대상을 통해 자각의 상태가 확립되기 때문에 자각의 확립이라고 합니다.

사념처는 몸(신身), 느낌(수受), 마음(심心), 생각(법法)의 4가지 염처를 깊게 관찰함으로써 더러움과 괴로움, 무상無常, 무아無我라는 사실을 깨닫게 되면서 깨끗함, 행복, 항상 함, 자아自我라는 인식을 버리게 되고 자각이 일어나기 때문에 확립한다고 하며 일으켜 세운다는 뜻도 있습니다.

4) 마음을 지키고 보호합니다.

여섯 가지 감각기관(6근根: 안眼, 이耳, 비鼻, 설舌, 신身, 의意)을 통해서 바깥에서 들어오는 경계(대상)에 마음을 빼앗기지 않고 마음 챙김이 이루어지면 다른 나쁜 2차적인 생각이 일어나지 못하게 됨으로 보호한다고 하는 것입니다.

사념처 수행의 목적은 해탈 열반에 있습니다.

사념처의 대상은 바깥에 있는 것이 아니라 '나'를 구성하고 있는 오온五蘊(오음五陰)입니다.

오온은 육신을 말하는 색色과 정신을 말하는 수受, 상想, 행行, 식識의 결합을 말합니다. 우리는 이렇게 다섯 가지 '나' 아닌 요소로 구성되어 있는 것을 마치 '나'라는 실체로 알고 있으나 결합하기 이전으로 해체해서 깊게 살펴보면 '나'라고 할 만한 자성自性이 없다는 사실(무아, 무자성)을 깨닫게 됩니다.

오온을 사념처의 대상으로 나누면, 신념처의 대상은 색色(몸: 신身)이며, 수념처의 대상은 수受며, 심념처의 대상은 식識이며, 법념처의 대상은 상想과 행行입니다.

신념처身念處의 주안점은 사마타(지止, 선정禪定, 삼매)계발에 있으며 수념처受念處, 심념처心念處, 법념처法念處는 위빠사나(관觀, 지혜智慧)계발에 주안점을 둡니다. (지관쌍수止觀雙修, 정혜쌍수定慧雙修)

'호흡관법경'은 주로 남방불교(남아시아 여러 지역의 불교)에서 하는 수행법으로서 사념처 수행법의 궁극적인 목적도 원리를 깨닫고 중도(지혜바라밀)를 체득하기 위한 수행법이라는 것입니다. 세계적으로 많이 하고 있는 수행법이기 때문에 참고 하시기 바랍니다.

신념처身念處는 자신의 몸과 관련된 현상, 즉 호흡이나 동작(행行, 주住, 좌座, 와臥)을 관찰하여 몸에서 일어나는 탐욕과 혐오를 극복하는 수행법입니다. 정신을 집중하여 몸 안팎의 움직임을 관찰함으로써 육신은 죽어서 썩을 부정不淨한 것(더러운 것)임을 깨닫는 것입니다.

수행법으로는,

1) 32가지 몸의 구성요소를 생각하며 명상하는 방법(머리털, 몸털, 손발톱, 이빨, 살갗, 살, 힘줄, 뼈, 골수, 콩팥, 염통, 간, 근막, 지라, 허파, 큰창자, 작은창자, 위, 똥, 쓸개즙, 가래, 고름, 피, 땀, 굳기름, 눈물, 피부의 기름기, 침, 콧물, 관절활액, 오줌 등의 몸의 형태를 순서대로 외워 하나씩 순서대로 생각하며 명상 수행을 하는 방법)
2) 몸을 네 가지 근본 성질(지地, 수水, 화火, 풍風)로 분석하며 수행하는 방법
3) 부정관으로 수행하는 방법(썩어가고, 뜯어 먹히고, 반쯤 썩어 있고, 뼈와 핏기와 힘줄만 있고, 뼈와 힘줄만 있고, 뼈만 사방에 흩어져 있고, 뼈가 변색되어 있고, 뼈 무더기로 되어있고, 뼈가 가루가 되어있는 상태를 관찰하며 수행하는 방법)

(1) 숨을 들이쉬면서(들숨) 들이쉰다는 것을 알아차리고, 숨을 내쉬면서 (날숨) 숨을 내쉰다는 것을 알아차립니다.
(2) 들숨과 날숨을 끝까지 쭉 따라갑니다.
(3) 온몸을 감지하면서 숨을 들이쉬고 온몸을 감지하면서 숨을 내쉽니다. 즉, 몸 전체를 알아차립니다.
(4) 몸의 작용을 편안히 하면서 숨을 들이쉬고, 몸의 작용을 편안히 하면서 숨을 내쉽니다. 즉, 몸의 긴장을 푸는 것입니다.

수념처受念處는 감각기관을 통해서 감지된 모든 육체적 감각과 정신적 감정(느낌)에 대한 관찰함으로써 느낌의 세계에 대한 탐욕과 혐오를 극복하는 수행법입니다. 감각의 실체를 있는 그대로 깨달아 음행, 자녀, 재물 등의 즐겁다고 느껴지는 것들이 실은 즐거움이 아니라 고통(고苦)이라는 사실을 깨닫는 것입니다.

다시 말해서, 즐거운 감각을 깨달으면 즐거운 감각을 깨닫는 줄을 알고, 괴로운 감각을 깨달으면 곧 괴로운 감각을 깨달을 줄 알며, 괴롭지도 않고 즐겁지도 않은 감각을 깨달을 때는 곧 즐겁지도 괴롭지도 않은 감각을 깨닫는 줄을 아는 것을 말합니다.

육체적 감각 및 정신적 감정에는 9가지가 있습니다.

1) 즐거운 느낌
2) 괴로운 느낌
3) 괴롭지도 즐겁지도 않은 느낌
4) 세속적인 즐거운 느낌

눈, 귀, 코, 혀, 몸, 생각을 통해 알아지는 일반적인 기쁨.

5) 세속적인 괴로운 느낌

눈, 귀, 코, 혀, 몸, 생각을 통해 알아지는 일반적인 괴로움

6) 세속적인 괴롭지도 즐겁지도 않은 느낌

무지의 상태

7) 세속을 여읜(비세속적인) 즐거운 느낌

눈, 귀, 코, 혀, 몸, 생각을 통해 대상을 아는데 대상들이 무상하고 무아이며 괴로움이라고 통찰하며 알기 때문에 기쁨이 생긴다.

8) 세속을 여읜(비세속적인) 괴로운 느낌

눈, 귀, 코, 혀, 몸, 생각을 통해 대상을 아는데 대상들이 무상하고 무아이며 괴로움이라고 통찰하며 알기 때문에 괴로운 느낌이 생긴다.

9) 세속을 여읜(비세속적인) 괴롭지도 즐겁지도 않은 느낌 삼매(4선 이상)에서의 평온, 번뇌를 여읜 상태

(5) 희열(기쁨)을 느껴 알면서 숨을 들이쉬고, 희열을 느껴 알면서 숨을 내쉽니다.

(6) 행복을 느껴 알면서 숨을 들이쉬고, 행복을 느껴 알면서 숨을 내쉽니다.

(7) 고통의 느낌을 알아차립니다. 즉, 마음의 작용(심행心行)을 느껴 알면서 숨을 들이쉬고 마음의 작용을 느껴 알면서 숨을 내쉽니다.

(8) 고통의 느낌을 가라앉힙니다. 즉, 마음의 작용을 고요히 하면서 숨을 들이쉬고 마음의 작용을 고요히 하면서 숨을 내쉽니다.

심념처心念處는 마음, 즉 정신적 형성 작용과 우리의 느낌에 보태는 개념들이나 감정들에 관한 것입니다.

다시 말해서, 내심內心(겉으로 드러나지 않은 속마음), 외심外心(겉으로 드러나는 마음), 내외심內外心에 있어서 욕심이 있다면 욕심이 있다는 참뜻을 알고, 욕심이 없다면 없다는 참뜻을 알며, 성냄이 있고 없는 것에 대한 참뜻을 알고, 어리석음이 있고 없는 것에 대한 참뜻을 알고, 해탈한 마음이 있으면 해탈할 마음의 참뜻을 아는 것이라고 합니다.

마음의 상태에는 16가지가 있습니다.

1) 탐욕이 있는 마음,

2) 탐욕을 여읜 마음,

3) 성냄이 있는 마음,

4) 성냄을 여읜 마음,

5) 미혹이 있는 마음,

의심과 함께한 마음과 들뜸이 함께 한마음.

6) 미혹을 여읜 마음,

7) 위축된 마음,

게으르고 졸음에 빠진 마음.

8) 산란한 마음,

들뜸과 함께한 흩어진 마음.

9) 고귀한 마음,

색계와 무색계의 마음.

10) 고귀하지 않은 마음,

욕계의 마음.

11) 할 일이 남아 있는 마음,

욕계의 마음.

12) 할 일이 남아 있지 않은 마음,

무색계의 마음.

13) 삼매에 든 마음,

본삼매나 근접삼매에 든 마음.

14) 삼매에 들지 않은 마음,

15) 해탈한 마음,

16) 해탈하지 않은 마음

(9) 마음을 경험하면서 숨을 들이쉬고, 마음을 경험하면서 숨을 내쉽니다.

모든 정신적 형성 작용(마음작용, 심소心所)을 아는 것입니다(기쁨, 슬픔, 절망, 희망 등). 그것이 긍정적이든 부정적이든 단순히 그것을 알아차리기만 합니다. 마음작용에 대한 마음 챙김입니다. 슬픈 마음작용이 일어나면 숨을 쉬며 나는 슬픔이 일어남을 알고, 슬픔이 여전히 거기 있음을 알고, 슬픔이 사라짐을 압니다. 그것이 슬픔이든, 기쁨이든, 절망이든, 질투든 우리는 거기에 있는 마음작용을 알아차릴 수 있어야 합니다. 그것이 명상입니다. 거기 무엇이 있는지 알아차리는 것입니다. 먼저 우리 몸에, 우리 느낌에, 우리 마음에 있는 것, 그리고 모든 마음작용을 알아차리는 것입니다.

(10) 마음을 기쁘게 하면서 숨을 들이쉬고, 마음을 기쁘게 하면서 숨을 내쉽니다.

우리 마음을 기쁘게 하는 것, 즉 마음을 자극하는 것입니다. 다시 말해서, 좋은 에너지를 마음에 가져옴으로써 정신적 형성작용을 기쁘게 합니다. 수행을 통해서 바른 이해, 바른 견해가 생기면 바른말, 바른 행위, 바른 생각을 실천할 수 있는 에너지가 형성되므로 자신감에 차있게 되며, 이것이 마음을 기쁘게 하는 수행입니다. 행복하고 기쁘게 할 수 있는 많은 방법이 있습니다.

(11) 마음을 집중하면서 숨을 들이쉬고, 마음을 집중하면서 숨을 내쉽니다.

마음을 집중(정定, 삼매)한다. 이것은 거기 있는 마음작용에 집중하는 것입니다. 절망, 화라는 정신적 형성 작용이 생기면 고통스럽기 때문에 거기서 벗어나도록 무엇인가를 해야만 되는데 그것이 바로 집중의 수행입니다. 거기 있는 마음작용이 기쁨이든, 행복이든, 슬픔이든, 두려움이든, 그것이 무엇이든, 그것이 긍정적이든, 부정적이든, 그것이 당신의 집중 대상이고 그 모든 것이 명상의 대상입니다. 당신이 선택하는 대상이 무엇이든지 그것은 당신에게 통찰과 해탈을 가져올 것입니다. 마음 챙김과 집중의 힘이 있으면 어떠한 마음이 일어나도 두려워하지 않고 그것을 알아차리고 받아들인 후에 그것을 깊이 들여다보고, 그것이 어떻게 존재하게 되었는지 살펴봄으로써 뿌리를 찾고 원인을 찾아 고통으로부터 벗어나게 됩니다.

집중은 깊이 들여다보는 것이며, 수많은 종류의 집중이 있으나 공통적인 것으로 해탈의 세 가지 문(삼해탈문 三解脫門)이 있으며, 공空, 무상無相, 무원無願 해탈문입니다.

공해탈문空解脫門은 공의 원리를 체득함으로써 고통으로부터 벗어나는 것을 말하기 때문에 공의 의미만을 찾는 철학자처럼 해서는 안 됩니다. 공은 세상을 바라보는 방법이며 자신을 바라보는 방법이고 모든 것의 본성입니다.

모든 것에는 분리된 자아가 없고, 상호의존의 관계로 존재하고 있기 때문에 '다르게 드러나 있는 그대로 만상은 하나다'라는 연기공緣起空을 체득하기 시작하면 소통은 훨씬 쉬워집니다.

연기를 알면 너와 나의 구별이 없어져 부모 속에 내가 있고 내 속에 부모가 있으며, 씨앗이 자라 나무가 되며 꽃피고 열매가 맺는 원리를 알기 때문에 나무와 꽃과 열매가 씨앗과 다르지 않으며, 씨앗이 나무와 꽃과 열매와 다르지 않다는 사실을 알게 됩니다. 또한, 연기는 불변하는 실체는 없다는 뜻이기도 하므로 무상공無常空을 말합니다.

무상해탈문無相解脫門은 지각知覺에 관한 것입니다. 모든 법의 모양을 파괴하여 기억하지도 않고 생각하지도 않는 것입니다.

우리는 거기에 분명한 상相(모양, 형상)이 있기 때문에 그것이 존재한다고 알게 됩니다. 그러나 깊이 보면, 구름은 없던 것도 아니며 그렇다고 있던 것도 아닙니다. 인연 따라 모이기도 하고 흩어지기도 합니다.

상을 넘어 사물의 본성을 볼 수 있도록 깊이 바라보고 수행을 해야 합니다. 비탄, 슬픔, 절망, 두려움, 화와 같은 모든 번뇌는 무상의 수행으로 변화될 수 있습니다.

일체의 법(모든 것)이 본래부터 언설상言說相을 여의었으며 명자상名字相을 여의었으며, 심연상心緣相을 여의어서 결국, 대립적인 차별이 없어짐으로 평등하게 되고, 변하거나 달라지는 것도 없으며 파괴할 수도 없는 것이어서 오직 일심一心뿐인 것이니, 그러므로 진여라 이름 하는 것입니다.

무원해탈문無願解脫門은 원을 짓지 않는다고 해서 무작해탈문無作解脫門이라고도 합니다. 어떤 것을 세워놓고(목적, 목표, 탐욕의 대상) 그것을 실현하기 위해 끝없이 달려가는 것을 멈추도록 도와줍니다. 목적을 세우고 하는 일은 그 목적이 이루어지면 또 다른 목적을 세우게 되고 이것은 멈추어지기가 쉽지 않습니다. 우리는 모든 것이 이미 거기 있다는 사실을 모르고 있기 때문에 끊임없이 어떤 사람이 되려고 합니다. 천국과 지옥도 이미 거기에 있기 때문에 우리의 마음에 따라서 천국도 될 수 있고 지옥도 될 수 있듯이 당신은 이미 당신이 되고자 하는 바로 그 사람입니다. 우리는 모두 이미 모든 것이 다 갖추어진 경이로운 존재입니다.

무원의 열매를 얻지 못하면 평화를 얻기는 어렵습니다. 무원은 아무것도 하지 않는 것이 아니라 무엇을 하든 무심으로 그냥 최선을 다하는 것을 말합니다. 진정한 성취는 무원을 통해서만 얻어질 수 있습니다. 이것이 무소유의 삶입니다.

(12) 마음을 해탈케 하면서 숨을 들이쉬고, 마음을 해탈케 하면서 숨을 내쉽니다.

정신적 형성 작용을 자유롭게 한다. 고통으로부터 마음을 해방(해탈)시키는 것입니다.

여섯 가지 마음작용인 탐貪(욕심), 진嗔(폭력, 화), 치痴(어리석음), 만慢(우월감, 열등감, 동등감), 의疑(의심), 견見(잘못된 견해)으로부터 벗어나는 것입니다.

잘못된 견해에는 다섯 가지가 있습니다.

① 자신의 몸을 자아라고 믿기 때문에 집착하고 죽지 않으려 합니다.

② '생'– '사', '안'– '밖', '오른쪽'– '왼쪽', '존재'– '비존재' 등과 같이 서로 반대되는 것들의 존재를 믿기 때문에 태어남이 있고 죽음이 있으며, 안이 있고 바깥이 있고, 오른쪽은 결코 왼쪽이 아니라고 믿는 것입니다.

나와 반대 방향에 있는 사람은 나에게 오른쪽은 왼쪽이라고 말할 것입니다.

③ 견해에 대한 집착. 뭔가를 배우면 개념이 생기고, 그 개념에 집착하여 그 견해에 갇혀 고정관념으로 발전하여 자기 생각과 다르면 배척하거나 차별하게 됩니다. 무엇을 배웠든 무엇을 들었든 그것을 절대적 진리로 받아들이지 않도록 주의하지 않으면 더 높은 진리로 나아갈 수 없기 때문에 그것들을 내려놓을 수 있어야 합니다.

이것은 마치 과학과 같아서 무엇을 발견했을 때 그것을 절대적 진리로 믿는다면 더 이상 찾지 않게 되어 진정한 과학자가 될 수 없을 것입니다.

열 번째 계단에 있을 때 그곳이 가장 높은 곳이라고 생각한다면 더 이상 오르지 않을 것입니다. 그러나 열한 번째 계단에 오르려면 열 번째 계단을 버려야 합니다.

④ 왜곡된 견해. 어떤 일이 일어날 때 그것이 우연히 일어난 일이라 생각하고 원인을 무시하는 생각입니다. 콩 심으면 반드시 콩이 나고 화의 씨앗을 심으면 화를 거두는 것이 법칙입니다. 고통은 반드시 어떤 원인에 의해서 일어나므로 아무런 원인 없이 그냥 왔다고 믿으면 잘못된 견해입니다.

⑤ 터부taboo(금기禁忌)나 의식에 대한 집착. 수행은 하지 않고 어떤 의식(기복적인 신앙)을 행함으로써 해탈과 구원을 얻는다고 믿는 것을 말합니다.

계율에 얽매이는 것도 잘못된 견해입니다. 만약 죽이지 말라는 계율에 묶여 어떠한 것을 어떠한 경우에도 절대 죽이면 안 된다고 한다면 인간은 물론 많은 생명체가 존재하기 어려울 것입니다. 좌선坐禪, 명상, 독송讀誦과 같은 것도 의식적(형식적)으로 하면 안 됩니다.

법념처法念處는 모든 현상에 내재한 법칙성을 명확하게 보는 것이며 정신적 대상에 대한 탐욕과 혐오를 극복하는 수행법입니다.

자아라고 할 실체가 없고, 자아가 없으므로 소유도 없다는 진리를 파악하는 것입니다.

눈을 통하여 생기는 번뇌의 생멸에 대하여 깨닫는 것입니다.

형상에 대해서 잘 알지만, 그것에 대한 탐욕이 생겨나지 않습니다. 눈으로 보는 세계에 대한 집착이 없습니다.

법념처에서는 명상을 할 때 마음에서 일어나는 5가지 장애요소(감각적 욕망, 악의, 해태와 혼침, 들뜸과 후회, 회의적 의심)와 오온五蘊(색色: 물질, 수受: 느낌, 상想: 인식, 행行: 생각과 의도, 식識: 앎)과 감각작용이 이루어지는 12처處(6근根6식識: 눈, 귀, 코, 혀, 몸, 생각)에서 일어나는 '나'를 괴로움으로 이끄는 요소를, 일곱 가지 깨달음의 구성요소(7각지覺支: 자각 요소, 정신과 물질 작용을 파악해 아는 요소, 정진의 요소, 희열의 요소, 편안함의 요소, 삼매의 요소, 평온의 요소)와 사성제四聖諦(괴로움, 괴로움의 원인 및 발생, 괴로움의 소멸, 괴로움의 소멸에 이르는 길)를 통해 괴로움으로부터 벗어나는 것입니다.

(13) 무상無常(변화)을 관찰하면서 숨을 들이쉬고 무상을 관찰하면서 숨을 내쉬는, 무상에 대한 성찰입니다.

무상하다는 것을 안다는 것은 병들고 늙어 언젠가는 죽는다는 것을 확실하게 깨닫는 것을 말하고 무상하기 때문에 더 아름답게 보고 더 사랑하게 됩니다. 불꽃놀이가 더 아름다운 것은 오래 지속되지 않기 때문입니다. 가족 중에 몹시 아픈 사람이 있어 혹시라도 죽을 수도 있겠다라는 생각이 떠오르면 잘 대해준 것은 하나도 생각나지 않고 못 해준 것만 생각나게 됩니다.

나의 무상과 상대방의 무상함을 깊게 관찰하여 무상을 성찰하면 더욱 사랑하게 되고 더욱 용서하게 됩니다. 그러므로 무상은 공空과 마찬가지로 개념이 아닙니다. 그것은 고통으로부터 해방되게 하는 도구입니다. 무상과 공의 성찰은 중도의 지혜라는 무기를 얻는 것이며, 이 하나의 무기로 우리의 모든 문제를 다 해결할 수 있습니다.

(14) 탐욕 없음(이욕離欲)에 대한 성찰입니다.

인간의 마음은 탐욕의 대상을 쫓는 것의 위험을 무시하며, 고통을 피하고 즐거움을 쫓습니다. 명상은 고통에서 우리가 얻을 수 있는 좋은 점과 탐욕의 대상을 쫓는 것의 위험에 대한 통찰을 얻고 의근意根(온갖 마음의 작용을 이끌어내는 근거)을 돕는 것을 의미합니다. 즉, 통찰을 의근에 전해주는 것입니다.

(15) 소멸을 관찰합니다.

(16) 놓아버림을 관찰합니다.

제 23 강

무념無念, 무상無相, 무주無住

무념無念, 무상無相, 무주無住로 살아가라는 말은 한마디로 무심無心으로 살아가라는 뜻이므로 우리가 살아가는 데 있어서 가져야 할 마음가짐을 말합니다. 무념, 무상, 무주도 방편으로 나누어 놓았을 뿐 하나로 통하는 말입니다.

무념, 무상, 무주는 6조祖 혜능慧能스님의 '육조단경六祖壇經'의 핵심사상입니다.

무념이란? 생각이 없다는 말인데, 아무것도 생각하지 않는다는 뜻이 아니고 생각을 하되 분별심이 없는 것을 말합니다. 분별심이 없다는 것은, 자기 생각을 내려놓고 보는 것이므로 나(주관)와 너(객관, 대상, 경계)를 나누지 않고 모두를 하나(불이不二, 불이不異, 즉화卽化)로 보는 것을 말하기 때문에 자아의식에 의한 이기적인 마음을 내려놓고 상대방의 처지에서 전체를 보라는 뜻입니다.

육조단경六祖壇經에 이르기를 "만약 아무것도 생각하지 않는다 하여 각각의 모든 생각을 다 없애려고만 한다면, 한 생각이 끊어질 때 곧 죽는 것이어서 이것은 크게 잘못된 것이다." 생각이 끊어진다는 것은 멍함(혼침昏沈)에 빠지는 것, 즉 생각이 끊어지게 되면 편안해지는데 그 편안함에 머물러 무기無記에 빠지는 것을 말합니다.

이 공부를 잘못 이해하면 '허무주의'나 '염세주의'에 빠질 수도 있습니다. 이 공부를 하는 것은 모두를 이익되게 하는 것이기 때문에 옳고 그릇 됨을 초월하는 것입니다. 옳고 그릇됨을 초월한다는 것은 어떠한 경계(대상)에도 머무름이 없어(무주無住) 어디에도 집착하지 않음입니다. 따라서 이 말의 의미는 『금강경』의 "머무는 바 없이 마음을 내라(응무소주應無所住, 이생기심而生基心)."는 말과 같은 의미입니다.

모든 경계(대상, 객관) 위에 마음이 물들지 않는 것을 무념이라 하는데, 이것은 자기의 주체성이 또렷하여 함께하면서 어떠한 경계에도 휩쓸리지 않음을 일컫는 말입니다. 자기의 주체성이 또렷하다는 것은, 알음알이(지식, 고정관념)로써 주체성을 삼는 것이 아니라 알음알이를 버리고 진리를 체득한 '완성된 지혜(중도)'로써 또렷해지는 것을 말합니다.

'임제 스님'의 말씀에 "수처작주 隨處作主 입처개진立處皆眞 (이르는 곳마다 주인 됨을 지으니 서 있는 곳이 모두 참됨이라)."이라 하였습니다. 이 의미는 매 순간마다 자각(알아차림, 깨어있음)이 있으면 그 자리가 참됨의 자리, 진리의 자리인 것입니다. 어느 곳에서든지 주인이 되라, 그리하면 네가 있는 그곳이 진정으로 행복한 곳(완전한 곳, 극락, 구원)이라는 뜻입니다.

어떤 일에 부딪혔을 때, 이것 따지고 저것 따져서 아무 짓도 못 하는 것이 아니라 모두를 이익되게 하는 것이라면 무슨 짓이든 다하는 것이 '중도'를 실천하는 것입니다. 예를 들어서, 의사가 수많은 사람을 살리기 위해 실험용 쥐를 죽이는 것을 살생이라고 한다면 어떻게 되겠습니까? 계戒를 지키기 위해서 실험을 못 한다는 것은 마치 '무기공無記空'에 빠지는 것과 같아서 참으로 어리석은 짓일 것입니다. 이럴 때에는 살생계殺生戒(죽이는 계)로써 불살생계不殺生戒(살리는 계)로 삼는 것입니다. 따라서 선禪(도道)은 항상 살아 움직여야 합니다. 고요하게 한 자리에 머물러 있는 것이 아닙니다. 움직이지 않고 한 자리에 머물러 있는 것이 선禪이라면 뒷산에 있는 커다란 바위를 따라갈 수 없을 것입니다.

옛날 어느 토굴에 한 수행자와 수행자가 수행에 전념할 수 있도록 도와주는 여인과 그 딸이 있었습니다. 수행을 시작한지 십 년이 되던 어느 날 여인은 딸에게 이렇게 말했습니다. "저 수행자에게 안기면서 기분이 어떠냐고 물어보고 나에게 그대로 일러 주거라." 딸은 어머니가 시키는 대로 수행자에게 안기면서 물었습니다. "지금 기분이 어떠십니까?" 수행자는 이렇게 말했습니다. "차갑고 큰 바위에 매미 한 마리가 앉은 것 같다." 딸은 어머니에게 그대로 전하였습니다. 그러자 여인은 수행자가 깨달음을 얻기는 어렵다는 사실을 알고 토굴을 불태우고 그 곳을 떠나고 말았습니다.

결론적으로 무념이란? 자기 생각(중생심)으로 만들어진 분별심 차별심이 사라지고 본래심(청정심, 진여, 불심, 진리)을 회복해서 그 마음을 일으켜 쓰는 것을 말합니다. 따라서 무념無念에서 '무無'는 아무것도 없다는 뜻이 아니라 번뇌 망상(내 생각, 아상, 고정관념, 무명)이 없다는 뜻입니다.

무상無相이란? 4상四相이 없음을 말하며, 4상으로 인해서 생기는 일체의 분별과 차별을 떠나는 것입니다. 4상이란? 아상我相, 인상人相, 중생상衆生相, 수자상壽者相을 말합니다.

인연법(인과법)을 모르면 아집이 생기고 아집에 의해서 온갖 망상(내 생각)이 일어나기 때문에 4상은 인연법을 몰라서 생깁니다.

아상이란? '나'라는 고집이며, '내가 최고'라는 자기중심적인(자아의식) 우월의식을 말합니다. 우리가 보통으로 하는 모든 생각(중생심)을 아상이라 하므로 인상, 중생상, 수자상도 편의상 나누어 놓았을 뿐 아상에 포함되기 때문에 4상은 서로 하나로 통하고 있습니다. 이것은 마음을 의식, 말나식, 아뢰야식으로 나누어 놓았으나 셋은 하나의 마음인 것과 같습니다. 아상은 '나다'라고 하는 나에게 집착하는 것이므로 모든 일과 관계가 깊기 때문에 자세하게 설명하겠습니다.

'나'라고 하는 것은 남과 구별되는 것이어서 구별되지 않으면 '나'라고 하는 의미가 없어집니다. '나다'라고 하는 생각은 고정시켜 놓기 때문에 변하지 않는 '나'입니다. 고정되어 있어 변하지 않으므로 변화(무상無常)하는 다른 것들과 부딪히게 되어 모든 고통을 일으키는 원인이 됩니다. '나'라고 하는 것이 우리는 있다고 생각하기 때문에 이것을 전제로 해서 모든 것이 성립되고 있습니다. 창조도, 윤회도, 천국도, 다른 모든 것은 내가 있어야 의미가 있습니다. 모든 것은 본래 하나이나 '나'를 내세우면 나(주관)와 남(객관, 대상, 경계)으로 갈라지고, 나와 관련되는 것과 관련되지 않은 것으로 분리됩니다.

'나'라는 것이 무엇일까요, 이것을 탐구해 보지도 않고 '있다'라는 전제하에 생각하고 있으므로 막상 "네가 무엇이냐? 또는 어떤 물건이냐?"라고 한다면 무어라 하겠습니까?

나를 해체해서 보면 다섯 가지의 쌓임[오온五蘊, 오음五陰(색色, 수受, 상想, 행行, 식識), 무더기]으로 결합되어 있고, 그것들의 작용만 있을 뿐 어느 것 하나도 나라고 할 만한 것은 없습니다(무자성, 무아). '나'라고 하는 것은 어떠한 조건 속에서 이름이 붙여집니다. 즉, 아들, 딸, 아버지, 어머니, 며느리, 사위, 손님, 승객, 사장, 부장 등과 같이 관계(인연)에 따라서 이름이 달라집니다. 마치 모양 없는 물이 그릇 따라 모양이 정해지듯이, 그러나 우리는 그 이름 따라 그것이 나라고 착각하여 순간순간 의미를 부여합니다.

'나我'라고 하는 것은 '종자(씨)'를 의미합니다. 예전에는 우리나라도 계급제도로 되어 있어 양반, 중인, 상놈으로 나누어 인간도 종자가 따로 있었습니다. 실제로는 없으나 있다고 믿었으며 오랫동안 그렇게 살아왔으며, 이것은 몸에 있는 것이 아니라 마음이 만들어 낸 것입니다. 개나 다른 동물들과 사람의 종자는 서로 다르다고 하는 데 종자가 다른 것은 유전자가 다르기 때문이며 유전자는 매우 정밀한 설계도입니다.

옛날에는 이러한 사실을 몰랐으나 오늘날에는 과학의 발달로 밝혀지게 되고 설계도면을 바꾸는 기술(유전자 조작)까지 발전되어 종자를 바꿀 수 있게 되어 이제는 불변하는 종자는 없다는 것입니다.

물리적인 세계에서 '나'를 살펴보면, 물질을 구성하는 가장 근본적인 알맹이는 무엇일까요? 그것이 '나'일 것입니다. 물질을 쪼개다 보면 분자가 되고 분자는 원자와 원자의 결합이며 원자는 양자와 중성자의 결합입니다.

위에서 살펴보았듯이 '나'라고 할만한 단 하나의 개체로 된 것을 찾을 수 없습니다. 각기 다른 것들의 조합입니다.

결국 '나'라고 하는 존재는 자성이 있어 스스로 독립되어 홀로 존재하는 것이 아니라 다른 것들과의 관계(연기) 속에서 함께 존재하기 때문에 있기도 하지만 없기도 함으로 공空해질 수밖에 없습니다. 내가 공空해지면(아공我空, 인무아人無我) 다른 모든 것들은 저절로 공空해지므로 어떠한 상相도 만들어지지 않습니다.

인상人相이란? 주관인 나와 객관인 남이(나 외의 모든 대상) 갈라져 있는 마음에서 나오는 행동과 생각을 말합니다. 자기중심적인 생각(아상)의 외적 확대를 말함으로 사람과 다른 사물을 차별하여 무시하는 것을 말합니다. 인간중심주의(인간편의주의)를 뜻하는 말이므로 환경을 파괴하는 것은 이 때문입니다.

중생상衆生相이란? 재미있고 호감 가는 일만 본능적으로 추구하는 중생의 본능적 고집을 말하며, 또는 '나는 중생이다'라는 생각으로 미리 포기하여 중생에서 벗어나지 못하는 것을 말합니다. '도道', '선禪'이라고 하면 특별한 사람이나 하는 것으로 잘못 생각하여 "내가 감히 어떻게 해?"하면서 아예 발심하지 않는 열등의식이나 죽은 다음 극락(천국)에 가려고 하는 것도 중생상입니다.

수자상壽者相이란? 오래 살고 싶어 하는 생각이나 생명에 대한 고집, 혹은 집착을 말합니다.

옛날 중국의 선사禪師들은 아상은 탐심貪心(욕심), 인상은 진심嗔心(성냄), 중생상은 치심癡心(어리석음), 수자상은 애착愛着이라 하였으며, 최근에 '틱낫한 스님'은 아상은 나와 나 아닌 것을 분별하여 가르는 마음을 말하고, 인상은 사람과 사람 아닌 것을 가르는 것이고, 중생상은 생명이 있는 것과 생명이 없는 무생물을 가르는 것이고, 수자상은 사람과 같이 수명을 인정하는 것과 산이나 바위처럼 수명을 인정하지 않는 것을 가르는 것이라고 해설하였습니다.

사상四相에서 '상相'이란? 무언가 있다고 생각하는 것입니다. 있다고 생각하는 것은 이미 내가 있고 대상이 있는 것이기 때문에 나(주관)와 너(객관)로 갈라지게 됨으로 자연적으로 분별하게 되고 차별하게 됩니다.

이것은 공空의 원리와 연기緣起, 무상無常의 원리에 의해서 만상은 무자성無自性이며, 무아無我이기 때문에 어떠한 것도 본래 상相이 없다는 원리에 어긋나는 것입니다.

4상四相은 나에게 집착하는 것(아집我執)때문에 일어나고, 법상法相은 눈에 보이는 모든 것(객관, 현상)이 실상이라고 생각하여 객관에 매이거나 사상思想, 계율戒律, 윤리, 도덕, 풍습, 문화, 종교 등에 집착하여 만상은 허상이며 공空인 것(무자성)을 모르고 자신의 고정관념에 의해서 '영원하다', '절대적이다', '이것뿐이다', '제일이다'라고 생각하는 상견常見에 떨어지는 것을 말하고, 비법상非法相은 법상의 반대로 객관이 없다고 무시하는 것, 즉 하나님이고, 부처님이고 신神이고 뭐고 다 필요 없다는 생각이므로 단견斷見에 떨어지는 것입니다. 법상이든 비법상이든 둘 다 법에 집착(법집法執)하기 때문에 생기는 것이어서 이것은 자신에게 사상四相이 있다는 증거가 됩니다.

아집은 타파해야 하는데 아집이 무너지고 나면 인무아人無我(인무자성人無自性)가 나타나게 되는데 인무아가 나타난 그 자리를 아공我空의 자리라 하고, 법상 비법상도 타파되어야 하는데 법집이 타파된 그 자리는 법무아法無我(법무자성法無自性)의 자리인데 이 자리는 곧 법공法空의 자리입니다. 아공과 법공에도 집착하면 "이것이 최고다."라는 생각이 만들어져 또 다른 분별심을 낳게 되므로 공空마저도 다 공해져야 하는데 그 자리를 '구공俱空'의 자리라 합니다.

한번 체득한 공을 자기 것으로 삼으면 그것은 이미 진정한 공이 아니기 때문에 공은 끊임없이 공해져야 절대의 진리에 이르게 되는데 이것을 '향상일로向上一路'라고 합니다. 향상일로의 입장에서 보면 부처님도 조사도 그 어떤 누구도 완벽하지는 못하므로 향상일로로부터 예외일 수는 없습니다. 그래서 '깨달았다'고 하는 마음을 지니고 있으면 깨달음은 천리만리 달아나고 맙니다. 향상일로를 실천하는 것은, 함께 있으면서 어디에도 치우치지 않고, 머무름이 없어 집착하지 않고, 물들지 않는 '중도'로 하면 됩니다.

아공, 법공, 구공의 세 가지 공空의 자리를 드러내는 것을 '현삼공顯三空'이라 하고, 아집과 법집을 파破(깨트린다)해야 한다 하여 '파이집破二執'이라 합니다. 이와 같이 두 가지 집執을 파破하고 세 가지 공空을 드러낸다 하여 '파이집破二執 현삼공顯三空'이라 하는데, 『금강경』이 이것을 중심적인 내용으로 하고 있습니다.

사상四相을 없애는 것은 결코 쉬운 일은 아닙니다.

옛날 신라의 '자장율사'께서 말년에 마지막 수행도 하고, 문수보살도 친견할 겸 해서 조용한 절에 시자 한 명을 데리고 들어가 생활하고 있었습니다. 어느 날 아침 허름한 옷차림을 한 노인이 칡으로 만든 삼태기 자루에 죽은 강아지 한 마리를 넣은 것을 메고 와서 시자에게 말하기를 "자장을 만나러 왔으니 그렇게 전하라."라고 하였습니다.

허름한 차림을 한 노인이 높으신 자장율사의 이름을 함부로 부르는 것이 못마땅하였으나 시자는 율사에게 그 말을 전하였습니다. 율사가 멀리서 보니 허름한 노인인지라 "그냥 돌려보내라."라고 시자에게 일렀습니다.

시자가 노인에게 율사의 말을 전하자 노인은 돌아서면서 "상相을 버리지 못한 자가 어찌 나를 볼 수가 있겠느냐?"하면서 삼태기에 있던 죽은 강아지를 떨어트리니 금 방석으로 변하였고, 노인은 금 방석에 잠시 앉아 있다가 빛으로 변하면서 홀연히 사라졌습니다. 이것을 본 시자는 깜짝 놀라 그 사실을 율사께 그대로 전하였습니다.

그때서야 그 노인이 문수보살이었음을 알아차린 율사는 황급히 내려가 보았으나 이미 노인은 멀리 사라지고 없었습니다.

이 이야기는 자장율사와 같이 도가 높은 스님도 상相(내 생각, 분별, 차별)을 완전히 버리기란 쉽지 않다는 뜻을 담고 있습니다.

무주無住는 머무르는 곳이 없다는 말인데, 이것은 집착이 없음을 말합니다. '육조단경六祖壇經'에 "만일 앞생각과 지금 생각과 뒷생각이 생각마다 이어져 끊어지지 않으면 얽매임이라 하고, 모든 경계에 대하여 생각 생각이 머무르지 않으면 곧 얽매임이 없는 것이다. 이것이 곧 무주로서 근본을 삼는 것이다."라고 하였습니다.

집착이 없다는 것은 무엇을 할 때 그저 최선을 다할 뿐(원력으로 하는 것), 하는 일에 얽매여 그 일의 노예가 되지 않음을 뜻합니다. 공부할 때는 다만, 공부만 할 뿐, 밥을 먹을 때는 다만, 밥만 먹을 뿐, 일할 때는 다만, 일만 할 뿐, 오직 하는 그 일에만 몰입해서 충실히 할 뿐, 그 일을 하면서 다른 생각을 하여하는 그 일 외의 다른 것에 물들지 않는 것을 집착이 없다고 합니다.

예를 들어, 외모를 아름답게 가꾸는 경우, 집착하지 않는 사람은 아름답게 가꾸기는 하나 아름다워지려는 마음은 일으키지 않습니다. 그러나 집착하는 사람은 아름다워지기 위해서 가꾸기 때문에 점점 더 아름다워지기 위해 별짓을 다하다 결국에는 많은 부작용을 일으키게 됩니다. 집착하지 않으면 기뻐하되 기쁨에 빠지지 않으며, 슬퍼하되 슬픔에 빠지지 않습니다.

집착하게 되면 반드시 바라는 마음(욕심)이 일어나게 되고, 바라는 마음은 채워지기가 어려워 만족을 얻기 힘듭니다.

따라서 집착하지 않는다는 것은 집착하지 않기 위해 아무것도 하지 않는다는 의미가 아니라 무엇을 하든 온전하게 한다는 뜻입니다.

인간의 생각은 일어났다가 사라지는 것(생주이멸生住異滅)을 끊임없이 반복함으로 의식적으로 생각을 일으키지 않으려 하면 일으키지 않으려는 그 생각에 집착하게 되어 이 생각이 또 다른 번뇌가 되어 평생 깨닫지 못합니다. 다시 말해서, 깨달아야지 하면 그 생각에 집착하는 것이기 때문에 깨닫지 못한다는 말입니다.

경전에 "첫 번째 화살은 맞을지언정 두 번째 화살은 맞지 마라."는 가르침이 있습니다. 이 말의 뜻은, 깨달은 사람이나 깨닫지 못한 사람이나 어떤 대상(인연, 경계, 조건, 상황, 현상)을 만날 때 그 느낌은 같으나 깨달은 사람은 대상에 집착하지 않고 깨닫지 못한 사람은 대상에 집착합니다. 집착하지 않으면 대상이 있기는 하였으나 없었던 것이 되고, 집착하면 2차적인 대상이 만들어지게 되고, 또다시 집착하게 되면 3차, 4차적으로 계속 연결된다는 말입니다. 다시 말해서, 모든 문제는 부딪히는 대상에 있는 것이 아니라 그 대상을 내가 어떻게 생각하느냐? 즉, '일체유심조'이기 때문에 내가 일어난 그 대상에 끌려가지 않으면(집착하지 않으면) 두 번째 화살은 맞지 않는다는 말입니다.

예를 들어서 이유 없이 뺨을 한 대 맞았다면 아픈 느낌은 다 있을 것입니다. 깨닫지 못한 사람은 금방 분노하는 마음을 일으키고 2차적인 행동을 하게 되고 그로 인해 3차 4차적인 문제로 이어집니다. 그러나 깨달은 자는 아프다는 느낌과 함께 일어난 마음을 즉시 알아차리고 분노하는 마음을 더 이상 일으키지 않기 때문에 2차적인 현상이 일어나지 않습니다. 누구나 분노하는 마음이 일어나는데 이것이 첫 번째 화살을 맞은 것입니다.

깨달음이 완성된 사람은 아프다는 느낌만 느낄 뿐 분노하는 마음 자체가 일어나지 않으므로 대상을 소멸시킴으로써 첫 번째 화살도 맞지 않았음입니다. 이것이 무심입니다.

한 대 맞고 맞은 것에 집착하지 않으면 2차 증세가 일어나지 않으므로 새로운 인因(업業)이 만들어지지 않아서 윤회가 없습니다. 집착하지 않으면 모든 것과 함께하면서 어디에도 걸림이 없고 물들지 않습니다. 첫 번째 화살은 맞을지언정 두 번째 화살을 맞지 마십시오, 두 번째 화살은 내가 나를 향해 쏘는 것이 됩니다(자업자득, 자작자수).

무념, 무상, 무주를 하나로 합치면 무심이 되는데, 무심이란? 일상생활을 남들과 똑같이 하지만 했다는 마음을 일으키지 않고 그냥 하는 것입니다. 다시 말해서, 내 생각(아상我相)이 전혀 개입되지 않은 본래심인 깨끗한 마음(청정심淸淨心)으로 하는 것이므로 '행行하였으되 행行함이 없는 행行'을 뜻합니다. 최선을 다하고 이룬 것을 나누되 주었다는 마음 없이 주는 것을 이르는 말입니다. 성경 말씀에 "오른손이 하는 일을 왼손이 모르게 하라.", "이웃을 네 몸과 같이 사랑하라."라는 말씀과 같은 말입니다. 마치 숨 쉬고 세수하는 것과 같이 매일매일 나의 '본분사本分事'로서 행한 것은 했으나, 했다는 생각(상相)을 일으키지 않습니다.

* 무소유란? *

무소유란? 물질을 소유하지 않는 것이 아니라 자신의 자존심, 고정된 관념에 의한 고집, 나라는 아집, 즉 내 생각(아상我相)을 내려놓는 것(소유하지 않는 것)입니다.

어떠한 상相도 만들어 가지고 있으면 무소유가 아닙니다.

내 생각을 내려놓으면 어떠한 상相(아상我相, 인상人相, 중생상衆生相, 수자상壽者相)도 만들어지지 않습니다.

부자이거나 가난하거나 어떤 형태이든 자기를 철저히 비우지 않으면 무소유가 아닙니다.

물질은 버리고 비우기 쉽지만, 마음을 비우기란 쉽지 않습니다. 마음을 비우면 물질은 저절로 비워지게 됩니다. 이 세상은 알고 보면 늘 자기 내면과의 싸움입니다.

– 옮긴 글 –

* 마음에 새겨야 할 글 *

* "부처의 눈에는 부처만 보이고, 돼지의 눈에는 돼지만 보인다." 세상은 내 마음의 상태에 따라 달라진다.

종교와 관계없이 깨달음을 얻은 성자들의 공통점은, 세상 모든 것이 그들이 섬기는 분(하느님, 부처님, 신)으로 보인다는 사실입니다.

하느님, 부처, 신 등은 진리(진여)의 다른 이름이기 때문에 모든 것이 이와 같이 보인다는 말은 모든 것을 다 평등하게 존중하고 섬긴다는 의미입니다. 이러한 마음이 아니면 자신에게 욕지거리를 퍼붓거나 해를 끼치는 사람들에게까지 평등하게 잘 대해준다는 것은 어려울 것입니다.

예수님께서는 자신을 죽이는 사람들에게도 용서를 해주셨으며, 부처님께서는 모든 사람에게 자비를 베푸셨습니다.

자기를 존중하고 사랑할 줄 알아야 남도 존중하고 사랑할 줄 압니다.

원리를 깨달아 존재의 진실을 알게 되면 너(객관)와 나(주관)의 분별이 없어지고 모든 것은 둘이 아니고, 다르지 않기 때문에 같다는 진실을 확실하게 앎으로써 싸우지 않으며, 조건 없이 나누지 않을 수 없습니다.

* 자존감自尊感이란? 글자 그대로 스스로를 존중하고 사랑하는 것으로서 자존감은 자신감自信感으로 이어집니다.

자존감과 자신감을 극대화하기 위해서는 원리를 깨달아야 하기 때문에 간단한 문제가 아닙니다. 원리를 깨닫게 되면 법法(완성된 지혜)을 지니게 되며, 법을 지니게 되면 법력法力으로 어떠한 문제도 다 해결할 수 있는 힘을 지니게 되므로 모든 고통으로부터 해방됩니다.

자존감을 높이기 위해서 절대로 해서는 안 되는 일이 있습니다.

가족 간 특히 부모를 원망하거나 욕을 해서는 안 됩니다. 나는 그의 자식이기 때문에 내가 나를 원망하고 나를 욕하는 것과 같기 때문입니다.

부부간에 이혼을 하더라도 아내는 남편을, 남편은 아내를 원망하거나 욕을 하면 자식들이 자존감을 상실하게 될 확률이 매우 높아집니다.

자존감을 가지기 위해서는 '나'의 본질(본성)을 알아야 합니다. '나'라는 존재는 무엇인가를 알면 자연스럽게 자존감이 생기며, 이렇게 생긴 자존감은 어떠한 경우에도 무너지지 않습니다.

만상(모든 것)은 '나'를 위해서 존재하는 것입니다. 내가 없다면 모든 것은 무의미해지기 때문입니다.

내가 존재한다는 사실보다 더 경이롭고 더 기적적인 것은 없습니다. 무슨 일이든 할 수 있기 때문입니다.

내가 진여眞如(참나)며, 진여가 '나'입니다(불이不二).

제 24 강

삶에서 발생하는 모든 문제를 지혜롭게 해결하는 공식

지금까지 우리는 내 생각대로 세상을 살아왔습니다. 내 생각은 지극히 주관적이어서 보편타당성이 없기 때문에 다른 것들과 화합(융합, 하나 됨)하지 못함으로써 모든 고통을 만들어내는 원인이 된다는 사실도 알게 되었습니다. 그래서 자기계발(마음경영)이라는 이름으로 삶의 문제를 해결하기 위한 원리(보편타당한 진리)를 학습하였습니다. 그러나 지금까지 배우고 익혔던 것(내 생각)들과 원리는 개념적으로 볼 때 차이가 많기 때문에 아직은 생소하고 머릿속에 정리가 잘되지 않았으리라 봅니다. 그래서 앞으로 원리를 실생활에 적용시키는 공부를 할 때는 이해가 부족한 부분은 원리 강의를 다시 복습하면서 해야 진정한 자기 공부(능동적인 공부)가 되고 해결하고자 하는 문제도 잘 풀리게 됩니다.

앞으로 공부할 공식은 철저하게 원리(정법正法, 진리)를 바탕으로 나온 것이기 때문에 이것을 방편으로 삶을 살아가는 것이 가장 지혜로운 일이며 순리입니다. 순리대로 살아간다는 것은, 어떠한 일도 긍정적으로 다 받아들이고, 용서와 참회를 함으로써 과거의 업장業障을 하나씩 소멸시키기 때문에 고통 없는 새로운 미래를 전개시키고 결국에는 윤회의 고리를 끊게 됩니다(해탈, 열반, 구원).

* 세상 살기가 왜 이리도 힘들고, 세상은 왜 이리도 시끄러울까? *

우리가 살다 보면 많은 일을 겪게 됩니다. 나와 관련이 없는 일들(남의 일)은 마음이 크게 불편하지 않거나 아니면 아무렇지도 않습니다. 그러나 나와 관계가 깊을수록(나의 일) 마음이 불편하기 때문에 그 문제에는 자신도 모르게 끼어들게 되고 간섭하고 집착하게 됩니다.

남의 일일 때는 그 일이 어떻게 되든 나와는 아무런 상관이 없기 때문에 신경 쓸 일이 없으나 나의 일일 때는 직접적인 영향이 나에게 미치게 되므로 조금이라도 더 잘되게 하려고 신경을 쓰게 됩니다. 이것이 보편적인(일반적인) 우리들의 생각입니다.

그러나 모든 문제는 여기서부터 발생합니다. 남의 일일 때는 잘되든 잘못되든 나와는 상관없는 일이니까 내 생각을 주장하다가도 상대가 들어주지 않으면 그만두게 되나 나의 일일 때는 내 생각을 끝까지 주장하고 관철시켜 그 문제를 어떻게 하든 내 방식대로(내 생각대로) 해결하려고 합니다. 다시 말해서, 남의 일일 때는 상대방을 내 생각대로 바꾸려고 하는 마음이 별로 없으나 나의 일일 때는 상대방을 내 생각대로 바꾸려고 하는 마음이 간절합니다. 이유는 남을 사랑하는 마음보다 나와 관련된 것을 더 사랑하기 때문이고, 누구나 내 생각이 항상 옳다는 생각 때문입니다. 이러한 우리들의 일반적인 생각이 틀렸다는 것이 아니라 어리석다는 말입니다. 즉, 지혜롭지 못하기 때문에 이러한 방편으로는 문제를 해결할 수 없을 뿐만 아니라 자칫 문제를 더욱더 악화시킬 가능성이 높다는 말입니다.

나를 가장 신경 쓰이게 하고 집착하게 하는 것이 바로 나의 안식처인 가정이고 가정을 구성하고 있는 가족이며, 어릴 때부터 함께 뛰놀던 친구와 내 생활을 영위할 수 있게 해주는 직장과 그 직장에서 함께 일하고 있는 직장 동료들입니다. 따라서 나와 가족과 친구와 직장동료 사이에서 일어나는 모든 일이 나를 기쁘게(행복)도 하고 슬프게(불행)도 합니다.

이 강의에서 원리를 공부하고 자기를 계발(수행)하려는 이유는, 내 주변에서 무슨 일이 일어나든 그 일을 바라보는 내 마음을 편안하게 함으로써 그 일을 가장 지혜롭게 해결하기 위해서입니다. 마음이 시끄러울 때는 번뇌 망상이 일어나고 마음이 편안해서 조용할 때는 지혜가 생깁니다. 대상을 바라보는 내 마음이 편안해야 비로소 내가 해야 할 일을 다 할 수 있습니다. 이렇게 되기 위해서는 반드시 내 생각을 내려놓아야 합니다. 내 생각을 버리는 일은 원리를 깨닫지 못하면 결코 이룰 수 없는 일입니다. 누구나 내 생각은 옳다(맞다)고 생각함으로 모든 고통(분쟁)은 이것으로부터 시작됩니다. 내 생각을 버린다는 말은 어떠한 개념(고정관념)도 가지지 않는 것을 의미합니다. 다시 말해서, 개념을 가지고는 있되 내 것으로 삼아서 내 생각과 다른 것들을 분별하거나 배척해서 서로 다투지 말라는 뜻입니다. 즉, 모든 것을 중도로 하라는 말입니다.

내 마음이 편안하지 못한 것은 무엇인가 내 것으로 생각을 만들어 가지고 있기 때문에 내 생각과 다른 것을 만나면 서로 충돌하게 됩니다. 이때 작은 일이라면 마음이 편하지 않더라도 참을 수 있겠지만, 큰일이라면 참기가 어렵습니다. 마음이 편안하다는 것은 고정된 관념이 없기 때문에 어떠한 경우에도 서로 부딪힐 일이 아예 없어야 합니다.

내 생각을 빼고 이 세상을 바라보면 세상은 본래 아무 일도 없습니다. 다만, 세상은 서로 연기緣起되어 인연 따라 모였다(일어남: 생生) 흩어짐(사라짐: 멸滅)을 반복하고 있을 뿐입니다. 반복하는 과정에 자기가 지은 대로 되돌려받습니다. 이 사실을 확실하게 깨닫기 위한 것이 수행입니다.

'세상만사는 오직 마음이 짓는 바입니다(일체유심소조 一切唯心所造)' 벌어지는 어떠한 일도 내가 어떻게 생각하느냐에 따라서 그 일의 결과는 달라집니다. 이 문제는 두뇌가 가장 발달된 인간에게만 해당되는 일입니다. 내 생각은 인간이 가장 잘 발달 되어 있기 때문에 인간만이 깨달음을 얻을 수 있고 그 결과로 영원한 행복(해탈, 열반, 구원)을 얻을 수 있습니다.

길을 가다가 어떤 사람에게 이유 없이 심한 욕설을 들었습니다. 같이 욕을 하거나 시비를 하게 되면 싸우게 될 것이나, "아이고! 맞아 죽을 일을 욕만 얻어먹고 말았구나."라고 생각한다면 욕 얻어먹은 일은 없어지고 맙니다. 다시 말해서, 그 욕설은 아무런 작용도 하지 못했을 뿐만 아니라 오히려 욕설을 한 그 사람에게 되돌아가 그 사람의 인격만 떨어지게 할 것입니다.

맛있는 음식을 장만해 놓은 곳에 초대받았을 때 내가 그 음식을 먹지 않는다면 그 음식은 차린 사람과 그 가족이 고스란히 다 먹어야 됩니다.

선물을 주었는데 받아가지 않는다면 그 선물은 주는 사람이 도로 가지고 가야 합니다. 이것은 마치 바람이 내가 있는 방향으로 불 때 흙먼지를 뿌리면 나에게 날아오는 것과 같습니다.

이것이 인연과보因緣果報가 반드시 있는 가운데 인연과보가 없는 도리로 가는 것입니다. 생사가 있는 도리에서 생사가 없는 도리로 가는 것도 마찬가지입니다. 그래서 묘妙한 도리(묘법妙法)입니다.

우리 속담에 "긁어서 부스럼 만든다."라는 말이 있습니다. 아무 일이 없어도 내가 시비를 하면 시끄러워지고, 시끄러운 일이 있어도 내가 시비하지 않으면 조용해집니다. 그래서 나는 모든 일의 주인공(주재자主宰者)입니다. 다만, 삶의 시끄러운 주인공(불행)이 될 것이냐? 시끄럽지 않은 주인공(행복)이 될 것이냐는 여러분의 선택에 달려있습니다.

* 삶의 모든 문제를 해결할 수 있는 지혜로운 방편(공식, 원리, 중도) *

[1] 10강 '업의 윤회와 자업자득의 원리', 11강 '발심과 자업자득과 업의 윤회'에서 얻은 공식.

원리를 공부하는 데 있어 가장 이해하기 어렵고 믿는 마음이 생기지 않아 진실 되게 받아들여지지 않기 때문에 쉽게 실천에 옮겨지지 않는 것이 윤회의 문제입니다.

공, 무상, 무자성, 무아의 원리는 과학과 잘 어울리기 때문에 비교적 이해하기도 쉽고 믿는 마음도 빨리 생기게 됩니다. 그러나 윤회의 문제는 아직은 과학으로도 확실하게 증명되어지지 않고 있을 뿐만 아니라 누구도 알 수 없는 태어나기 이전의 문제와 아직까지 다가오지 않은 미래의 문제까지 포함되어 있기 때문에 확실하게 믿고 따르기가 쉽지 않습니다. 그러나 윤회의 원리를 확실하게 믿고 따르지 않으면 고통의 문제를 근원적으로 해결하기는 어렵습니다.

윤회의 원리를 믿을 때(깨달았을 때) 우리들의 삶은 이렇게 바뀝니다.

1) 어떠한 것도 다 받아들이는 절대 긍정의 사고방식이 확립되므로 누구도 원망하지 않고 늘 지금에 만족하면서도 현실에 안주하지 않고 더욱더 열심히 일해서 미래(다음 생)를 준비하게 됩니다. 따라서 막 살지 않고 죽는 순간까지 배우려 하고 최선을 다하기 때문에 심심하거나 외롭지 않게 됩니다.

'잘 살기Well Being','잘 늙기Well Ageing' 그리고 '잘 죽기Well

Dying의 인생살이가 실현됩니다.

2) 하루하루가 의미 있고 새로우며, 항상 마음이 든든하고, 시간을 허비하지 않습니다.

3) 남에게 해를 끼치지 않고 돕게 되며, 베푸는 생활을 하게 됩니다.

4) 어떠한 일이 있어도 자살은 하지 않습니다. 사람으로 태어나기가 쉽지 않음을 알고, 자살로 인한 과보가 얼마나 크다는 것을 알게 됩니다.

5) 우리가 세세생생 윤회를 거듭하는 동안 헤아릴 수 없는 인연을 맺었기 때문에 전생(과거)에 내 부모, 내 형제, 내 친구 아니었던 사람이 없었다는 사실을 깨닫게 됨으로써 지금의 인간관계를 소중하게 여기기 때문에 모든 사람을 업신여기지 않게 됩니다.

(공식1) 너의 전생(과거)을 알려거든 지금 네가 살고 있는 모습을 보고 너의 내생(미래)을 알려거든 지금 네가 어떻게 하고 있는가를 보라(자업자득).

이 공식에서 알고자 하는 것은, 현재는 과거의 업(인因)을 바탕으로 이루어지는 것이기 때문에 과거를 반조返照함으로써 현재(과果)를 명확하게 알고자 합입니다. 이와 같이 과거가 현재에 미치는 영향을 확실하게 알면 현재를 어떻게 살아야 미래가 좋아질 것인지를 분명하게 알게 됩니다.

반조返照란? 저녁 무렵에 햇빛이 서산에 걸려서 동쪽을 되 비추는 것을 뜻합니다. 이 뜻에 근거하여, 경계(대상, 객관)에 끌려다니는 정신(내 생각, 아상, 중생심)을 되돌려 자성본원自性本源 곧 자기의 본래면목本來面目(청정심, 진여, 불심, 진리, 원리)을 되찾는 것을 비유하는 말로서 자성을 회복하는 것(깨달음, 해탈, 열반, 견성)을 회광반조廻光返照라 하고, 서원을 되새겨 보는 것을 서원반조誓願返照라 하며, 목적을 다시 강조해 보는 것을 목적반조目的返照라고 합니다.

지난날(과거)을 반조함으로써 지금 내가 왜 이렇게 살고 있으며, 내 주변과 나는 어떤 인연으로 말미암아 맺어진 것인지를 확실하게 알고자 함입니다. 이것을 알게 되면 지금의 내 분수를 알게 됨으로써 욕심을 부리지 않게 되고 일은 더욱 열심히 하게 됩니다. 욕심은 내 분수(능력)를 모르기 때문에 일어나는 경우가 대부분입니다. 무슨 문제가 되었든 상황판단을 정확하게 할수록 그 문제를 해결할 수 있는 원인을 명확하게 찾을 수 있습니다.

명상할 때 잠시 마음을 가라앉힌 다음, 지금 내가 처해 있는 상황을 세밀하게 관찰(반조)하고 원리를 깊게 참구하면서 해결하고자 하는 문제점을 공식에 접목시키면 해결할 수 있는 지혜가 생깁니다.

이 명상법은 삶의 모든 문제를 지혜롭게 해결할 수 있을 뿐만 아니라 반복 학습은 물론 수행이 끊어지지 않게 됨으로써 번뇌 망상이 일어날 기회를 최소한으로 줄여주기 때문에 원리를 체득(깨달음, 견성)하는데 있어 매우 효과적입니다.

(공식2) 어떠한 경우에도 남을 바꾼다는 것은 불가능한 일이다. 나를 바꾸는 데 따라서 세상은 따라 바뀐다. 남을 바꾸려 하는 것은 가장 어리석은 일이다.

남을 바꾸려 하는 것은 나비를 소로 바꾸고 소를 나비로 바꾸려는 것과 같다. 나비가 소처럼 일할 수 없고 소가 나비처럼 가볍게 날아다닐 수는 없다.

모든 것은 각각의 성질이 있다. 쇠는 단단한 것이 그 성질이고 솜은 부드러운 것이 그 성질이다. 성질을 바꾸려 하지 말고 그 성질에 맞게 쓰면 된다.

사람을 바꾼다는 것은 업을 바꾸는 것을 말하기 때문에 내가 남을 직접적으로 바꾼다는 것은 땅을 파고 들어가 구름을 찾으려는 것과 같습니다. 그래서 한 마디로 "남의 인생에 간섭하지 마라."는 말입니다. 수행(자기계발, 마음경영)은 자기의 문제를 다루는 것이지 남의 문제를 다루는 것이 아닙니다. 남을 고치려 하면 반드시 미워지게 됩니다. 연민을 버리십시오. 자기 자신 외에는 다 남입니다. 가족, 친구, 직장동료 등은 가까운 인연일 뿐입니다. 착각하지 마십시오!

업력業力을 이길 수 있는 것은 원리를 깨달아 얻어지는 법력法力(완성된 중도의 지혜)뿐 입니다. 이유는 업력(중생심, 지식, 알음알이, 내 생각, 고정관념)으로 업력을 끊으면 업력과 업력이 서로 부딪히기 때문에 또 다른 업이 생겨 오히려 악순환만 될 뿐입니다. 그러나 법력은 완성된 중도의 지혜에서 나오는 힘이므로 어떠한 부작용도 일으키지 않고 서로 화합하기 때문에 새로운 업이 만들어지지 않고 과거의 업장業障까지 소멸시키는 역할을 합니다.

따라서 어떤 경우에도 문제의 해결점을 나를 어떻게 바꾸면 될까로부터 출발해야 합니다. 업이 윤회하는 원리에서 보았듯이 인생은 잘 살든 잘못 살든 각자 자기 인생을 살아가게 되어있으므로 사랑하기 때문에 도와준다고 생각해서 하는 것의 대부분은 상대를 간섭하는 것이 되고 맙니다. 그래서 답답해하지 말고 편안한 마음으로 그의 인생을 살아갈 수 있도록 지혜로운 마음으로 그냥 지켜보는 것이 가장 잘 하는 것입니다. 다만, 다섯 가지를 범하는 것은 질책해야 합니다.

1) 살인이나 폭행
2) 남의 물건을 훔치거나 빼앗는 일
3) 성추행, 성폭행
4) 입으로 욕하고, 사기 치고, 거짓말하는 것
5) 술을 먹고 심하게 취하거나 마약을 하는 것.

이 다섯 가지도 20세가 되기 이전에는 질책해야 되고 20세가 넘으면 이미 자기 것으로 굳어졌기 때문에 따뜻한 마음으로 그냥 지켜보면서 나는 그에게 내가 해야 할 도리만 해야 합니다. 내가 해야 할 도리를 다 할 때 그는 스스로 서서히 바뀌게 됩니다.

지금의 '나'는 과거로부터 지금까지 배우고 익힌 모든 것에 의해 만들어진 내 생각으로 말미암아 형성되었기 때문에 현재 나의 생김새, 생활방식, 재산의 정도 등은 결과(과果)이며, 그동안 배우고 익힌 것들은 결과를 만들어낸 원인(인因)이 됩니다.

이때 결과를 업業이라고 하며, 이업은 새로운 원인이 됨으로써 또 다른 결과(업)를 만드는 것을 끊임없이 반복하게 되는데 이것을 윤회라 합니다. 윤회하는 과정에 반드시 자기가 지은 대로 되돌려받는 것을 자업자득이라 합니다. 이러한 원리로 볼 때 윤회의 주체가 되는 업은 오직 자기 자신만이 간섭하고 바꿀 수 있으므로 내가 아무리 남을 바꾸려 해도 그것은 불가능한 어리석은 짓일 뿐입니다. 내 업(습관)도 바꾸기가 쉽지 않은데 하물며 남의 업을 바꾼다는 것은 불가능합니다.

사람마다 짓는 업이 서로 다르기 때문에 겉으로 드러나는 생김새, 성격, 기질, 소질이나 생각이 똑같은 사람은 단 한 사람도 있을 수 없습니다. 세상 모든 것은 서로 다를 뿐 좋다-나쁘다, 옳다-그르다와 같은 분별은 본래 없습니다. 이런 원리를 모르면 서로 다른 것을 가지고 좋다-나쁘다, 옳다-그르다와 같이 분별하게 되는데 이때 자기도 모르게 자기 것은 좋다고 생각하고, 자기 생각은 옳다고 생각하기 때문에 상대방을 설득시켜 바꾸려고 합니다. 나만 그런 것이 아니고 모든 사람이 다 그렇기 때문에 충돌이 일어나게 됩니다.

이미 지나간 일(업, 과거)은 되돌릴 수 없습니다. 즉, 바꿀 수 없다는 말입니다. 열심히 공부하지 않은 사람이 원하는 대학에 간다거나 부지런히 일하지 않고 잘 살기 바라는 것은 불가능한 일입니다. 죄를 지으면(인因) 형무소에 가는 것(과果)은 너무나 당연한 일입니다. 이 모두는 원인과 결과입니다. 그래서 악인악과惡因惡果요, 선인선과善因善果입니다.

원인은 과거(전생)의 일이요, 결과는 지금(금생)의 일이기 때문에 지금의 나를 보면 과거의 나를 알 수 있는 것도 역시 너무나 당연한 일일 것입니다. 과거에 의해서 지금의 길이 정해질 수밖에 없기 때문에 우리는 운명이 있다고 말합니다. 따라서 과거의 업으로 인해 이미 정해진 길을 바꿀 수는 없습니다. 그러나 이미 정해진 길을 지금 어떻게 가느냐에 따라서 또 다른 미래의 길이 만들어지기 때문에 운명보다 더 중요한 것은 지금 어떻게 하고 있느냐의 문제이므로 과거의 행위로 인해 이미 정해진 운명은 있기도 하지만 없는 것과 같습니다.

남을 바꾸려 하는 것은 내가 남에게 무엇인가 바라는 마음이 있기 때문에 일어나므로 상대방의 의사와는 전혀 무관한 내 욕심(내 생각)입니다. 바라는 마음이 있을 때 내가 바라는 대로 이루어지지 않으면 반드시 미워하는 마음이 일어나게 됩니다. 상대방은 결코 나에 의해서 바뀔 수 없습니다. 상대방을 바꾸려면 바라는 마음을 버리고 내가 바뀌면 내가 바뀌는 데 따라서 상대는 스스로 바뀌게 됩니다. 이때 가장 조심해야 할 것은 상대방을 바꾸기 위해서 나를 바꾸면 안 된다는 사실입니다. 상대방을 바꾸기 위해서 나를 바꾸려 했기 때문에 이것이 바라는 마음이 됩니다.

아이가 학교에 갔다 와서 숙제도 안 하고 TV만 보고 있어 화가 나고, 남편이 술을 마시고 늦게 들어와서 화가 나고, 부모님이 잔소리를 해서 화가 나고, 아내가 외출을 자주 해서 화가 나고, 믿었던 친구가 돈을 갚지 않아서 화가 납니다. 이렇게 화가 나는 까닭은, 상대방이 왜 그렇게 하고 있는지? 그 원인은 알려 하지 않고 내 생각(이렇게 되었으면 하고 바라는 마음)만 했기 때문입니다.

그렇다면 다시 한 번 살펴볼까요. 왜 화가 났을까요? 내가 그 사람을 이해할 수 없기 때문에 화가 난 것입니다.

왜 아이가 공부를 안 하는지? 왜 남편이 직장에서 술을 마시고 늦게 귀가하는지? 왜 아내가 외출을 자주 하는지? 왜 부모님이 잔소리를 하는지? 왜 친구가 돈을 갚지 않는지? 도무지 이해할 수 없기 때문에 화가 나는 것입니다. 그가 나를 화나게 한 것이 아니라 내가 그를 이해하지 못했기 때문에 화가 나는 것입니다. 상대방의 마음을 이해하지 못하는 것은 나를 중심에 놓고 생각하는 내 생각(상相) 때문입니다. 상대가 내 마음을 이해해 주기만을 바라고 정작 나는 상대방의 마음을 이해하려 하지 않았기 때문입니다.

이럴 때 우리 마음의 상태는 가슴이 답답해지고, 말소리는 점점 더 신경질적으로 되며, 얼굴이 굳어지고, 잠도 잘 안 옵니다. 이런 것을 괴로움이라고 합니다.

그러면 이 괴로움을 어떻게 해야 해결이 될까요? 모든 사람이 다 내 마음을 잘 이해해서 아이는 공부 잘하고, 남편은 집에 일찍 들어오고, 아내는 집을 안 비우고, 부모님은 잔소리를 안 하시고, 친구는 빌려 간 돈을 갚고, 이렇게 되면 해결이 되는 것일까요?

만약 이것이 사실이라면 내 인생의 행복과 불행은 상대방이 쥐고 있는 것입니다. 상대가 어떻게 말하고 행동하느냐에 따라 내가 행복해지기도 하고 불행해지기도 합니다. 이것이 과연 주체적인 삶일까요? 그러한 인생은 이미 나의 인생이 아닙니다. 누군가의 말과 행동에 얽매인 '종속적인 삶'일 뿐입니다.

생각을 한번 뒤집어 보세요. 오늘 학교에서 이런 일들이 있어서 TV만 보고 있구나, 오늘 회사에서 스트레스를 많이 받아서 술을 마셨구나, 오늘은 이런 일이 있어서 집을 비웠구나, 친구는 그런 이유가 있어서 돈을 못 갚았구나, 이렇게 상대방의 마음을 이해하고 받아들이면 내 마음이 편안해지고 괴로움이 사라집니다. 찡그렸던 인상이 펴지고, 목소리가 부드러워집니다. 내가 더 자유로워지고 행복해 집니다. 상대방의 말이나 행동이 내 삶에 큰 영향을 주지 못합니다. 그가 웃어도 "아! 그래서 웃었구나!" 하고, 그가 인상을 찌푸려도 "아! 그래서 인상을 찌푸렸구나!"하고 이해하는 마음이 되면 상대가 웃든 인상을 쓰든 거기에 걸리지 않기 때문에 괴롭지 않게 됩니다. 이것이 화를 다스리는 방법입니다.

- 법륜 스님 법문 참고 -

어떠한 경우에도 내가 직접적으로 남을 바꿀 수 없다는 원리를 알게 되면 항상 내 생각을 내려놓고 "왜 그럴까?"라는 원인을 찾아 알게 되고, 그 원인을 이해하면 미워하는 마음이 사라지게 되어 그 고통도 사라지게 됩니다. 고통이 사라지면 이러한 사실을 바라보는 내 마음이 편안해지고 내가 어떻게 하면 이 문제를 해결할 수 있겠는지?의 지혜가 생깁니다. 이것이 나를 바뀌게 합니다.

"왜 그럴까?"라는 원인을 찾기 위해 원리를 공부하고 공식에 대입시키는 것입니다.

과거(전생)에 지은 업의 영향력으로 말미암아 지금의 모습이 나타나기 때문에 어떠한 경우에도 긍정적으로 다 받아들여야 합니다. 무엇을 극복하려면 반드시 긍정적으로 받아들여야만 가능합니다. 부정적인 생각은 이미 극복할 수 없는 조건을 충분하게 갖추는 것이기 때문입니다. 부정적인 생각은 마치 커다란 못을 갈아서 바늘로 쓰려고 하는 것과 같습니다. 바늘은 바늘이 할 수 있는 일에 알맞게 쓰면 되고 커다란 못은 그 용도에 맞게 쓰는 것이 지혜입니다.

우리는 장애는 나쁜 것이어서 장애가 있으면 불행하다고 생각하기 때문에 어떻게 하든지 그 장애를 벗어나기 위해 장애를 고치려고만 합니다. 이것은 부정적인 생각이어서 매우 어리석은 생각입니다. 장애는 나쁜 것이 아니라 다만, 조금 불편할 뿐입니다. 이것도 비장애인과 비교하기 때문에 조금 불편하다고 하는 것일 뿐, 만약에 본래 모든 사람이 다 그렇다고 한다면 장애가 아닙니다. 장애를 극복하는 가장 지혜로운 방법은 장애를 긍정적으로 받아들인 다음 그 장애에 알맞은 것을 찾아 그것을 계발하는 일입니다. 이것이 장애를 고치는 일입니다. 비장애인이 하면 당연하게 여길 것을 장애인이 하면 기적이라 말하는 것들이 너무나 많습니다. 장애를 극복하면 오히려 비장애인이 어려운 일을 극복한 것보다 더 훌륭해지는 경우가 많습니다. 그래서 매사에 부정적인 생각을 하는 것은 정신적인 장애이며, 육체적인 장애보다 더 심각한 장애는 정신적인 장애입니다.

긍정적인 생각을 하려면, 원리를 깨닫고 거기에서 나오는 지혜의 작용이 있어야 실천할 수 있는 힘이 강해집니다. 그렇지 않고 원리를 모르는 상태에서 의식적(내 생각)으로 하는 긍정적인 생각은 실천할 수 있는 힘이 약하기 때문에 사소한 일은 긍정적으로 생각할 수 있으나 일이 조금만 커져도 실천하기 어렵게 됩니다.

죽지 않고 살아 있는 한 할 수 있는 일은 반드시 있습니다. 팔이 하나 없으면 없는 대로, 두 팔이 다 없으면 없는 대로, 사지가 다 없으면 없는 대로할 수 있는 일은 있다는 말입니다. 없는 팔다리를 원망하지 말고 할 수 있는 일을 찾아서 하는 것이 긍정적인 생각이고, 장애를 극복하는 일이고, 장애를 비장애로 바꾸는 일입니다. 이것이 장애가 반드시 있는 가운데 장애가 없는 도리로 가는 것입니다. 그래서 장애가 있고 없고는 우리들의 마음에 있을 뿐(일체유심조), 장애는 본래 없는 것이기 때문에 장애의 본성은 자성이 없고(무자성) 그래서 장애는 공空입니다.

장점은 단점을 품고 있으며, 단점은 장점을 품고 있기 때문에 장점도 단점도 본성은 모두 공空(무자성)입니다. 따라서 장점과 단점의 문제가 아니라 긍정적으로 받아들이느냐? 아니면 부정적으로 받아들이지 않느냐? 선택의 문제입니다. 선택은 오직 자기 자신이 하는 것입니다.

(공식3) 나에게 잘 대해주는 사람도 과거(전생)의 나의 모습이요, 고통을 주는 사람도 과거의 나의 모습이다(자업자득). 따라서 모든 것은 다 내 탓이다.

윤회한다는 것은, 갚아야 될 것이 있든지 받아야 될 것이 있든지 아니면 무언가 마음에 맺힌 것(한限, 마음에 남는 것)이 있어야 윤회를 합니다. 이와 같이 되돌려 줄 것과 되돌려받을 것과 마음에 맺힌 것들을 '연緣'이라 하는데 이 인연에 의해서 개개인의 수명이 결정됩니다. 따라서 인연이 다하면 죽게 됩니다. 이 모든 것들은 유심有心(중생심, 내 생각, 무명)으로 한 것이기 때문에 삶의 찌꺼기(업)가 남습니다. 유심으로 좋은 일을 한 것은 복덕福德이기 때문에 반드시 되돌려받아야 하고, 다 되돌려받고 나면 또다시 복福(좋은 일)을 지어야 복을 받을 수 있습니다. 그러나 행行하기는 행하였으나 행했다는 마음 없이 무심無心(청정심, 본래심, 중도)으로 한 것은 삶의 찌꺼기(업)가 전혀 남지 않으므로 윤회의 주체가 되는 원인(업)이 없어집니다. 마치 새가 하늘을 날아갔으나 어떠한 자취도 남기지 않는 것과 같습니다. 이것을 공덕功德이라 하며, 공덕은 되돌려받을 것도 없고 갚아야 할 것도 없으므로 윤회를 하지 않게 되고, 한 번 지은 공덕은 어떠한 경우에도 소멸되지 않습니다.

이러한 윤회와 자업자득의 원리로 볼 때, 내가 지어 놓은 복이 없으면 되돌려받을 것이 없고, 내가 남을 고통스럽게 했다면 반드시 반대로 되돌려받아야 합니다. 이러한 사실은 너무나 과학적인 사실입니다. 그래서 우리 속담에 "윗물이 맑아야 아랫물도 맑다." 즉, 내가 잘해야 남도 잘한다는 뜻입니다.

어려울 때 나를 외면하는 사람은 그 사람이 나쁜 것이 아니라 내가 그 사람에게 지어놓은 복이 없기 때문이고 반대로 나를 도와주는 사람은 그 사람이 좋은 사람이어서 그런 것이 아니라 내가 그에게 지어놓은 복을 되돌려받는 것입니다. 심지어 나는 그를 도와주었으나 내가 어려울 때 그는 나를 외면했다면 나는 그에게 지어놓은 복이 없었고 그는 나에게 지어놓은 복이 있었던 것입니다. 이러한 원리를 모르면 상대방을 좋은 사람과 나쁜 사람으로 분별하고 차별하게 됩니다. 다만, 금생의 일은 내가 알 수 있지만, 전생의 일은 내가 알고 있지 못할 따름입니다.

원리를 깨달아 통찰력(지혜)이 생기면 이러한 사실을 꿰뚫어 알 수 있기 때문에 모든 일을 다 내 탓으로 받아들이는 절대적인 긍정의 사고방식이 확립됨으로 모든 문제를 가장 지혜롭게 해결할 수 있게 되고 고통으로부터 벗어나게 될 뿐만 아니라 어떠한 경우에도 다투는 일이 없어지게 됩니다.

쉽게 말한다면, 누가 때리면 맞아주는 것입니다. 이유는 과거에 내가 그를 괴롭힌 일이 있었기 때문에 그가 지금 나를 괴롭히는 것입니다. 따라서 과거에 내가 누구를 괴롭히지 않았다면 누구에게도 지금 내가 괴롭힘을 당할 일은 결코 없습니다. 이러한 사실을 꿰뚫어 알면 결코 불안해야 할 일이 없어짐으로 늘 마음이 편안하게 됩니다. 이것이 진정으로 항상 깨어 있음이요 그렇기 때문에 항상 지혜로울 수밖에 없습니다.

자식이 여럿이다 보면 자기 할 일을 잘하고 부모를 즐겁고 행복하게 하는 자식도 있지만 그렇지 못한 자식도 있게 됩니다. 그 이유가 무엇일까요? 이러한 일에는 반드시 원인이 있는데 이것을 '인연과보因緣果報'라 합니다.

고통을 주는 자식이나 즐거움을 주는 자식이나 그 책임(원인)은 다 나에게 있다는 원리를 알아야 합니다. 고통을 주는 자식은 전생에 내가 그에게 고통을 주었거나 아니면 금생에 내가 그 아이의 심성이 그렇게 되도록 만들었기 때문입니다. 그 아이를 가졌을 때 남편과 다투는 일이 많아서 고통스러웠다거나 내 심성이 부정적이었거나 반항적이었거나 아무튼 내 마음이 편하지 못했다는 사실(증거)입니다.

어린아이의 특성은 따라 하는 것이기 때문에 부모는 아이에게 모범을 보여야 합니다. 그래서 가정환경이 매우 중요합니다. 어릴 때는 성격이 잠재해 있기 때문에 겉으로 심하게 드러나지 않으나 사춘기가 되면 드러나기 시작합니다. 모든 원인이 나에게 있다는 사실을 알면 상대방을 원망하거나 미워하지 않게 되고 마음이 편안하게 됨으로써 상대방에 대한 측은지심이 생겨 야단치고 싫어하던 마음이 사라지고 오히려 감싸주고 보듬어주게 됩니다. 그렇다고 해서 네 마음대로 하라 하고 팽개치는 것이 아니라 야단을 치더라도 내 책임이기 때문에 따뜻한 사랑으로 감싸 안는 것입니다. 이렇게 지혜롭게 대처하면 아이는 스스로 좋아지게 됩니다. 결국, 나의 잘못이 원인이 되어 아이에게 결과로 나타나는 것입니다. 결과를 바꾸려 하지 않고 원인을 정확하게 알고(정견正見) 제거하는 것이 지혜입니다.

[2] 7강 '본질(체體)과 현상(상相, 용用)'의 원리에서 얻은 공식

(공식4) 모든 것은 어떠한 분별도 없고 어떠한 차별도 없이 있는 그대로 서로 다를 뿐이다. 그러나 본질적(체體)으로는 서로 다르지 않고(불이不異), 둘이 아니기 때문에(불이不二) 모든 것은 같다(즉화卽化). 따라서 모든 존재를 있는 그대로 인정해 주고 받아들여야 하기 때문에 서로 배척해서는 안 된다.

차별 있는 가운데 차별 없는 세계, 서로 다른 것들이 연기緣起되어 하나의 거대한 생명공동체를 이루고 있기 때문에 모든 것은 서로 상생相生의 관계(조화調和)일 뿐 상극相剋의 관계는 없다. 따라서 존재(유형무형의 모든 것)한다는 것은 반드시 필요하기 때문에 존재함으로 모든 것은 다 소중한 것이다. 이 사실을 모르면 인간중심, 자기중심으로 분별하고 차별한다.

상相은 인간이 개념적으로 만든 모든 것, 즉 말(언설상言舌相), 글(문자상文字相), 이름(명자상 名字相), 생각(심연상 心緣相)으로 만들어 개개인이 자기 것(아상我相, 고정관념, 내 생각, 무명)으로 가지고 있는 것을 이르는 말입니다. 이렇게 상相을 만들어 가지게 되면 또 다른 분별상, 차별상이 생기게 되어 분쟁을 일으키고 고통을 만들게 됩니다.

무상無相이란? 이러한 상相으로부터 벗어나는 것을 말합니다. 다시 말해서, 내 생각을 완전하게 버림으로써 어떠한 개념도 가지고 있지 않으면서 모든 개념을 다 포용하는 것을 말하기 때문에 모든 개념을 초월하는 중도를 의미합니다. 이것이 해탈입니다.

체體(진리, 원리)를 보지 못하는 까닭은 상相(어리석음, 무명, 내 생각)이 가로막고 있기 때문이며, 분별하고 차별하는 것은 체體를 보지 못하기 때문입니다. 체體를 보고 나면 너와 나라는 분별이 없어집니다. 깨닫지 못해 어리석은 사람과 깨달음을 얻어 지혜로운 사람은 이것 때문에 생기게 됩니다.

[상相은 어떠한 것에도 본래 없던 것을 뇌가 발달한 인간에 의해서 만들어졌을 뿐입니다.

만상은 어떠한 상相도 없으며 다만, 이것은 이것이고 저것은 저것일 뿐입니다. 이 사실을 확실하게 알아서 어떠한 상相도 만들지 않으면 진리(진여)를 체득할 수 있습니다. 이것이 자기계발(깨달음)의 완성입니다.]

우리는 모든 존재를 서로 다르다고 느낍니다. 그러나 다르다는 것도 외적인 모양(상相)이나 쓰임새(용用)의 문제일 뿐, 그 본질(체體)에 있어서는 서로 다르지 않고(불이不異), 둘이 아니고(불이不二), 같습니다.

그래서 진여眞如라는 말은, “이 세상 모든 것은 참(진眞) 그대로(여如)다.” 즉, 모든 것은 있는 그대로 하나도 빠짐없이 다 진여라는 말입니다. 이것은 마치 바닷물과 파도는 다르지 않아서 파도는 바닷물을 떠날 수 없는 것과 같으며, 우리의 마음도 좋은 마음 나쁜 마음이 따로 없고 다만, 그 작용만 다를 뿐 하나의 같은 마음입니다. 따라서 모든 존재를 법法이라고도 하기 때문에 법을 진여라 해도 같은 뜻입니다.

모든 것의 체(본질)는 소립자라는 것을 상기시키면 이해가 빠를 것입니다.

우리는 어리석기 때문에(무명, 내 생각, 고정관념) 본질을 보지 못하고 모든 것을 분별하고 차별하게 됩니다. 그래서 나(주관)와 너(객관, 대상, 경계)는 하나로 화합하지 못함으로써 서로에게 고통을 주면서 살아가고 있습니다.

자기계발을 통해서 깨달음(지혜)을 얻으면 모든 분별심 차별심이 사라지게 되므로(내외명철內外明徹) 모든 것이 하나 되어 너의 고통은 나의 고통이요, 너의 즐거움도 나의 즐거움이 되어 중생의 어리석음(무명無明)을 측은지심惻隱之心(자비심 慈悲心)으로 보살피게 됩니다.

너와 나의 분별심이 사라지면 항상 상대방의 입장에서 모든 문제를 생각하기 때문에 이기심이 사라집니다.

천국(극락)도 중도가 아니고 지옥도 중도가 아닙니다. 천국은 좋은 곳이고 지옥은 나쁜 곳이라 한다면, 좋은 것만 있다면 좋은 것은 이미 좋은 것이 아니고 나쁜 것만 있다면 나쁜 것은 이미 나쁜 것이 아닙니다. 중도는 이것과 저것이 항상 화합하고 있는 모습입니다. 서로 다르기 때문에 재미있고 좋은 것입니다. 그곳이 바로 우리가 살고 있는 지구(사바세계娑婆世界)입니다. 지구에는 유형무형의 모든 것이 중도로 되어 있으나 다만, 우리가 이러한 사실을 모르고 살아가기 때문에 괴로운 것입니다. 이러한 원리를 알고 살아가면 고苦에서 해방됩니다.

진리(법, 자연적인 것, 하나님, 부처)에 의해 만들어지는 것은 늘 중도로 만들어집니다. 지혜는 모든 것과 화합하는 능력이기 때문에 가장 많은 것에 이익을 줍니다. 이것이 자기를 계발하는 목적입니다.

행복과 불행이 다른 것 같지만 깊게 살펴보면 결코 다르지 않습니다. 행복은 불행을 품고 있으며 불행은 행복을 품고 있습니다. 까닭은, 불행이 없고 마냥 행복하기만 하다면 노력할 필요가 없어지기 때문에 변화가 없어지고 지루해서 행복도 극복해야 할 대상이 되고 맙니다. 반대로 불행을 극복하면 그것이 곧 행복이기 때문입니다. 태어나지 않으면 죽을 일이 없기 때문에 태어남(생生)은 죽음(사死: 멸滅)을 전제로 하고, 만나지 않았으면 헤어질 일이 없기 때문에 만남은 헤어짐을 전제로 있는 것입니다. 그래서 이 세상에 드러나 있는 모든 것(유형무형의 것)은 필요에 의해 생긴 것(연기)이므로 어떠한 분별도 없고 현재 갖추어져 있는 그대로 가장 완벽한 것입니다. 이러한 원리로 보면 행복과 태어남은 좋은 것이고 불행과 헤어짐은 나쁜 것이라는 개념은 어리석은 생각입니다. 만약에 우리에게 자성이 있어 영원히 죽지 않는다면 행복할 것 같지만, 결코 그렇지 않습니다. 삶은 극도로 게을러지고 황폐해져 산다는 것 자체가 무의미해질 것이기 때문입니다. 죽기 때문에 인간의 삶은 더욱 가치가 있고 아름다운 것입니다. 사람마다 소원하는 것이 다 이루어진다면 좋을 것 같으나 그렇지 않습니다. 자기에게는 이익되나 남에게는 해가 되는 것이 소원인 사람도 있으며, 복수하는 것이 소원인 사람도 많기 때문입니다.

지금 행복하다면 불행해지지 않기 위해 더욱 노력해야 할 것이며, 지금 불행하다면 행복해지기 위해 더욱 노력해야 하기 때문에 우리는 늘 정진에 정진을 거듭해야 하며 이것을 '향상일로向上一路'라 합니다.

이 공식에서 응용해야 할 것은, 근본도리(원리, 진리)의 입장에서 보면 본래 어떠한 것도 분별되거나 차별되는 것은 없습니다. 그냥 그것일 뿐입니다. 이것을 인간이 주관적으로 판단해서 분별하고 차별하는 것입니다. 선善도 악惡도 고정불변의 자성은 없습니다. 따라서 어떠한 것도 분별하고 차별해서 버리거나(사捨) 가져서(취取) 자기 것으로 만들면 안 된다는 말입니다.

선악의 문제도 선은 좋은 것이니 취하고 악은 나쁜 것이니 버리는 그러한 선과 악의 문제가 아니라 선과 악의 조화의 문제입니다. 선악을 동시에 초월해서 선과 악이 하나로 융합하는 중도(원융무애)의 문제라는 뜻입니다. 나를 괴롭히는 것(고苦)이 없다면 내가 수행해야 할 이유가 없어집니다. 따라서 나를 괴롭히는 것은 나쁜 것이 아니라 나를 계발시켜주는 좋은 것입니다. 그래서 고통이 없는 세상에서는 수행해야 할 이유가 없어집니다. 고통을 수행의 문으로 삼으면 고통은 더 이상 고통이 아닙니다. 고통은 나를 깨달음으로 인도하는 가장 좋은 스승일 뿐입니다.

이것 외에도 응용할 수 있는 것이 여러 가지가 있으니 각자 생각해 보기 바랍니다.

[3] 9강 '공空, 인연因緣, 연기緣起, 무상無常, 무아無我의 원리'에서 얻은 공식.

(공식5) 만상은 홀로 독립되어 스스로 고정불변의 성품으로 존재하지 않는다(무자성無自性). 서로가 서로에게 의지하지 않으면 존재할 수 없고, 자성이 없기 때문에 옳다-그르다, 좋다-나쁘다 등은 본래 없는 것을 바라보는 내 생각이 모든 분별을 만들어 내는 것이다. 따라서 모든 것은 주관(내 생각, 마음)이 만들어 내는 것이다(일체유심조一切唯心造).

우리가 가지고 있는 모든 개념은 자성이 없다. 죄罪라고 하는 것도 우리가 만들어 가지고 있는 개념이다. 이유는 전쟁할 때 사람을 죽이는 것과 평상시에 사람을 죽이는 것의 판단(개념)은 달라지기 때문이다. 그래서 죄라는 것은 근원적으로는 없다. 그러나 경우(인연)에 따라서는 있다. 이것은 마치 목욕탕에서는 옷을 벗어야 하고, 밖에서는 옷을 입어야 하는 것과 같다.

내 생각(아상我相, 무명無明)을 버리라는 까닭은, 모든 것은 무자성이기 때문이다. 만약 모든 것에 자성이 있다면 내 생각도 그 자성에 맞게 고정시켜야 될 것이다.

모든 것은 무자성이기 때문에 정해진 법은 없습니다(무유정법無有定法).

천수경千手經에 이르기를...

"죄무자성종심기罪無自性從心起

죄는 성품(근원)이 없어 오직 마음 따라 일어나는 것 (잘 못된 생각을 하지 않으면 죄업은 일어나지 않기 때문에 마음이 일어나지 않으면 죄도 일어날 수 없다.)

심약멸시죄역망心若滅是罪亦忘

죄라는 마음이 사라진다면, 죄 역시 사라져서

죄망심멸양구공罪忘心滅兩俱空

죄와 죄란 마음 함께 사라져 공空해지면

시즉명위진참회是卽名爲眞懺悔

이것을 이름 하여 진실 된 참회라 하네."

만상(색色)은 서로 인因(직접적인 원인)과 연緣(간접적인 조건)이 결합(인연화합 因緣和合)하여 일어나기 때문에(생生) 연기緣起라 하고, 이것과 저것이 서로 연기(상관관계)되어 존재함으로 그 성품은 공空한 것이다는 의미에서 이것을 연기공緣起空이라 합니다.

또한, 만상(색色)은 스스로의 고정된 성품이 없기 때문에 시시각각 변화를 일으켜 언젠가는 사라지거나 바뀌게 됨으로 영원불변한 것(항상恒常한 것)은 없다(무無)는 의미에서 이것을 무상공無常空이라 합니다.

연기공과 무상공의 원리는 만상의 있는 그대로의 존재원리를 말하는 것입니다. 이것을 다른 말로 표현한 것이 "색불이공色不異空 공불이색空不異色 색즉시공色卽是空 공즉시색 空卽是色. 물질(만상)이 허공과 다르지 않고 허공이 물질과 다르지 않아서 물질이 곧 허공이고 허공이 곧 물질이다."입니다.

연기공과 무상공은 만상은 무자성無自性이기 때문에 무아無我(비아非我)를 의미하는데 이 원리는 자기계발(수행)을 하는 데 있어 핵심 중의 핵심으로서 우리들의 삶 전반에 활용됩니다.

공空의 원리에서 '색色'의 의미는,

1) 물질(모든 존재, 현상계, 세간, 속세)을 의미하고
2) 인간의 마음에서 일어나는 모든 생각, 즉 즐거움, 성냄, 용서와 같은 감정과 지각의 의미도 있으며 이것은 정신적인 형성 작용입니다. 우리들의 삶의 문제를 해결하는 데는 정신적인 형성 작용의 의미가 주로 적용됩니다.

'허공', 즉 '공空'의 의미는, 만상의 본성本性(본래의 성품)은 스스로 고정되어 불변하는 실체는 없다는 뜻입니다. 이것을 쉽게 말한다면, 물질이 되었든, 생각이 되었든(색色, 상相) 그것들의 본래 성품은 자성이 없다(공空, 무자성無自性)는 말입니다(색불이공 色不異空, 색즉시공 色卽是空).

내 남편의 문제점은 어떻고 내 아내의 문제점은 어떻고 하는 것은 내

생각일 뿐입니다. 다른 사람의 입장에서 보면 내 생각과 다르기 때문입니다. 우리가 음식을 먹을 때 짜다 싱겁다 하는 것은 내 입에 짜고 싱거울 뿐, 음식에 짜고 싱거운 것은 본래 없습니다. 사람마다 다 다르기 때문에 짜고 싱거운 것은 주관적인 것입니다. 모든 것은 다 주관적이기 때문에 남편의 문제점도 아내의 문제점도 나의 주관적인 판단입니다. 좋은 사람도 아니고 나쁜 사람도 아닙니다. 다만, 그 사람은 그 사람일 뿐입니다. 이렇게 말하면, "나만 그런 것이 아니라 다른 식구들도 다 그렇게 말한다."라고 할 수 있으나 이것은 다수를 모아서 내가 옳다고 주장하는 방식입니다. 그래서 시비가 생기면 이렇게 말합니다. "길가는 사람 다 잡고 물어봐라. 내 말이 틀리나." 내가 옳다는 것을 다수의 힘을 빌려 검증하려고 하는 것입니다. 100명 중의 99명이 옳다고 한다 해서 그것이 반드시 옳은 것은 아닙니다. 99명이 같은 생각을 가지고 있을 뿐입니다. 천동설天動說과 지동설地動說의 경우를 보십시오. 모든 사람이 다 천동설이 맞다고 할 때 '코페르니쿠스', '갈릴레이'와 같은 과학자는 지동설이 맞다고 하였으며 지동설이 사실임이 밝혀졌습니다.

공의 원리에서 매우 조심해야 될 것이 있습니다. 공空이라는 것도 한 생각을 일으킨 것이기 때문에 "모든 것은 공空하다."는 것을 하나의 확실한 개념으로 삼으면 공空이라는 견해(공견空見, 공병空病)에 빠지게 되어 무엇이라 해도 "그것은 공空이다."라고 하면 끝나는 것이 되어 깨달음과는 영원히 멀어지게 됩니다. 따라서 깨달음은 모든 견見에서 벗어나는 것입니다. 그래서 공空(공성空性)도 공空해져야 그것이 진정한 공空입니다. 다시 말해서, 색色을 떠난 공空이 따로 있고 공空을 떠난 색色이 따로 없기 때문에 공空과 색色은 불이不二(불이不異)입니다. "중도는 중도에도 머무르지 않는다."는 말과 같은 의미입니다. 이 말은 아무리 강조해도 부족합니다.

공空도 공空해져야 된다는 '공공空空'은 공空을 허무론적(공병空病, 공견空見)으로 해석하는 것을 방지하기 위해서 나온 말입니다.

이러한 원리를 모르면 개개인이 스스로 주관적(고정관념, 내 생각)으로 판단해서 본래 자성이 없던 것을 자성이 있는 것처럼 상相을 만들어 가지고 있게 됩니다(일체유심소조 一切唯心所造).

이렇게 모든 것이 공空하다는 원리를 알게 되면 시끄럽던 마음이 고요해지면서 그 문제를 해결할 수 있는 지혜가 생깁니다. 시끄럽던 마음(색)이 고요해지는 것(공)은 색불이공色不異空 색즉시공色卽是空이라 하고, 여기에 머무르지 않고 이렇게 얻어진 지혜(공空, 중도)를 가지고 다시 그 문제점(색色, 고통스러운 일)으로 되돌아가서 해결하는 것을 공불이색空不異色 공즉시색空卽是色이라 합니다.

이것을 가리켜 "색色이 공空한 도리만 아는 것이 아니고 공空이 색色한 도리도 함께 알아야한다."라고 합니다. 이것이 공空과 색色을 초월해서 공空과 색色이 하나로 융합融合하는 중도中道입니다. 만약에 색色이 공空한 도리만 알고 공空의 편안함에 머물러 버린다면 자기를 계발한 의미는 상실되고 맙니다.

색色이 공空해지고 다시 공空이 색色해지는 도리를 쉽게 말한다면, 음식이 짜다 싱겁다는 것(색色, 상相)은 사람마다 다 다르기 때문에 짜고 싱거운 것은 자성이 없기 때문에 공空입니다. 여기에 머물러 버리면 "싱겁다고 하든 짜다고 하든 내가 간섭할 일도 아니고 나는 내 마음만 편하면 그만이다."라고 생각해서 공병空病(공견空見)에 걸리게 됩니다. 그러나 여기에 머무르지 않고 다시 공空이 색色해지는 도리를 알면 짜다고 하는 사람에게는 물을 줄줄 알고 싱겁다고 하는 사람에게는 소금을 줄줄 압니다. 이것이 지혜(융합하는 도리, 중도, 원융무애, 무애자재)입니다.

전자와 같이 공병에 걸려 공견에 머무르는 것은 소승小乘에 비유되고 후자와 같이 공도 공해지는 공공(중도)은 대승大乘에 비유될 것입니다.

연기緣起이기 때문에 공空하고 무상無常이기 때문에 공空이고, 그래서 무자성無自性이며, 무자성이기 때문에 무아無我(비아非我)입니다.

공空의 원리는 중도의 원리로 발전하며, 이 원리는 자기를 계발하는 데 있어 가장 중요하다는 사실을 재차 강조하면서 이해를 돕기 위해 한 번 더 설명한다면…….

우리는 무엇을 할 때 각자 자기 나름대로 방식(자기 스타일)을 정해놓고 있습니다. 이것을 상相 또는 색色(내 생각, 습관, 고정관념)이라고 하는데 『반야심경』에서는 이것을 '색色'이라 하였으며, 『금강경』에서는 '상相'이라 하였습니다. 개개인의 업業이 다 다르기 때문에 똑같은 상相(색色, 생각)을 가지고 있는 사람은 단 한 사람도 있을 수 없습니다. 사람마다 자기가 가지고 있는 상이 가장 옳다고 믿거나 좋다고 믿습니다. 그래서 남의 상을 자기의 상으로 바꾸려 합니다. 이때 자신과 인연이 가까울수록 더 강력하게 바꾸려고 합니다. 이유는 가까운 사이일수록 사랑하는 강도가 더 강하기 때문입니다. 그러나 이것이 문제입니다. 많은 고통은 이 문제로부터 시작됩니다.

인천 사는 사람이 서울을 가려면 동쪽으로 가야 하고, 춘천 사는 사람은 서쪽으로 가야 하고, 수원 사는 사람은 북쪽으로 가야 하고, 동두천 사는 사람은 남쪽으로 가야 하기 때문에 가야 할 방향은 서로 다르게 정해지나 개개인의 있는 위치(입장, 인연)에서 보면 다 진리입니다. 따라서 어느 길로 가든 목적지는 같습니다. 수행하는 방법도 여러 가지가 있으나 도달하는 목적지는 같습니다. 이와 같이 서울로 가는 길이 하나로 정해져 있는 줄 알았는데 정해진 길이 따로 없기 때문에 이것을 "색즉시공 색불이공."이라 하고, 정해진 길이 없다고 해서 길이 없는 줄 알았더니 그게 아니라 인연 따라(있는 곳에 따라) 정해진 길이 있는 것을 "공즉시색 공불이색."이라 합니다. 이것을 『금강경』에서는 '무유정법無有定法(진리란 정해진 바가 없다, 정해진 법이 없다.)'이라 하고, 의상조사義湘祖師의 『법성게法性偈』에서는 '불수자성수연성不守自性隨緣成(스스로의 성품을 지키지 않고 인연 따라 이루어진다.)'이라 하였습니다.

아파서 병원에 갔더니 "운동하세요."라고 했습니다. 그래서 무슨 운동을 하면 좋을까? 해서 축구선수에게 물었더니 "축구 하세요.", 농구선수에게 물었더니 "농구 하세요.", 산악인에게 물었더니 "등산하세요."라고 하는 것과 같습니다.

우리는 언제나 상相(개념)을 만들어 내 것으로 삼습니다. 상相짓는 것을 깨트리는 것이 법法(진리, 원리)입니다. 상相이 상 아님을 아는 것이 깨달음이기 때문에 거기에다 또 다른 상相(내 생각, 아상我相)을 세우면 안 됩니다. 그래서 만상萬相은 일상一相이기 때문에 어떤 일상一相도 세우면 이미 두 개가 되어 버립니다. 그래서 하나의 상(일상一相)이란? 상相 없음(무상無相)을 말하는 것입니다. 상을 세우고 상을 없앰이 자유로워야 됩니다. 그래야 대화가 자유롭습니다. 냉정할 때 냉정하고 따뜻할 때 따뜻해야 합니다. 어느 것을 정해놓고 이야기하면 틀린 것입니다. 인연 따라 둘을 자유자재하게 쓸 줄 알아야 합니다. 끊을 때는 끊을 줄 알아야 하고, 포용할 때는 포용할 줄 알아야 합니다. 누가 배가 아프다고 하면, 밥을 먹지 못해서 배가 아프다면 "밥 줘라." 해야 하고, 밥을 많이 먹어서 배가 아프다면 "한 끼 굶어라."라고 해야 됩니다. 굶어라, 먹어라 정해놓을 수는 없습니다. 그렇다고 아무렇게나 해도 되는 것은 더욱 아닙니다. 이런 도리를 알아야 중도가 되고 자유로워집니다.

상相(개념, 아상我相, 무명, 고정관념)을 세우면 반드시 분별심 차별심이 생기기 때문에 모든 것을 사랑하고 자비를 베풀 수 없습니다. 따라서 진정한 사랑과 자비는 어떠한 상相도 세우지 않아서 모든 것을 분별하거나 차별하지 않고 있는 그대로 서로 다른 것을 인정해 주고 받아들여 하나로 화합하는 것입니다.

"산은 산이요 물은 물이로다.

산은 산이 아니요 물은 물이 아니로다.

산은 (역시)산이요 물은 (역시)물이로다."

첫 번째 말한 산과 물은 산과 물을 다르게 분별해서 보기 때문에 싫어하거나 좋아하는 것이 있게 됩니다. 따라서 산을 좋아하는 사람은 주로 산을 찾게 되고 물을 좋아하는 사람은 바닷가나 강을 찾게 됩니다. 즉, 자기계발이 안 된 일반적인 생각(중생심, 내 생각, 고정관념, 아상, 무명, 알음알이, 지식)에서의 산과 물입니다. 이 경우에는 모든 것을 서로 다르다고 분별하기 때문에 주관적으로 차별해서 봅니다.

세간世間(중생계 衆生界)을 말합니다.

깨닫지 못한 중생을 말합니다.

두 번째 산과 물은 자기계발을 완성한 결과(깨달음을 얻음)로 보는 산과 물이기 때문에 산과 물은 둘이 아님을 보는 것(불이不二, 不異)이므로 산이 물이기도 하고 물이 산이기도 해서 산과 물(색色)이 공空한 도리(무자성: 색즉시공 공즉시색, 색불이공 공불이색)를 말하고 있습니다. 출세간出世間을 나타내며 깨달았음을 말합니다.

세 번째 산과 물은 색色(산과 물)이 공空한 도리를 알고(깨달음을 얻고) 지혜의 눈으로 보니 산은 역시 산이고 물은 역시 물이라는 말인데, 이 경우에는 산은 산이라서 좋고 물은 물이라서 좋을 뿐, 산과 물은 차별 있는 가운데 차별이 없습니다. 있는 그대로 보는 것(고정관념이 없음)입니다.

이것은 마치 생사가 있는 가운데 생사가 없는 도리를 아는 것과 같으며, 모든 것과 함께하나 어디에도 물들지 않고 집착하지 않습니다.

색色이 공空하다는 사실을 깨닫고 그것(출세간의 세계)에 머물러 버리는 것(안주安住 하는 것)을 소승小乘이라 하며, 여기에 머무르지 않고 다시 세간으로 돌아와 중생을 제도濟度(구제 함, 깨닫게 함)하는 것을 대승大乘이라 합니다. 그래서 소승을 정법正法(불법佛法) 속의 외도外道라고 합니다. 비유해서 말한다면, 열심히 노력해서 많은 재물을 얻고 그것으로 인하여 나만을 위해 행복해진다면 그것은 소승이라 하고, 다른 사람들과 함께 공유함으로써(나눔)다 같이 행복해지는 것은 대승이라 합니다.

출출세간出出世間을 말합니다.

위의 내용을 '삼종인과법三種因果法'으로 설명한다면…….

첫 번째 산과 물은, 원리를 모르는 중생심으로 분별해서 보는 산과 물이기 때문에 '세간인과世間因果'라 하고, 선악을 행하는 데 따라서 6도道(지옥, 아귀, 축생, 아수라, 인간, 천상)를 윤회하므로 '6도인과六道因果'라고도 합니다. 선善의 물결 악惡의 물결을 따라감(수파축랑水波逐浪)으로써 지옥에도 가고 천당에도 갑니다.

두 번째 산과 물은, 수행으로 원리를 증득(체득)함으로써 산과 물을 다르게 보지 않습니다. 중생계인 세간(차안 此岸: 나고 죽고 하는 고통이 있는 이 세상)을 벗어나 깨달음의 세계인 출세간(피안 彼岸: 진리를 깨닫고 도달할 수 있는 이상적 경지)으로 가는 것을 의미함으로 '출세간인과出世間因果' 또는 '해탈인과解脫因果'라 합니다.

출세간인과는 파도(세간)가 물(출세간)을 향해간다(이파향수 以波向水),

즉 중생이 수행력으로 깨달음을 향해간다는 뜻입니다.

세 번째 산과 물은, 산과 물을 하나로 융합시키는 것이므로 세간을 떠나 출세간에서 머무르는 것이 아니라 세간에서 세간에 물들지 않는 출세간의 삶을 살면서 원리(진리)를 펼쳐 보임으로써 모두에게 깨칠 수 있는 인연을 만들어 주는 것(중생을 제도하는 것)입니다. 이것을 '출출세간인과出出世間因果' 또는 '원융인과圓融因果'라 합니다. 출출세간인과는 물과 파도가 원융圓融(융합, 화합, 하나 됨)함으로써 물과 파도가 걸림이 없기 때문에 물 없는 파도 없고 파도 없는 물이 없습니다(수파원융 水波圓融, 수파무애 水波無碍). 이것이 가장 높은 인과입니다.

우리는 흔히 천당과 지옥이 어디에 따로 있는 것으로 알기도 합니다. 그러나 우리가 살고 있는 세상(세간)보다 더 완벽한 세상은 없습니다. 다만, 원리를 깨닫지 못해 어리석게 살면 세간이요, 깨달음을 체득하면 출세간이요, 출세간에 머무르지 않고 다시 세간으로 내려와 모든 것과 함께하면 세간이 그대로 출출세간이 될 뿐입니다. 다시 말해서, 내 생각이 세간으로 만들기도 하고 출세간으로 만들기도 하고 출출세간으로 만들기도 한다는 말입니다. 세간에는 모든 것이 다 있기 때문에 가장 완벽한 세상입니다. 세간에서 세간에 물들지 않는 삶이 출출세간의 삶입니다. 마치 연꽃이 진흙 가운데 있지만 진흙에 물들지 않는 것과 같습니다.

신앙인에게는 선과 악이 있기 때문에 천국(극락)과 지옥도 있습니다. 그러나 수행자(자기계발, 마음경영)는 원리를 체득해서 만상은 무자성이고 공空하다는 사실을 확실하게 알기 때문에 선과 악을 분별하거나 차별하지 않고 초월함으로써 천국과 지옥이 어디에 따로 존재하는 것이 아니라 마음의 작용에 따라 지금 있는 그 자리 그대로 천국도 될 수 있고 지옥도 될 수 있으므로 모든 것은 내 마음에 있다는 사실을 명확하게 알게 됩니다. 따라서 어디에도 의지하지 않고 주체적인 삶을 살게 됩니다.

옛날 스승이 제자에게 물었습니다. "그곳에서 배운 것을 말해 보아라." 제자는 아무 말도 하지 않고 마당에 커다란 원(동그라미)을 하나 그려 보였습니다. 그것을 본 스승은 제자에게 다시 물었습니다. "그곳에서는 그것만 배웠느냐?" 제자는 그렸던 원을 다시 지웠습니다. 스승은 제자가 깨달음을 얻은 사실을 알고 기뻐하였습니다.

업의 윤회와 자업자득의 원리, 본질(체體)과 현상(상相, 용用)의 원리, 공空, 인연因緣, 연기緣起, 무상無常, 무아無我의 원리에서 삶의 모든 문제를 해결할 수 있는 다섯 개의 공식을 얻고 이 다섯 개의 공식은 '완성된 중도의 지혜'라는 하나의 묘법妙法으로 통합됩니다.

묘법이라 말하는 까닭은, 원융무애圓融無礙하고 상즉상입相卽相入하며 물아일체物我一體이기 때문입니다.

1) 원융무애圓融無礙란? 막힘과 분별과 대립이 없이 두루두루 통하는 상태로 가장 이상적인 존재 상태를 말합니다.
2) 상즉상입相卽相入이란? 우주의 삼라만상이 서로 대립하지 않고 융합해 작용하며 무한히 밀접한 관계를 유지하고 있는 것을 말합니다.

여기서 '즉卽'은 같지도 다르지도 않다는 뜻이므로, 현상적으로는 서로 다른 모습으로 다양하게 드러나 있으나 본질적으로는 동일한 바탕이기 때문에 서로 다르다는 사실을 부정하지 않고 동시에 동일한 바탕임을 자각하는 것입니다. 즉, 서로 의존하면서 침투하는 것입니다.

3) 물아일체物我一體란? 바깥 사물과 자아, 즉 객관과 주관, 또는 물질계와 정신계가 어울려 하나가 되는 것을 말합니다.

1), 2), 3) 은 모두 '일체一切(모든 것)는 둘이 아니다(불이不二), 서로 다르지 않다(불이不異) 그렇기 때문에 서로 같다(즉화卽化)'는 것을 의미합니다.

'묘妙하다'는 말은, 무엇이라고 확실하게 꼬집어 말할 수는 없으나 문제를 해결함에 있어 가장 확실하다는 뜻이 있습니다. 다시 말해서, 이것도 아니고 저것도 아니면서 그때그때 가장 적절하게 해결할 수 있는 그 무엇이 있다는 말입니다. 고정불변의 답은 없으나 가장 알맞은 답이 필요에 의해서 확실하게 있다는 말이므로 중도를 나타내는 말입니다.

불가사의不可思議의 사전적인 의미는 '사람의 생각으로는 미루어 헤아릴 수도 없다'는 뜻으로, 사람의 힘이 미치지 못하고 상상想像조차 할 수 없는 오묘奧妙한 것을 말합니다. 만상이 오묘한 까닭은 소립자의 성품이 본래 오묘하기 때문입니다.

만상의 원리는 묘법이기 때문에 원리(진리)를 체득(증득)해서 자기를 완벽하게 개발하면 불가사의(오묘奧妙)한 능력의 소유자가 됩니다.

깨닫지 못해 어리석음으로 고통스럽게 살아가던 내가 깨닫는 순간 그

몸을 조금도 바꾸지 않고 그 몸 그대로 완성된 중도의 지혜로 모든 고통에서 벗어나 영원한 행복의 삶으로 나아가게 됩니다(해탈, 열반). 다시 말해서, 출발지를 떠나지 않고 바로 목적지에 도달하기 때문에 불가사의한 것이고 묘법인 것입니다. 생사를 떠나지 않고 생사를 떠나는 것이며, 어리석은 몸 그대로 지혜로운 몸이 되는 것입니다. 그래서 무엇을 떠나 또 다른 무엇을 찾는 것은 외도外道의 법(삿된 법)입니다. 지옥을 떠나 천국이 어디에 따로 있는 것이 아니라 내 생각에 따라 그 자리 그대로 천국도 될 수 있으며 지옥도 될 수 있기 때문에 모든 것은 내 마음에 있다고 합니다.

이 법法이 본래 오묘하기 때문에 지금까지 여러분이 가지고 있는 개념을 초월함으로 선뜻 받아들이기가 쉽지 않습니다. 우리가 믿는 하나님, 부처님, 신神은 진리(원리)의 다른 이름입니다. 그래서 우리는 잘 모르면서도 우선적으로 그분들을 믿고 시작합니다. 아무것도 믿지 않는 사람은 대개 자기 자신을 가장 믿습니다. 원리를 가장 빨리 깨지기 위해서는 무엇보다 믿는 마음이 우선 되어야 합니다. 하나님, 부처님, 신神, 자기 자신을 믿듯이 말입니다. 믿지 못하면 깨달음과는 영원히 멀어집니다.

그래서 공부(자기계발, 수행)가 필요하고, 공부의 핵심은 내 생각 버리기입니다. 내 생각을 버려야 믿음이 깊어지기 때문입니다. 우리 모두 열심히 공부해서 날마다 좋은 날을 만들어 나가시기를 진심으로 바랍니다.

* 건강한 몸으로 건강검진을 받으려고 병원에 갔습니다. 며칠 뒤 검진결과를 받고 깜짝 놀랐습니다. 그동안 건강하다고 생각했는데 암이 있다는 것입니다. 정밀진단을 받아보니 대장암 2기였습니다. 그날 이후

로 나는 별의별 걱정과 고민으로 잠도 이룰 수 없었으며, 살아오면서 별로 나쁜 짓도 하지 않았는데 왜 나에게 이런 시련이 오는지 모든 것이 원망스럽기만 했습니다.

여러분! 우리가 살다가 이런 일을 겪게 되면 이렇게 생각하는 것이 일반적인 일입니다. 그러나 여기에 묘妙한 법이 있습니다.

암은 검진받기 전에 이미 내 몸에 발생되어 있었습니다. 다만, 이 사실을 모르고 있었을 뿐입니다. 모르고 있을 때는 별걱정 없이 잘 살았으나 아는 순간부터 고통스러운 나날을 맞이한 것입니다. 그렇다면 암이 있다는 사실을 알고 치료를 잘 받아 다시 건강한 몸으로 회복되는 것이 좋은 일입니까? 아니면 이 사실을 모르고 있다가 치료시기를 놓쳐 죽는 것이 좋은 일입니까? 암이 있다는 사실을 빨리 알고 건강을 되찾는 것이 좋은 일입니다. 걱정할 일이 아니라 매우 기쁜 일인데 우리는 고통스러워하다 자칫 병에서 헤어나지 못하고 생명을 잃어버리는 어리석은 짓을 자신도 모르게 하는 것입니다.

암이 있다는 사실을 아는 순간 부정적인 생각으로 슬퍼하거나 우울해지면 극복하기 어려우나 긍정적인 생각으로 빨리 알게 되어 다행이라 생각하고 기쁜 마음으로 지혜롭게 대처하면 극복하기가 훨씬 쉬워집니다.

이와 같이 묘법이 어디에 따로 있는 것이 아니라 내 마음의 작용이 바로 묘법인 것입니다. 원리를 깨달아 지혜가 생기면 항상 묘법(완성된 중도의 지혜)으로 세상을 살아가게 됩니다. 그래서 일체유심조一切唯心造라 하며 일체유심조이기 때문에 묘법인 것입니다.

주어진 조건을 바꿀 수는 없으나 주어진 조건의 관점을 바꾸면 주어진 조건은 저절로 바뀝니다. 눈이 하나 보이지 않으면 하나의 눈으로 볼 수 있는 것에 감사하면 눈 하나 보이지 않는 것은 큰 장애가 되지 않습니다. 이것이 긍정적인 생각입니다. 긍정적인 생각은, 지금 나에게 주어진 조건보다 더 나쁜 조건에 처해있는 것을 생각하면서 그렇게 되지 않았음에 감사하는 일입니다. 이렇게 감사하는 마음을 일으키면 주어진 조건이 좋아지는 데 많은 도움이 됩니다.

[4] 원리를 체득體得(증득證得)하기 위해 실행하는 명상에서 얻은 공식

(공식6) 명상의 핵심은 지금 여기에 깨어있는 것(알아차림, 마음챙김)이다.

지금 여기에 깨어있는 것은 진리(원리)를 체득하는 것과 온전한 삶을 살아갈 수 있도록 하는 데 있어 필수 조건이다.

숨이 들어갈 때는 들어가는 줄만 알고, 나올 때는 나오는 줄만 알아야 한다. 찰나 찰나에 깨어있어야 한다. 찰나 전도 생각할 필요 없고 찰나 후도 생각할 필요 없다.

깨어 있다는 것은 마음의 움직임을 알아차리는 것이다. 알아차림은 내 생각, 즉 번뇌 망상을 일으키지 않는 것이다. 과거에 집착하면 괴로움이 생기고 미래에 집착하면 근심 걱정이 생긴다. 항상 지금 여기에 깨어있으면 괴로움도 근심 걱정도 없다. 지금 여기에 깨어있는 자가 수행자다.

알아차림이 끊어지지 않으면(늘 깨어 있으면) 어느 날 문득 밝게 빛나는 태양(진리)을 보게 되는 데 이것을 깨달음(돈오頓悟)이라 한다. 그래

서 깨달음은 본래 갖추어져 있는(구족具足: 충분히 갖추어 있음) 진실(중도中道의 원리)을 보는 것이다.

우리는 무엇을 할 때 항상 지금 여기(이 자리)에서 할 수밖에 없습니다. 그러나 우리의 마음은 지금 여기에 있지 않고 지나간 과거나 아직 오지도 않은 미래에 가있는 경우가 많습니다. 지나간 시간(과거)은 절대로 다시 되돌릴 수 없기 때문에 이미 날아간 새이며, 아직 오지 않은 시간(미래)은 절대로 쓸 수 없기 때문에 잡을 수 없는 새입니다. 우리가 잡을 수 있는 새는 오직 지금(현재)뿐 입니다.

생각이 지금 여기에 깨어있지 못하고 다른 곳에 가 있는 것을 무지無智(어리석음, 무명, 망념)라 하고, 무지에서 깨어나는 것을 깨달음이라 합니다. 깨어있지 못하면, 살아있는 지금도 알지 못하면서 죽은 뒤의 일을 걱정해서 좋은 곳에 가기를 바랍니다. 지금 괴롭게 살기 때문에 죽은 뒤를 자꾸 생각합니다. 내생來生에 천당(극락)이 있다면, 나 빼고 갈 사람이 누가 있겠느냐? 지옥이야 있든 말든 나와는 상관없는 곳이니 신경 쓸 일도 없다. 이렇게 지금의 삶에 당당하고 자신이 있어야 합니다. 오늘이 좋으면 내일도 좋고, 이생이 좋으면 내생도 좋습니다. 살아있으면서 죽음을 연구하지 말고 살아 있을 때는 삶을 만끽하는 것이 좋습니다. 살아있는 것에 대해 지금 제대로 알고 있는지? 제대로 알면 지금 이렇게 괴로울 일이 없습니다. 이것이 깨달음입니다.

지금 여기에 깨어있지 못하면 늘 무언가 바라는 마음(욕심)이 나도 모르게 무의식에서 일어납니다. 가을이 되면 공연히 쓸쓸해진다거나 계절이 바뀔 때마다 마음이 싱숭생숭해지는 것도 이 때문입니다. 항상 깨어있다는 말은 무심無心(무념無念, 무상無相, 무주無住)으로 그냥 하는 것을 이르는 말입니다. 무심으로 그냥 하는 일은 하는 일에만 충실할 뿐 그 일의 결과에는 집착하지 않기 때문에 어떠한 결과가 나오든 그것에 만족하므로 늘 즐겁고 결과를 나누는 데 있어 인색하지 않습니다.

무심은 중도이기 때문에 무심으로 하는 일이 가장 온전하게(지혜롭게)하는 일입니다. 한 잔의 차를 무심으로 마시면 구름을 마시는 경이로움을 느낄 수 있습니다. 완전한 무심이면 진리를 볼 수 있고 진리를 보면 무심이 완전해집니다.

모든 부모는 자식이 공부 잘해서 제일 좋은 대학에 가기를 바랄 것입니다. 만약에 모든 자식이 부모가 원하는 대로 제일 좋은 대학에 다 들어간다면 무슨 의미가 있을까요? 이렇게 될 수도 없지만 되었다 하더라도 아무런 의미가 없어집니다. 여기서 중요한 것은 원하는 것이 다 이루어지지 않기 때문에 세상이 유지되고 있다는 사실입니다. 모든 사람이 원하는 것이 다 이루어진다면 세상은 하루아침에 무너지고 맙니다. 이러한 원리를 알면 이루어지지 않는다고 괴로워할 일이 없습니다. 원하는 것이 이루어질 수도 있고 이루어지지 않을 수도 있고 이루어진다고 특별히 좋을 것도 없고, 이루어지지 않아도 특별히 나쁠 것이 없다는 것을 알면 둘 다 받아들이게 됩니다. 어떤 것이 더 좋은지 나쁜지 우리는 명확하게 알 수가 없습니다. 지금 이루어진 것 때문에 미래를 망치는 경우도 있고, 지금 이루어지지 않음으로써 미래가 오히려 더 좋아지는 경우가 있기 때문입니다. 그래서 어느 것이든 그냥 담담하게 받아들이면 인생을 항상 가볍게 살아갈 수 있습니다. 이런 원리를 아는 것이 깨달음입니다. 이 원리를 모르기 때문에 지금 행복하게 살 수 있는 이 인생도 괴롭게 살아가게 됩니다.

찰나가 모여 평생이 되기 때문에 우리는 찰나를 사는 것입니다. 다시 말해서, 언제 어디에서 어떻게 죽을지 아무도 모른다는 말입니다. 숨을 들이쉬고 내쉬지 못하면 죽는 것이고, 내쉬고 다시 들이쉬지 못해도 죽는 것입니다. 그래서 우리가 살아 있는 시간은 호흡과 호흡 사이입니다.

깨달음을 얻으려고 애쓰지 마십시오. 지금 여기에 깨어있는 것이 끊어지지 않으면 그것이 삼매三昧고, 삼매 가운데 시절인연時節因緣이 도래하면 자기도 모르게 문득 깨닫게 됩니다. 깨달음을 얻으려고 애쓰면 애쓰는 만큼 깨달음은 더욱 멀어집니다. "깨달아야겠다."라고 생각하는 것이 또 다른 번뇌가 되기 때문입니다. 다른 일을 함에 있어서도 마찬가지여서 지나치게 집착하면 집착하는 만큼 이루기가 어려워지고, 이룬다 할지라도 이룬 것의 노예가 되어 나누기가 힘들어집니다.

[지금 여기에 있는 나의 일을 무심으로 그냥 하십시오!]

제 25 강

여섯 개의 공식을 하나로 회통시킨 완성된 중도의 지혜

[1] 10강 '업의 윤회와 자업자득의 원리', 11강 '발심과 자업자득과 업의 윤회'에서 얻은 공식.

(1) 너의 전생(과거)을 알려거든 지금 네가 살고 있는 모습을 보고, 너의 내생(미래)을 알려거든 지금 네가 어떻게 하고 있는가를 보라(자업자득).

(2) 어떠한 경우에도 남을 바꾼다는 것은 불가능한 일이다. 나를 바꾸는 데 따라서 세상은 따라 바뀐다. 남을 바꾸려 하는 것은 가장 어리석은 일이다. 남을 바꾸려 하는 것은 나비를 소로 바꾸고 소를 나비로 바꾸려는 것과 같다. 나비가 소처럼 일할 수 없고 소가 나비처럼 가볍게 날아다닐 수는 없다.

모든 것은 각각의 성질이 있다. 쇠는 단단한 것이 그 성질이고 솜은 부드러운 것이 그 성질이다. 성질을 바꾸려 하지 말고 그 성질에 맞게 쓰면 된다.

(3) 나에게 잘 대해주는 사람도 과거(전생)의 나의 모습이요, 고통을 주는 사람도 과거의 나의 모습이다(자업자득).

[2] 7강 '본질(체體)과 현상(상相, 용用)'의 원리에서 얻은 공식

(4) 모든 것은 어떠한 분별도 없고 어떠한 차별도 없이 있는 그대로 서로 다를 뿐이다. 그러나 본질적(체體)으로는 서로 다르지 않고(불이不異), 둘이 아니기 때문에(불이不二) 모든 것은 같다(즉화卽化). 따라서 모든 존재를 있는 그대로 인정해 주고 받아들여야 하기 때문에 서로 배척해서는 안 된다. 차별 있는 가운데 차별 없는 세계, 이것을 중도실상中道實像이라한다. 중도실상은 서로 다른 것들이 연기되어 하나의 거대한 생명공동체를 이루고 있기 때문에 모든 것은 서로 상생相生의 관계일 뿐 상극相剋의 관계는 없다. 따라서 존재한다는 것은 반드시 필요하기 때문에 존재함으로 모든 것은 다 소중한 것이다. 이 사실을 모르고 인간중심, 자기중심으로 분별하고 차별한다.

[3] 9강 '공空, 인연因緣, 연기緣起, 무상無常, 무아無我'의 원리에서 얻은 공식.

(5) 만상은, 홀로 독립되어 스스로 고정불변의 성품으로 존재하지 않

는다(무자성無自性). 서로가 서로에게 의지하지 않으면 존재할 수 없고 자성이 없기 때문에 옳다-그르다, 좋다-나쁘다 등은 본래 없는 것을 바라보는 내 생각이 모든 분별을 만들어 내는 것이다. 따라서 모든 것은 주관(내 생각, 마음)이 만들어 내는 것이다(일체유심조一切唯心造).

우리가 가지고 있는 모든 개념은 자성이 없다. 죄罪라고 하는 것도 우리가 만들어 가지고 있는 개념이다. 이유는 전쟁할 때 사람을 죽이는 것과 평상시에 사람을 죽이는 것의 판단(개념)은 달라지기 때문이다. 그래서 죄라는 것은 근원적으로는 없다. 그러나 경우(인연)에 따라서는 있다. 이것은 마치 목욕탕에서는 옷을 벗어야 하고, 밖에서는 옷을 입어야 하는 것과 같다.

내 생각(아상我相, 무명無明)을 버리라는 까닭은, 모든 것은 무자성이기 때문이다. 만약 모든 것에 자성이 있다면 내 생각도 그 자성에 맞게 고정시켜야 될 것이다.

천수경千手經에 이르기를…….

"죄무자성종심기罪無自性從心起

죄는 성품(근원)이 없어 오직 마음 따라 일어나는 것

심약멸시죄역망心若滅是罪亦忘

죄라는 마음이 사라진다면, 죄 역시 사라져서

죄망심멸양구공罪忘心滅兩俱空

죄와 죄란 마음 함께 사라져 공해지면

시즉명위진참회是卽名爲眞懺悔.

이것을 이름 하여 진실 된 참회라 하네."

[4] 원리를 체득體得(증득證得)하기 위해 실행하는 명상에서 얻은 공식.

(6) 명상의 핵심은 지금 여기에 깨어있는 것(알아차림, 마음챙김)이다.

지금 여기에 깨어있는 것은 진리(원리)를 체득하는 것과 온전한 삶을 살아갈 수 있도록 하는데 있어 필수 조건이다.

숨이 들어갈 때는 들어가는 줄만 알고, 나올 때는 나오는 줄만 알아야 한다. 찰나 찰나에 깨어있어야 한다. 찰나 전도 생각할 필요 없고 찰나 후도 생각할 필요 없다.

깨어 있다는 것은 마음의 움직임을 알아차리는 것이다. 알아차림은 내 생각, 즉 번뇌 망상을 일으키지 않는 것이다. 과거에 집착하면 괴로움이 생기고 미래에 집착하면 근심 걱정이 생긴다. 항상 지금 여기에 깨어있으면 괴로움도 근심 걱정도 없다. 지금 여기에 깨어있는 자가 수행자다.

알아차림이 끊어지지 않으면(늘 깨어 있으면) 어느 날 문득 밝게 빛나는 태양(진리)을 보게 되는 데 이것을 깨달음(돈오頓悟)이라 한다. 그래서 깨달음은 본래 갖추어져 있는(구족具足: 충분히 갖추어 있음) 진실(중도中道의 원리)을 보는 것이다.

완성된 중도의 지혜는 인연 따라(매 경우마다, 상황 따라) 그 답을 달리 하기 때문에 하나로 고정된 답은 없습니다. 인생의 문제도 하나의 답으로 모든 것을 다 해결할 수 있는 고정된 답은 없습니다. 다만, 지금까지 공부한 원리와 공식을 깨달아서 나의 삶에 그때그때 가장 알맞게(지혜롭게) 쓰면 그것이 답이 되는 것입니다. 자기에게 가장 알맞은 답을 각자가 찾으면 됩니다. 따라서 완성된 중도의 지혜란 '무엇이다'라고 확정 지어진 답은 없습니다. 중도는 중도에도 머무르지 않기 때문에 중도라 합니다. 어떠한 것도 상相으로 만들어 가지고 있으면 그것은 이미 진리(진여眞如)가 아닙니다. 법法을 법이라 하면 그것은 이미 법이 아니기 때문입니다. 그래서 개구즉착開口卽錯(입을 열면 곧 틀린 것이다.)이요, 언어도단言語道斷(말할 길이 끊어졌다는 뜻으로, 말로써 나타낼 수가 없음)이라고 합니다.

["여래如來는 여래가 아니기 때문에 여래라 하고, 32상相(온전한 자의 32가지 다른 모습)은 32상이 아니기 때문에 32상이라 한다."]

이제 밥상은 다 차려 놓았습니다. 먹느냐, 먹지 않느냐는 여러분의 몫입니다. 이 일은 그 누구도 대신해 줄 수 없습니다. 차려놓은 밥상은 있는 그대로 먹어야 됩니다. 자기 입맛에 맞지 않는다고 조미료를 첨가한다든가 소금 간을 다시 맞추면 결코 안 됩니다. 짜면 짠 대로 싱거우면 싱거운 대로, 맛이 있으면 있는 대로 없으면 없는 대로 있는 그대로 먹어야 합니다. 이 공부의 성패는 바로 여기에 달려있습니다.

명상할 때 자신의 삶의 문제를 공식(원리, 진리)에 대입시킨 뒤 공식에서 시키는 대로 하는 것이 가장 정확한 답(완성된 중도의 지혜)입니다. 자기 생각이 조금이라도 개입되어 공식에서 벗어나는 것은 이미 지혜(청정심, 본래심)가 아니라 번뇌 망상(중생심)입니다. 지금까지는 내 생각으로 괴로움을 해결했기 때문에 고통에서 벗어나기 힘들었으나 이 방법으로 바꾸고 습관화시키면 모든 고통으로부터 점차 벗어나게 됩니다.

명상하는 방법에는 여러 가지가 있으나 이 강의에서 하는 명상법, 즉 삶의 문제를 공식에 대입시켜 지혜를 얻고 그 지혜로 삶을 살아가는 것은 멀리 돌아가는 것이 아니라 궁극의 목적지로 곧바로 들어가는 명상법입니다. 이때 일어나는 마음의 형성 작용은 번뇌가 아니라 모두를 이익되게 하는 지혜(무심, 청정심)이기 때문에 마음이 일어났으나 자취(업)를 남기지 않으므로 일어난 바가 없어집니다. 이것이 수행(마음경영, 자기계발)입니다.

* 지금까지 원리와 명상을 통해서 여섯 개의 공식으로 나누어 설명했으나 근원적(본질적)으로 보면 하나로 통하고 있다는 사실을 알 수 있습니다. 그 하나의 공식은,

"어떠한 것도 다 내 탓이기 때문에 긍정적으로 받아들이고 문제의 해결점을 마음 밖에서 찾지 말고 내 마음 안에서 찾아라! 이 말은 객관(너, 대상, 경계)을 바꾸려 하지 말고 주관(나)을 바꾸라는 말이다. 그리고 바라는 마음(욕심)을 버리면 그것이 모든 고통으로부터 자유로워지는 해탈이다." 입니다.

* 원리에서 비롯된 공식이 회통되어 중도의 지혜가 증득되면 어떠한 것에도 걸림이 없는 해탈의 경지에 들게 됨으로 때로는 공식을 벗어나 공식을 거스르는 지혜를 쓰기도 한다는 사실을 알아야 합니다. 그래서 중도는 중도에도 머무르지 않는 것입니다.

* 지혜롭게 한다는 것의 의미 *

깨달음에 여러 단계가 있다는 것은, 깨달음의 정도(깊이)에 따라 쓰는 지혜가 다 다르다는 뜻입니다. 깨달음의 최고 경지인 구경각究竟覺(완전한 깨달음)에 올랐을 때 비로소 지혜(완성된 중도의 지혜, 지혜바라밀 智慧波羅蜜)를 무애자재無碍自在(자유자재 自由自在)하게 쓸 수 있기 때문입니다. 그러나 구경각의 자리에는 본래 지혜라는 것도 없는 그야말로 텅 비어있는 무한한 가능성의 에너지(진여)로 가득한 곳입니다. 지혜는 경계가 생겼을 때 경계에 대응하기 위해 일어나는 정신적 에너지(진여, 본래심, 청정심)의 작용입니다. 이것은 마치 병(경계)이 생기면 그 병을 치료하기 위한 약(지혜)과 같은 것이기 때문에 병이 없으면 약도 필요치 않은 것과 같습니다.

지혜롭게 한다는 것은 행위의 도덕성, 윤리성 등과 같은 가치관도 떠나고 어떠한 것에도 얽매이지 않고 때에 따라 가장 알맞게, 가장 적절하게 대처함으로써 가장 많은 것에 이익을 주는 것을 말합니다. 예를 들어, 남을 위해 봉사활동을 하는 것은 좋은 일일 것입니다. 그러나 매일 봉사활동을 하느라고 자기 가정을 등한시한다면 이것은 일의 좋고 나쁨을 떠나 지혜롭지는 못하다는 말입니다. 나누는 것도 마찬가지여서 내가 가지고 있어 할 수 있는 것을 나누면 되는 것이지 가지고 있지 않아서 도저히 할 수 없는 일을 남들이 한다고 해서 억지로 만들어서 나누는 것은 지혜롭지 못합니다. 이러한 예는 얼마든지 있을 수 있으니 나는 과연 지혜롭게 살아가고 있는지 잘 살펴보아야 할 것입니다.

'어떻게 하는 것이 가장 지혜롭게 하는 것이냐?'라고 묻는다면, 이 물음에는 정해진 답이 없습니다. 이유는 같은 문제라 하더라도 그 문제에 얽혀있는 인연(조건, 상황, 여건)이 사람마다 다르기 때문입니다. 따라서 인연 따라 쓰는 지혜는 달라질 수밖에 없습니다. 지혜는 일마다 적절하게 쓰는 내용이 다를 뿐, 지혜를 쓰고서도 문제점이 명쾌하게 해결되지 않고 해결되지 않은 것이 남아있다면 그것은 지혜를 제대로 쓰지 못한 것입니다.

무엇보다 중요한 것은, 원리를 모르는 사람에게 아무리 좋은 지혜를 준다고 해도 그 지혜를 이해하지 못하므로 믿는 마음이 일어나지 않아서 실천하기가 매우 어렵습니다. 이러한 경우 가벼운 문제는 어느 정도 해결할 수 있으나 어려운 문제일수록 해결될 가능성은 줄어듭니다.

완성된 중도의 지혜는 모든 상대적인 분별상分別相을 떠난 해탈의 경지에서 나오는 것이기 때문에 세간의 개념을 뛰어넘는 것이 대부분이어서 깨달음이 짧은 경우에는 실천하기가 쉽지 않습니다. 그래서 "진리는 세상을 거스른다."라는 말이 있기도 합니다. 그러나 우리가 살아가는 데 있어 비교적 가벼운 문제에 많이 쓰이는 지혜는 원리를 공부하는 순간부터 그 작용이 조금씩 일어나기 시작합니다. 다만, 내 생각을 내려놓고 믿는 마음으로 이 강의의 내용에서 인도하는 대로 따라 하면 됩니다. 이것이 조금씩 쌓여 지혜는 점점 더 커지게 되고 궁극에는 지혜가 완성됨으로써 어떠한 어려운 문제에 부딪혀도 삶의 찌꺼기가 남지 않는 중도의 삶을 살게 될 것입니다.

* 중도는 중도에도 머무르지 않는 까닭은 상생相生을 방해하지 않기 위해서다. 상생이 우주의 원리이기 때문이다. 그래서 모든 것은 공空해져서 자성이 없어야 한다. 공空은 모든 존재의 원리다. 공이 중도다. 상생相生이 공空이다. 공空이 아니면 상생相生의 원리가 깨져 멸망에 이르게 된다.

* 세상이 중도가 아니면 재미없어서 못살 것이다. 선악이 있어야 되고, 행불행도 있어야 되고, 삶과 죽음도 있어야 된다. 모든 것은 있는 그대로 공존하게 되어있다.

* 색色이 공空해지면 지혜가 생기는데 이것은 색즉시공色卽是空이다. 여기에 머무르지 않고 지혜를 쓰는 것은 공즉시색空卽是色이다.

이때의 지혜는 '완성된 중도의 지혜'다.

이것이 구경각究竟覺(최고의 깨달음)이다.

* 색즉시공色卽是空은 색色이 공空해지는 것이므로 깨달음을 얻는 것이다. 공즉시색空卽是色은 색즉시공이 다시 공空해지는 공공空空이다. 공공은 중도中道다. 색즉시공보다 더 어려운 것이 공즉시색이다.

중도中道는 모든 것이 서로 다르게 있는 그대로 하나로 화합하는 것이다. 중도는 중도에도 머무르지 않기 때문에 어떠한 분쟁도 없다. 이것이 완성된 중도의 지혜(반야바라밀)다.

* 색色(상相)은 성주괴공成住壞空하고 생주이멸生住異滅한다(이루어 졌다, 머무르고, 파괴되고, 없어진다). 이렇게 변하기 때문에 무상공無常空이라 하고, 이 과정에 서로 연기緣起되기 때문에 연기공緣起空이다. 그래서 공空이란? 자성自性이 없는 것(무자성無自性, 무아無我)을 의미한다. 만약에 색色이 공空하지 않으면 만상은 존재할 수 없다. 색色이 공空하기 때문에 모든 것이 서로 융합되어 중도中道로 나타난다. 따라서 실체는 없지만, 작용은 있다는 것이 공空이다(진공묘유眞空妙有).

* 이 강의에는 지금까지 공부한 모든 내용이 집약되어 있으니 깊게 참구하기 바랍니다.

* 마음에 새겨야 할 글 *

* 물은 고정된 모양이 없어 그릇 따라 모양을 달리한다. 둥근 그릇에 담기면 둥근 모양을 하고 세모난 그릇에 담기면 세모난 모양을 한다. 뜨거운 곳에서는 증기로 되고, 차가운 곳에서는 얼음이 된다. 결코, 자기를 내세우지 않는다. 그러나 물의 본성本性은 바뀌지 않는다.

살아있는 물은 멈추지 않고 흐른다. 같은 물이면서도 늘 새롭다. 오늘 흐르는 강물은 같은 강물이지만 어제의 강물은 아니다. 강물은 이렇듯 늘 새롭다. 우리의 마음을 물처럼 하면 어디에 가나 환영받는 사람이 된다. 내 마음에 모양이 없다는 것은 고정된 관념이 없어서 어떠한 것과도 잘 어울릴 수 있다는 말이다. 이것을 중도中道라 한다.

마음을 물과 같이하면, 산에 가면 산이 좋고, 바다에 가면 바다가 좋고, 집에 오면 집이 좋고, 돈이 없으면 불편함이 수행의 문이 되어 수행하기 좋고, 돈이 많으면 베풀 것이 많아서 좋고, 이러면 이래서 좋고 저러면 저래서 좋고, 이것이 '날마다 좋은 날'이다. 날마다 좋으면 과거도 좋았었고, 현재도 좋고, 미래도 좋을 수밖에 없다. 이것이 참 자유(해탈)다.

* 폭우가 아무리 퍼부어도 그릇이 엎어져 있으면 한 방울의 물도 고이지 않는다. 그러나 그릇이 바로 서 있으면 가랑비가 와도 물이 고인다. 자기를 계발한다는 것(수행)은 그릇을 바로 세우는 일이다.

내 생각(개념)이 바르지 않으면 늘 번뇌 망상에 시달린다. 바른 생각이란? 개념을 가지되 내 것으로 삼지 않는 것이다. 개념을 내 것으로 삼아서 고정관념이 되면 내 생각과 다른 것을 만나면 항상 다투게 된다. 이것이 우리가 살아가면서 생기는 모든 고통의 원인이다. 그래서 무엇보다 내 생각을 바로 세우는 것이 가장 으뜸이다. 고정관념은 마치 색안경을 쓰고 세상을 보는 것과 같아서 있는 그대로의 진실을 볼 수 없다.

* 상相, 용用을 아무리 많이 알아도 체體를 모르면 진정으로 안다고는 말할 수 없다. 모든 상, 용은 체를 의지하기 때문이다. 체는 상, 용을 버려야 볼 수 있고 증득할 수 있다. 그러나 상, 용을 의지하지 않고서는 결코 체를 증득할 수 없다. 상, 용은 체의 다른 모습이기 때문이다. 체(진공)는 모양이 없다. 진공眞空(체)은 묘유妙有(상, 용)다.

선禪은 나의 입장(주관, 부분)에서 사물을 보는 것이 아니다. 항상 객관(법法, 진여, 진리, 경계, 전체)의 입장에서 모든 것을 보는 것이다. 나의 입장에서 보면 생멸이 있지만, 진여의 입장에서 보면 불생불멸이다.

상, 용의 입장에서 체를 보는 것이 아니라 체의 입장에서 상, 용을 보아야 한다. 주객이 나누어지지 않음이다. 하나 됨이다. 그러나 이것이 잘되지 않는다. 오랜 동안의 습관 때문이다. 나를 계발한다는 것(수행)은 상, 용에서 체로 전환하는 것(전식득지 轉識得智)에 있다.

제 26 강

구求하거나 얻으려 하지 마라!

자기를 계발하는 것을 수행이라고도 합니다. 수행의 근본은 "밖에서 나돌아다니던 나그네가 편안한 자기 집으로 돌아가는 것이다.", "알 줄 아는 마음에서 모를 줄 아는 마음으로 돌아가는 것이다."입니다.

이 말의 뜻은, '밖에서 나돌아다니던 나그네'와 '알 줄 아는 마음'은 경계(대상, 객관)에 집착하여 끌려다니는 내 생각, 즉 분별심을 의미하고, '편안한 자기 집'과 '모를 줄 아는 마음'은 내 생각을 내려놓은 무분별심(무심, 청정심)을 의미합니다. 따라서 수행의 근본은 바깥 경계(상相, 용用)에 끌려다니던 내 생각(중생심)을 내려놓고 누구에게나 본래 갖추어져 있는 본래심(청정심, 불심, 체體, 진여)으로 되돌아가는 것을 말합니다. 이것은 마치 타향살이에 지친 나그네가 편안한 고향으로 돌아가는 것과 같습니다.

우리가 깨닫지 못하는 이유는 내가 본래 깨달아 있다(부처, 청정심, 진여)라는 사실을 모르거나 알아도 믿지 않는 것이 가장 큰 원인입니다. 내 호주머니에 금은보화로 가득하여도 그 사실을 모르고 있거나 믿지 않으면 없는 것과 같습니다.

'모르는 것'과 '믿지 못하는 것'은 표현 방식은 다르나 의미적으로는 그 뜻이 같은 말입니다. 모르고 믿으면 맹신이 되어 진정한 믿음이 아니며, 알아도 믿지 않으면 모르는 것과 같기 때문입니다.

수행에서 가장 중요한 것은 믿음입니다. 믿음이 있으면 자기를 계발하고자 하는 발심이 일어나게 되어 원리를 깨닫고자 하는 마음이 일어나고, 그 마음으로 말미암아 원리를 하나씩 알게 되고, 그 앎으로 인해 실천하게 되고, 실천하게 됨으로써 생활의 변화를 하나씩 증명하게 되면 오직 진실 된 믿음만 남게 되는데 이때의 믿음은 최고의 깨달음입니다.

자기계발(마음경영, 마음 쓰는 법)을 한다는 것은 수행해서 깨달음을 체득體得(증득證得)하고, 그 결과로 얻어지는 '완성된 중도의 지혜'로 모든 것과 최고의 조화(화합, 하나 됨, 융합)를 이루어 모두를 이익되게 하는 주인공의 삶을 살아가는데 그 목적이 있다고 했습니다.

지금까지는 주로 이렇게 말했으며, 또 이런 식으로 표현해야 이해하기가 쉽습니다. 그러나 이러한 식의 표현은 공부의 초기 단계에서는 이익이 있으나 공부가 무르익어가게 하려면 이 생각에서도 벗어나야 됩니다. 까닭은 구해서 무엇을 얻으려 하거나 목적의식에 떨어져 있으면 오히려 완전한 깨달음을 방해하기 때문입니다.

깨닫는다고 하는 것은 모르던 것이나 잘못 알고 있던 것을 확실하게 알아서 불퇴전不退轉의 믿음으로 깨달음의 내용을 자신의 삶에 옮기는 것(실천하는 것)을 말합니다.

깨닫는다는 것은 더러워진 마음을 닦아서 깨끗하게 만드는 것도 아니고, 무엇을 구하거나 얻는 것도 아니며, 지옥에서 천국으로 가는 것도 아닙니다. 다만, 본래의 그 마음자리(진여, 본래심)로 되돌아가는 것입니다.

인간의 본래심(청정심)은 마치 커다란 둥근 거울과 같아서 일체를 식별은 하여도 분별하거나 차별하지는 않습니다. 따라서 본래의 자리로 되돌아간다는 말의 의미는, 누구나 본래 가지고 있는 마음자리는 깨끗한 것이어서 그 자리로 되돌아가면 수행은 끝난다는 의미입니다. 본래의 자리는 내 생각(망념)을 일으키지 않을 때 드러나는 그 마음자리를 말합니다. 모든 존재의 본성도 내 생각으로 헤아려서 주관적으로 보지 않을 때 드러나는 있는 그대로의 모습을 말합니다.

본래의 자리는 본래의 성품을 말함으로 '본성本性'이라 하며, 본성을 본다고 해서 '견성見性(깨달음)'이라 합니다. 깨달음에는 52단계가 있으나, 중국의 선禪 불교에서는 이러한 여러 단계를 거치지 않고 좌선坐禪을 통해서 '곧바로 본래의 마음자리로 들어가서 부처의 깨달음에 도달한다'하여 '직지인심直指人心 견성성불見性成佛'이라 하였습니다. 그래서 다음과 같이 말합니다. "구求하려거나 얻으려 하지 마라.", "본래 다 갖추어져 있으므로 얻을 것도 없고 잃을 것도 없다."

"밖에서 찾지 마라. 오직 네 안에서 찾아라!", "아는 것 때문에 더욱 모르게 되는 것이 깨달음이다. 그러니 네가 아는 모든 것(상相)을 내려놓아라(방하착放下着).", "누구나 본래 부처이니 이 사실을 알면 부처요 모르면 중생이다.", "네 안에 있는 보물창고(부처, 청정심)를 놓아두고 어디에서 무엇을 찾으려 하느냐.", "네가 하고 있는 모든 것이 신통묘용神通妙用(보물)이거늘 그것을 부릴 줄 알고 쓸 줄 아는 그것이 바로 참나(진아眞我)이고 부처다."

이러한 말들은 알기가 쉽지 않습니다. 까닭은 우리는 이루고자 하는 것을 항상 외부에서 찾으려 하기 때문인데, 이것이 잘못 알고 있다는 사실을 모르고 있기 때문입니다.

진리는 어떤 고정된 실체로서 있는 것이 아니라 본질 속에서 작용하는 힘(energy)을 말합니다. 어떤 철학적인 체계라든가, 어떤 고정된 관념적인 사고思考 속에서의 진리라고 하는 것은 없습니다. 즉, 진리는 개념이 아니므로 진리라는 말은 죽어있는 언어입니다. 원리, 진리, 진여, 본래심(청정심, 불심), 법 등 근본(본질)을 나타내는 말들은 그 의미가 같습니다. 이러한 말들은 공부를 하기 위한 방편으로 나타낸 문자상文字相(색色, 개념, 경전)이기 때문에 인간이 어쩔 수 없이 만들어 붙인 것에 불과할 뿐 어떻게 말해도 본질 그 자체는 될 수 없습니다. 따라서 본질(진여眞如)의 입장에서 볼 때 문자상文字相은 마치 깨끗한 백지에 점 하나를 찍은 것과 같아서 이것마저도 지워야 될 대상이 되기 때문입니다.

본질이란? 살아있는 생명실상이고, 살아있는 생명활동이고, 지혜가 작용하는 그 실체를 말합니다. 그러므로 지금, 여기에 있는, 자신의 일과 함께하는 지혜의 작용을 말합니다. 뜰 앞의 한 그루 소나무가 자기의 본분사로서 살아가고 있는 그 자체(생명활동)가 바로 본질(진리)입니다. 이런 삶을 가리켜 "여법如法하게(법답게) 살아간다."라고 말합니다.

번뇌 망상을 없애려 하고 몸을 구성하는 오온五蘊을 없애려 하는 것은 잘못된 수행입니다. 있는 그대로를 지니고 지혜의 작용이 일어나야 합니다. 번뇌 망상의 중생심과 청정심은 그 작용만 다를 뿐 하나의 마음(불이不二, 한마음, 일심一心)이기 때문입니다.

『임제어록』에서 말씀하시기를, "나의 견지에서 말하자면 불법佛法은 장황하고 복잡한 것이 없다. 단지 평상시에 옷 입고, 밥 먹으며, 번뇌 망념의 쓸데없는 일 없이 무사히 지내는 것이다."라고 하였습니다. 즉, 자신의 번뇌 망념이 없는 무심의 경지에서 지금, 여기, 자신의 일을 하는 것입니다. 다만, 무심의 경지가 되도록 하는 것을 몰라서 어려운 것이고, 바른 지혜를 작용시켜 무사하게 지내는 삶의 방법을 모르기 때문에 어렵다고 생각하는 것입니다. 알고 보면 너무나 간단합니다. 번뇌 망념의 과거 미래에 끄달리지 않고 지금, 여기, 자신의 일에 집중하여 일과 하나 되어 사는 삶이 깨달음의 세계(출세간, 불법佛法)입니다.

지금까지 말한 것은, 본성으로 되돌아가려면 생각을 일으켜서 밖에서 찾으려고 하는 그 마음, 즉 구求하려는 마음을 버리라는 내용이었습니다. 이 원리는 깨달음을 체득하는 데만 해당하는 것이 아니라, 우리들의 삶에도 그대로 적용됩니다. 살아가면서 내가 구하고 싶은 것을 진실로 얻으려면 "구해야지!"하는 그 마음을 내려놓지 않으면 얻기 어렵습니다. 비록 얻는다 할지라도 얻으려 하는 한 가지에만 집착하고 매달리기 때문에 다른 소중한 것들을 잃어버리게 되어 진실로 얻은 것이 될 수 없습니다.

그래서 얻을 때는 반드시 잃어버리는 것이 있으며 잃을 때는 반드시 얻는 것이 있습니다. 우리를 만족시켜 행복하게 하는 조건에는 건강, 돈, 여유로운 시간, 함께할 수 있는 사람 등 여러 가지가 있습니다. 이러한 조건 중에서 어느 한 곳으로 치우치게 되면 나머지 다른 것들을 잃어버리게 된다는 말입니다. 이것은 마치 음식을 먹을 때 내 입에 맞는 것만 골라서 먹으면 영양이 불균형을 이루어 건강을 해치게 되는 것과 같습니다. 모든 것과 함께하면서 어디에도 집착하지 않아서 골고루 발전시키는 것은 중도입니다.

중도는 망념이 없는 무심(청정심, 지혜)을 뜻합니다.

사람이 짐승을 잡을 때 그들이 잘 먹는 먹이에 독약을 섞거나 아니면 먹이로 유인하여 덫을 놓기도 합니다. 짐승들은 살기 위해서 그 먹이를 먹고 죽거나 덫에 걸려 사람에게 잡히고 마는데, 이렇게 되는 이유는 잘못 알았기 때문입니다. 즉, 살려고 먹은 것이 죽음을 맞이하게 되는 것입니다.

이와 마찬가지로 인간이 살아가는 데 있어 없으면 죽을 것으로 알고 끊임없이 구하는 것들은 마치 짐승들이 살고자 먹은 것 때문에 죽거나 잡히는 것과 같습니다. 그러면 아무것도 먹지 말고 가만히 있으라는 말입니까? 그런 것은 아닙니다. 먹기는 먹되 잘 알고 먹어야 하는데 그것이 지혜(중도)라는 말입니다. 지혜는 이 모든 사실을 밝게 아는 힘이므로 먹되 가려서 먹게 됩니다. 중도로 하려면, 구하는 바 없이 구할 수 있어야 하고, 마음을 내되 머무는 바 없이 마음을 낼 줄 알아야 하는데 이것이 무심(무집착)으로 구하고, 무심으로 마음을 쓰는 것입니다.

이것은 마치 뜨거운 감자(돈, 명예, 즐거움 등)와 같아서 뜨거움(고통)을 느끼면 그냥 놓아버리면 될 것을 우리는 미련을 버리지 못하고 감자가 식기를 바라다가 결국, 고통에 구속되고 맙니다. 원숭이가 먹이를 움켜쥐고 있는 주먹을 놓지 못해 잡혀서 죽는 것과 같습니다. 수행(자기계발)하는 이유는 놓아야 할 때를 명확하게 알고 그 때가 되면 미련없이 그냥 놓기 위함입니다.

인간은 잘살기 위하여 많은 노력을 하기 때문에 항상 바쁘게 쫓기면서 살게 되어 막상 중요한 많은 것들을 놓치게 됩니다. 그래서 요즈음 '느림의 미학'이라 하여 생활의 많은 부분에서 옛것으로 되돌아가는 경향이 있습니다. '빠르다-느리다'도 상대적인 말입니다. 느리게 해야 할 것이 있고 빠르게 해야 할 것이 있기 때문에 무엇이든 빨리하거나 느리게 하여 어느 한 곳으로 치우치는 것은 반드시 부작용이 있게 마련입니다. 때로는 느리게 때로는 빠르게 그때그때 알맞게 맞추어 중도로 해야 합니다.

느리게 산다는 것은 마음의 여유를 말하며, 마음의 여유를 가지려면 남과 경쟁함으로써 시간에 쫓기게 하는 원인이 되는 내가 지나치게 붙들고 있는 것들을 조금씩 버려야 하므로 '느림의 미학'은 '버림의 미학'입니다.

요즈음 사람들은 느리게 살기 위해서 도시를 떠나 한적한 곳을 찾아 자연과 함께하기를 소망합니다. 일부에서는 도道를 닦고자 모든 일상을 버리고 산속으로 들어가 나름대로 공부에 열중하고 있습니다. 일반적으로 이렇게 사는 모습을 보면 도인의 삶을 사는 것처럼 생각하기가 쉽습니다. 이것은 살던 방식을 바꾸는 것일 뿐, 도道(선禪)와는 거리가 멉니다. 이렇게 살든 저렇게 살든 사는 모양과 도道는 아무런 관계가 없습니다. 내가 좋아하는 것을 하기 위해서라든지, 아니면 무엇을 버리고 취하는 것이 있으면 자기도 모르는 욕심이 바탕에 깔려 있다는 사실을 잊어서는 안 됩니다. 여기 가서 조금 있으면 저기가 가고 싶고, 저기 가서 또 조금 있으면 여기가 또 가고 싶습니다. 좋은 것을 둘 다 한꺼번에 가지려 하기 때문에 하나에도 만족하지 못하고 결국에는 둘 다 잃어버리게 됩니다.

도道(선禪)는 모든 것을 놓아 버리는 것이어서 어떠한 모습에도 머무르지 않습니다. 모든 것과 함께하면서 어디에도 물들지 않는 중도의 삶이 바로 도입니다. 도는 본질을 깨달아 완성된 지혜의 삶을 살아가는 데 있습니다. 구하고 얻어서 채우려 하는 마음은 욕심에서 나오는 마음이기 때문에 이기적이어서 아무리 채워도 채워지지 않으므로 만족이 없습니다. 그러나 무심으로 전력을 기울여서 얻어진 것은 욕심이 없어서 이타적이기 때문에 나눔으로써 비우게 되어 만족으로 채워지게 됩니다.

태국과 같은 남방에 가면 원숭이를 잡을 때, 야자 열매의 속을 비우고 거기에 원숭이의 손이 겨우 들어갈 정도의 구멍을 뚫고 그 속에 원숭이가 좋아하는 먹이(돈, 명예를 비롯한 우리가 바라는 모든 것)를 넣고 열매에 끈을 매고 나무에 묶어 두면 배고픈 원숭이들이 와서 손을 넣고 먹이를 움켜쥐면 주먹이 빠지지 않아 사람에게 붙잡히고 맙니다.

물론 원숭이는 이러한 사실을 몰라서 붙들리는 것이기는 하나, 안다고 하더라도 어떻게 하든 먹이를 놓치지 않고 달아나려는 어리석음 때문에 결코 먹이를 잡고 있는 손을 놓지는 못합니다. 이것은 쥐가 자기를 죽이려고 사람들이 맛있는 음식에 독을 섞어놓은 사실을 모르고 살기 위해 먹이로 착각하여 먹고 죽는 것과 같습니다.

"구하려 하지 마라."라는 말은 깨달음을 구하려고 하는 그 마음은 물론 진리를 알지 못해서 생기는 모든 "번뇌 망상을 내려놓아라(방하착放下着)."라는 의미가 있습니다. 그래서 이 강의의 서두에 내 생각으로 헤아리지 말고 우선 믿는 마음으로 읽으라고 한 것입니다. 이 사실은 깨달음을 체득하는 데 있어서 매우 중요합니다. 구하거나 얻으려 하지 마십시오! 나의 마음에 내 생각으로 가득 차 있으면 지옥이요, 내 생각이 없으면 없어진 만큼 극락입니다. 우리들의 눈앞에 펼쳐져 있는 모습이 그대로 진리의 모습이거늘 공연히 근본실상을 깨닫지 못해 구하려 합니다. 그렇다고 해서 구하지 않으면 이러한 사실을 모르기 때문에 영원히 깨닫지 못합니다. '구求할 것이 없다는 것을 구하려고 구하는 것입니다'

구하거나 얻으려는 마음은 집착하게 하고 집착하면 욕심이 일어나 그 일에 끌려다니게 되어 그 일에서 벗어나기가 어렵습니다. 마치 원숭이가 먹이를 놓지 못해 사람에게 붙잡히고, 쥐가 살기 위해 쥐약을 먹고 죽듯이 말입니다. 그래서 무엇을 하든 무심으로 그냥 하는 것이 가장 지혜롭게 잘하는 것입니다.

옛날 한 스님이 수행을 많이 하여 마음을 다 비웠습니다. 어느 날 다

비운 마음을 스승님께 확인받고자 찾아가서 "스승님 마음을 다 비우고 한 물건도 가지고 온 것이 없습니다."라고 말씀드리니, 스승께서 "내려놓아라(방하착放下着)!"하고 말하였습니다. "스승님 아무것도 가지고 온 것이 없는 데 무엇을 내려놓으라는 말씀입니까?"라고 말씀드리니 "그러냐? 그러면 도로 가지고 가거라." 제자는 도대체 무엇을 내려놓고 무엇을 도로 가지고 가야 하는지 알 수가 없었습니다. 아무것도 가져오지 않았는데 무엇을 내려놓고 무엇을 도로 가져가야 할까요? 이것이 선문답禪問答입니다. 선문답에서는 답을 각자가 찾을 때까지 절대 풀어주지 않습니다. 풀어서 설명을 해주면 체득되지 못하여 지식으로 남기 때문에 잘못된 수행을 하는 것이 되어 실천할 수 있는 힘이 약합니다. 스승은 제자들의 답을 듣고 깨달음의 정도를 알게 되는데 이때의 답은 우리가 지식으로 생각하는 그러한 것이 아니고 본성 자리(진리)를 본 것을 작용으로 나타내 보이는 것이므로 깨닫지 못한 사람들은 전혀 알 수가 없습니다.

이 선문답은 수행자에게는 잘 알려져 있으므로 풀어서 설명한다면, 제자가 마음을 다 비웠다고 생각하는 그 마음을 가지고 온 것을 이미 아는 스승은 그 마음을 내려놓으라고 한 것이며, 제자가 그 말을 알아채지 못하므로, 그러면 그 마음을 도로 가지고 가라고 한 것입니다. 결국, 비웠다는 그 생각마저도 비우라는 뜻이므로 그 생각을 가지고 있으면 또 다른 분별망상이 일어난다는 말입니다. 그래서 깨달았으나 깨달았다는 생각을 하면 깨닫지 못한 것이 되고 맙니다. 다시 말해서, 꿈인 줄을 알고 꿈에서 깨면 그만이지 꿈의 내용을 다시 생각해서 정리하지 말라는 말입니다. 다시 생각하고 정리하면 이미 자기도 모르는 사이에 자기 생각(망념)이 붙게 마련입니다.

어느 날 스승과 제자 스님이 먼 길을 가다가 물이 제법 거칠게 내려가는 냇가에 다다랐습니다. 한 여인이 물을 건너지 못하고 있었습니다. 제자는 여인인지라 이러지도 저러지도 못하고 망설였습니다. 그때 스승이 아무 망실임도 없이 여인을 입고 물을 건네준 다음 다시 길을 재촉하였습니다. 한참을 갈 때까지 제자는 스승이 여인을 아무 거리낌도 없이 등에 업고 물을 건네준 것이 못마땅하기도 하였으며 다른 의심이 들었습니다. 그래서 제자는 스승에게 물었습니다. "스님! 수행자는 여인의 몸에 손을 댈 수 없는 것으로 알고 있는데 스님께서는 어째서 여인을 등에 업고 물을 건네주셨습니까?" 그러자 스승은 이렇게 대답했습니다. "나는 물을 건너고 벌써 내려놓았거늘 너는 아직도 내려놓지 못하고 있느냐?"라고 하셨습니다.

[지금까지 공부한 내용은 '인간의 마음은 본래 완벽한 것이다(본래 부처)'라는 사실을 확실하게 알기 위한 하나의 방편이었다고 해도 과언이 아니다. 이 사실을 모르고 있었거나 믿지 못했기 때문에 우리는 깨닫지 못했던 것이다. '깨달았다'라는 말은 무엇을 구했다거나 얻었다는 의미가 아니라 '본래심(청정심, 불심, 진여)을 회복했다'는 뜻이다. 그래서 구求하려 하거나 얻으려 하는 그 마음도 망념(내 생각)이니 그 마음마저도 버려야 비로소 깨달을 수 있다는 말이다.]

* 마음에 새겨야 할 글 *

* 가장 잘하는 자연보호는 있는 그대로 가만히 놓아두는 것이다. 홍수가 나서 쓸려나가도 그대로 놔두는 것이다. 자연에 의해 바뀌는 것은 다른 것들과 상관관계에 의해서 바뀌기 때문이며, 여기에는 이기심이 전혀 없으므로 조금의 조작도 없다. 무엇을 조작할 수 있는 능력은 오직 인간에게만 있다. 조작에는 반드시 이기적인 마음이 개입된다.

뉴질랜드에서는 자연을 보호하자는 구호로 "사진 이외에는 아무것도 가져가지 말고, 발자국 외에는 아무것도 남기지 마라. 자연은 무너지든 어떻게 되든 그대로 두라."고 말한다.

* 인간의 조작은 각자의 알음알이(업식業識, 생각)에 의한 판단으로 결정되기 때문에 천태만상이어서 죽이기도 하지만 살리기도 하고 본능적인 것을 포함해서 어떠한 것도 조작할 수 있다. 이 능력이 있기 때문에 인간은 모든 것을 지배할 수 있고 가르침을 통하여 깨달을 수 있으며, 구원받을 수 있다.

본래심(본성, 청정심, 진여, 일심, 진리)도 이와 같아서 자기 생각(번뇌, 망상, 무명, 이기심)만 일으키지 않으면 그대로 진리(하나님, 부처)와 하나 된다. 그대로 두라 조작하지 마라. 다만, 조작되지 않은 본래의 그 마음을 쓰면 된다.

본래심은 평상심平常心이다. 평상심이 도道다. 그래서 도는 다만, 조작하지 않는 것이다. 배고프면 밥 먹고, 피곤하면 잠자고, 그때그때 인연

오는 대로 잡아 쓰는 것이다. 조작이란? 나만을 위하는 이기심이다. 이기심은 맛있는 것이 있으면 내가 먼저 많이 먹는 것이다. 이것은 그것에 빠진 것(집착)이다. 기뻐하되 기쁨에 빠지지 말고, 슬퍼하되 슬픔에 빠지지 마라! 그래서 평상심과 이기심은 겉으로 나타나는 모양은 같다. 다만, 무심無心으로하느냐 이기심으로 하느냐의 차이만 있을 뿐이다. 무심無心으로 그냥 하는 것이 가장 잘하는 것이다. 무심에는 이기심이 없기 때문이다. 본래심이 무심이다. 그래서 무심이 도道다.

* 존재는 연기관계의 한 양식이기 때문에 연기성이 없는 것은 존재하지 않는 것이다. 만물의 연기성은 우주의 탄생과 함께 존재해 왔으므로 인간의 나이도 개개인이 태어난 날로부터 따지면 1세에서 약 120세까지 각기 다르지만, 실제로 우리 몸의 본래 나이는 우주의 모든 역사가 다 들어 있기 때문에 137억 년이 되며, 이것은 우주에 존재하는 모든 것에 똑같이 적용된다. 존재의 본성에는 이분법(생生-사死, 유有-무無)으로 나누어져 있지 않고 동거는 하지만 동시에 같이 나타나지는 않는다.

예를 들어, 밤과 낮처럼 밤이 되면 낮이 사라지고 낮이 되면 밤이 사라지는 것과 같다. 이때 낮이라는 독립된 자성이 있고 밤이라는 독립된 자성이 따로 있다면, 낮만 계속되기도 하고 밤만 계속되기도 하고 밤과 낮이 동시에 나타나기도 하여야 한다(해가 뜨고 지는 이치). 밤과 낮은 마치 동전의 양면과 같은 것이기도 하고, 파도는 바닷물을 떠날 수 없듯이 선善과 악惡도 우리 마음에 따로 분리되어 있는 것이 아니라 항상 함께하면서 때로는 선善으로 나타나고 때로는 악惡으로 나타나는 것이다.

모든 것은 연기관계(상관관계)로 존재하기 때문에 스스로의 고정된 성품(자성)이 없다(무자성). 다만, 이것과 저것이 혼재되어있다는 말이다. 이것은 마치 소립자의 이중성(입자-파동)과 같다.

중도실상은 이것이라 할 수도 없고 저것이라 할 수도 없기 때문에 이것과 저것의 양극단을 떠난 우주의 실상을 있는 그대로 통찰할 수 있는 무분별의 지혜(무분별지無分別智)를 이르는 말이다.

* 모든 것에는 때(시절인연)가 있다. 때를 알아야 한다. 때를 안다는 것은, 때를 기다릴 줄 아는 것이다. 때를 기다린다는 것은 지금 여기에 있는 나의 일에 다만, 최선을 다하는 것이다. 최선을 다한다는 것은 무심으로 오늘 할 일을 오늘 다해서 마치는 것이다. 때가 빨리 오지 않는다고 재촉하거나 실망하지 마라. 때를 기다림에는 금생만 보지 마라. 천국의 일도 내생의 일이요, 다시 태어나는 것(윤회)도 내생의 일이다. 누구에게나 미래는 영원하다. 최선을 다하다 보면 때는 반드시 온다. 이것이 자업자득이요 우주의 원리다.

일을 함에 있어 목표를 세울 때 그냥 무심無心으로 최선을 다하겠다는 것에 두라.

그리하면 다만, 할 뿐, 그 일의 성과는 주어지는 대로 고맙게 받아들이게 된다. 이렇게 하면 일을 가볍게 할 수 있기 때문에 결코 중단할 일이 없다.

실패는 포기 하는 것일 뿐, 포기하지 않는 이상 실패란 없다.

* 부모는 자식의 몸을 낳았을 뿐 자식의 인생을 낳지는 못한다. 그러나 이것을 착각하여 부모의 생각(욕심)대로 자식의 인생을 만들어 주려고 한다. 사랑한다는 생각에서 또는 자식 잘 되라고…….

부모가 자식에 대한 관심을 가지려면, '자식이 살아가는 모습이 온전한 행복인가?'에 가치관을 두라. 그렇게 되기 위해서는 용서해 주는 방법과 감사하는 방법을 가르치라.

우리는 남의 일에는 무관심하고 나와 관련있는 일은 내 생각대로 되기를 바라기 때문에 상대방을 내 뜻대로 바꾸려 한다. 이것이 모든 고통의 원인이다. 남을 바꾸려 하면 내 마음이 시끄러워진다. 지혜는 마음이 조용할 때 생긴다. 용서해 주는 방법과 감사하는 방법을 가르치려면 내 마음이 조용해야 된다.

* 휴식은 잠시 멈추어 살피는 것이다. 이때 지혜는 움직인다.

쉬지 않고 달리기만 하면 하나에만 집착하기 때문에 많은 것을 놓치게 된다. 달리는 시간도 중요하지만, 쉬는 시간은 더 중요하다. 쉬지 않고 계속 달리기는 불가능하기 때문이다.

지혜는 달려야 할 때는 달릴 줄도 알고, 쉬어야 할 때는 쉴 줄도 알고, 멈추어야 할 때는 멈출 줄도 안다.

지혜는 원리를 깨우쳐 경계(대상)에 걸리지 않는 것과 비례해서 생기기 때문에 해탈의 경지에 들어가야 지혜가 완성된다.

제 27 강
본질과 학설

본질(진리, 體)에 대해서는 이미 많은 설명이 있었습니다. 본질에는 존재의 본질, 종교의 본질, 마음의 본질, 일마다 본질이 있으며, 본질이란 겉으로 드러난 모양(상相)이나 쓰임새(용用)는 달라도 거슬러 추적해 올라가면 모든 것의 본질은 같은 것(하나)으로부터 시작된다는 사실을 알게 되는데 같은 것, 즉 어디에나 똑같이 들어있는 공통점을 본질이라 합니다. 예를 들어, 금으로 온갖 것을 만들면 그 모양이나 쓰임새는 달라도 금이라는 성질은 같다는 말입니다. 따라서 금의 입장에서 보면 모든 것은 '나' 아닌 것이 없으므로 어떠한 분별이나 차별이 없고, 저절로 불생불멸이 되는 것입니다.

깨달음은 상相, 용用에서 체體를 확실하게 보는 것을 뜻하는 말입니다. 상, 용만 보고 체를 보지 못하면 분별하고 차별하게 됩니다. 분별하면 부정적인 생각을 하게 되고 분별하지 않으면 긍정적인 생각을 하게 됩니다. 따라서 부정적인 생각을 하는 사람은 서로 다른 점을 찾아 자기 것과 같으면 '옳다' 하고 다르면 '그르다'고 하기 때문에 분쟁이 생기고, 긍정적인 생각을 하는 사람은 서로 같은 점을 찾아내기 때문에 너와 나를 분별하지 않고 '다르면서 같기도 하다(불이不二)'라고 생각해서 서로 화합하게 됩니다. 공통점을 찾으려면 늘 긍정적인 사고방식을 지니고 있어야 하므로 평상시에 내 생각을 내려놓고 있어야 합니다. 본질을 보지 못하는 까닭은 내 생각(상相, 무명無明)이 가로막고 있기 때문입니다.

현재는 반드시 과거를 바탕으로 해서 일어나기 때문에 현재는 과거를 먹이로 삼습니다. 따라서 현재를 알기 위해서는 반드시 과거를 확실하게 아는 것이 절대적인 조건이 됩니다. 그러므로 과거는 현재의 체體(본질, 뿌리, 근원, 근본, 본성)가 되며, 현재는 과거의 상相, 용用이 됩니다. 다시 말해서, 과거는 현재를 만들어 내는 원인이고 현재는 과거로 인해서 나타나는 결과라는 말입니다. 현재는 다시 과거가 되고 미래는 다시 현재가 되는 것을 끊임없이 되풀이하기 때문에 무시무종無始無終(시작도 없고 끝도 없음)이라 하고 이것을 윤회라 합니다. 따라서 현재 속에는 지나간 과거와 함께 앞으로 다가올 미래가 함께하고 있을 수밖에 없으므로 과거나 미래보다는 현재(지금)가 가장 소중한 시간입니다. 모든 것은 지금, 여기에 있는, 나의 일로 이루어지기 때문입니다.

이 원리 가운데 우리가 중요한 하나를 놓치고 있기 때문에 현재의 문제를 완전하게 해결하지 못하고 그로 인해서 불행한 미래를 맞이할 수밖에 없게 됩니다. 우리의 기억 속에서 내가 인식할 수 있는 것은 태어나서 지금까지 배우고 익힌 것일 뿐 태어나기 이전의 것은 무의식에 저장되어 있기는 하나 지금 내가 인식하지는 못하므로 알 수가 없습니다. 까닭에 현재 일어나고 있는 일의 명확한 원인을 알기가 어렵기 때문에 어떻게 해야 할지 그 해답을 찾을 수 없게 됩니다. 다시 말해서, 우리는 상相, 용用(현실, 현상)에 집착하는 것이 습관 되어 체體(본질, 원리)를 보지 못하므로 지금 일어나는 문제의 원인을 알지 못해 근원적인 해결을 하지 못하고 있다는 사실입니다. 이 문제는 앞의 여러 강의에서 자세하게 다루었으므로 참고하기 바랍니다.

남녀가 결혼해서 여러 가지 문제로 다투는 원인도 분석해 보면 결혼 전에 배우고 익힌 것이 서로 다르고, 전생으로부터 결정된 기질이나 성격 등이 서로 다르기 때문입니다. 이렇게 서로 다른 것을 내 생각과 같이 바꾸려 하지 말고 이해하고 받아들이면 다툴 일은 거의 사라집니다.

본질은 본래부터 있던 것이어서 인위적인 것이 아닐 뿐만 아니라 모든 것의 뿌리(근원)가 되고 우주가 생긴 이래로 지금까지 단 한 번도 바뀐 일이 없습니다. 그러나 학설은 본질을 밝히기 위해 인간에 의해 이론적으로 만들어진 것이어서 새로운 학설이 나오면 바뀌게 됩니다. 따라서 이 강의의 내용도 본질을 깨닫게 하기 위한 하나의 방편 가설일 뿐 본질(진리) 그 자체는 될 수 없습니다. 다만, 본질을 보게 하는 인연을 맺어줄 뿐입니다.

"나는 누구인가? 나는 무엇인가?"는 나의 본질을 찾는 것입니다. 나의 본질을 깨달음으로 체득하고 나면 모든 존재의 본질은 나의 본질과 둘이 아니고(불이不二) 다르지 않아서(불이不異) 같다(즉화卽化)는 것을 확실하게 알게 되고 그것으로 말미암아 불퇴전의 믿음이 생기게 됩니다. 모든 것과 서로 소통하고 하나로 융합하기 위해서는 본질을 깨달아 분별하는 마음이 사라져야 가능해집니다.

믿지 못하기 때문에 부정적인 생각을 하는 것이므로 긍정적인 사고방식은 '믿는 마음'을 뜻하는 말입니다. 죽음을 초월하는 것도 죽지 않는 방법이 있는 것이 아니라, 죽는 가운데 죽지 않는 도리가 있다는 사실을 확실하게 믿어야, 그 원리를 깨달음으로써 체득하여 가능한 것입니다.

이 강의는 원리(진리, 본질)를 체득하여 '완성된 중도의 지혜'라는 단 하나의 무기로서 우리의 삶에서 벌어지는 모든 일을 자유자재하게 처리함으로써 모두에게 이익을 주어 최고의 조화(융합, 소통)를 이루게 하는 능력의 소유자가 되고자 함입니다.

이 강의에서 말하는 '나를 바꾸는 공부'는 더 이상 바꿀 것이 없는 '완성된 나'로 바꾸는 것을 궁극적으로 이루려 함입니다. 이것을 '바라밀(완성) 수행'이라고 합니다. 바라밀 수행이란? 현상(용用, 상相)에 머물러 현상을 일시적으로 바꾸는 것이 아니라 현상을 일으키는 본질(체體)로 바로 파고들어 근원(원인)을 없앰으로써 다시는 같은 일이 일어나지 않게 하는 공부입니다. 예를 들어, 불을 때면 물은 끓게 됩니다. 불은 그냥 두고 물을 끓지 않게 하려고 물을 자꾸 더 갖다 붓는 것은 어리석은 짓입니다. 불을 빼버리면 물은 더 이상 끓지 않습니다.

술이나 담배를 많이 하면 건강에 좋지 않다는 사실을 모르는 사람은 없습니다. 이 경우 건강을 해치는 원인은 술과 담배입니다. 그러나 대개의 경우 미련하게도 술 담배는 끊으려 하지 않고, 술 담배를 해도 건강을 유지하게 하는 약이나 다른 좋은 방법을 찾으려 하기 때문에 인간은 똑똑한 바보입니다. 이것은 마치 불을 빼지 않고 물을 갖다 붓는 것과 같습니다.

일상생활에서도 먼저 내가 꼭 지키고 해야 할 일부터 실천하는 것이 더 중요합니다. 줍는 것보다 버리지 않는 것이 더 중요하다는 말입니다. 아무도 버리지 않는다면 언젠가는 주워야 할 것이 없어질 것입니다. 또한, 남을 도와주는 것보다 더 우선되어야 하는 것은 남에게 해를 끼치지 않는 것이 더 중요합니다. 이처럼 내가 지켜야 할 것을 지키고 내가 해야 할 일은 반드시 실천하는 것이 자기계발입니다.

미워하는 마음은 반드시 상대방(대상, 경계)에게 기대하는 마음(바라는 마음, 욕심)이 있기 때문에 생깁니다. 다시 말해서, 미워하는 마음은 겉으로 드러나는 상相을 뜻하고 그 본질(체體)은 기대하는 마음이라는 뜻입니다. 이 사실(본질)을 모르면 "미워하지 말아야지."라는 생각(상相)에만 사로잡혀 억지로 참는 일이 계속되어 한계점에 도달하게 되면 언젠가는 폭발하게 될 뿐만 아니라 참는 동안에 심한 스트레스를 받게 됩니다. 따라서 미워하지 않으려면 기대하는 마음(본질)을 없애야 합니다. 기대하는 마음을 없애려면 욕심을 버려야 합니다.

연기법과 윤회법에서 말했듯이 모든 일의 원인(본질)을 깊게 살펴보면, 다 나에게 있기 때문에 항상 남을 바꾸려 하지 말고 나를 바꾸어야 일이 해결되는 것과 마찬가지로 물을 계속 붓는 것은 상대방을 바꾸려는 것과 같고, 불을 빼는 것은 나를 바꾸는 것과 같습니다.

성공하고 행복해지는 비결(정보)에 매달리지 마십시오. 원리를 우선 알고 이해함으로써 나의 개념을 확실하게 하고, 생각을 하나하나 바꾸다 보면 성공과 행복은 함께 따라옵니다. 돈을 버는 것도 마찬가지여서 돈에 매달린다고 해서 많은 돈을 얻는 것은 아니며, 편안한 마음으로 열심히 노력하고 집중하면 돈은 나에게 인연 지어진 만큼 자연스럽게 따라오는 것입니다. 돈에 매달려서(집착해서) 돈을 벌면 돈을 벌기 위해 무리하게 되고 그것이 한恨으로 마음에 맺혀 돈의 노예가 되고 나누는 것을 실천하기가 어렵게 됩니다.

나를 조금만 바꾸면 세상은 많이 바뀝니다. 나를 바꾸면 상대방도 조금씩 바뀌기 시작합니다. 그러나 상대방을 바꾸려 하면 거의 불가능 합니다. 왜냐하면, 누구나 나를 바꾸려 하지 않고 상대방을 바꾸려 하기 때문입니다. 상대방을 바꾸려 하는 마음은 내 생각은 긍정적으로 보고 상대방의 생각은 부정적으로 보기 때문입니다. 부정적으로 본다는 것은 내 마음에 부정적인 생각이 가득하기 때문이며, 긍정적으로 본다는 것은 내 마음에 긍정적인 생각이 가득하기 때문입니다. 바라밀 수행은 아뢰야식에 저장되어있는 부정적인 씨앗을 완전히 제거해 버리는 수행입니다. 부정적인 씨앗이 어디에 따로 있지 않다는 말은 여러 차례 하였으나 다시 한 번 강조해서 말합니다. 부정적인 씨앗이 만들어지는 이유는 원리를 알지 못해 일어나는 내 생각, 즉 번뇌 망상(무명無明) 때문입니다. 따라서 부정적인 씨앗은 망념만 일으키지 않으면 본래 없는 것입니다. 긍정적인 씨앗이나 부정적인 씨앗이나 둘 다 깨끗한 마음인데 그 작용만 다르게 일어났을 뿐입니다.

우주에는 단 하나의 진리만이 존재하며, 그 진리는 '만유萬類는 무상無常하다(공空). 그래서 만유萬類는 하나다'입니다. 부정적인 마음은 상相(현실, 내 생각)에 집착하여 자꾸만 다르다(틀리다)고 하므로 분쟁을 일으키고, 긍정적인 마음은 체體를 알기 때문에 다르다는 것을 인정해 줌으로써 분쟁을 일으키지 않습니다. 종교의 본질은 사랑, 자비, 평화, 고통으로부터의 해방, 모두를 이익되게 하는 것, 영원한 행복 등 우리가 추구하는 모든 희망을 이루게 할 수 있는 가르침의 말씀(진리)으로 되어 있으며, 종교의 역할은 본질을 믿고 따르면 원리대로(가르침의 말씀과 같이) 이루어진다는 것을 증명해 주는 것입니다. 따라서 종교는 이 본질과 역할 외의 다른 어떠한 목적으로도 사용되어서는 안 됩니다. 이것이 실천되지 않으면 종교로 인한 분쟁과 혼란은 반드시 일어나게 됩니다.

유일신을 믿는 종교에서는 신神께서 나는 "길이요, 진리요, 생명이니라."라고 말씀하셨으므로 '유일하시다'라고 가르칩니다. 이 가르침은, 진리는 하나밖에 없어서 모두가 하나로 통하므로 유일할 수밖에 없습니다. 그러나 이것을 유일하기 때문에 '절대적이다' 또는 '최고다'로 잘못 해석하면, 자기의 고정관념이 되어 이웃종교를 배척하게 됩니다. 이 문제는 오늘날 가정에서, 사회에서, 국가적으로도 심각한 문제를 일으키는 씨앗이 되고 있습니다.

이것은 종교의 본질인 '사랑'과 '자비'에 너무나 어긋나는 일입니다. 그리고 종교를 부정하는 사람들에게 부정할 수 있게 하는 원인을 제공해 주는 가장 중요한 요소가 되기도 합니다. 종교는 믿음을 떠나서는 의미가 없어집니다. 인간의 이기심이 들어간 학설을 믿어서는 안 되고, 본질만을 믿어야 합니다. 세상에는 수많은 학설이 있습니다. 과학의 경우 발전된 새로운 학설이 증명되고 발표되면 이전의 학설은 사라집니다.

그러나 종교에 대한 학설은 증명되기가 거의 불가능하여 믿는 마음으로서 접근하여야 하는 까닭에 한번 발표된 학설은 사라지지 않고 그냥 남아 있으므로 너무나 많은 학설로 말미암아 무엇이 본질인지를 알 수 없을 정도가 되었습니다.

이러한 이유로 이 강의에서는 본질을 둘러싸고 있는 인위적인 학설을 털어내고 본래 완전하게 갖추어진 본질만을 드러내고자 합니다.

모든 학설은 분별심으로부터 시작되며, 이것은 전부 망념妄念이며, 망념이란? 요즘 말로는 관념이고, 관념을 잘 정리해 놓은 것이 개념이며, 개념을 잘 정리해 놓은 것을 학설이나 논문이라고 합니다. 따라서 모든 개념은 망념이며, 개념이 전문화되면 이것을 '조작적 개념'이라고 합니다. 조금은 지나친 말 같기는 하지만 진여(진리)의 입장에서 보면 사실이기 때문에 어쩔 수 없는 일입니다. 진여를 체득(증득, 견성)하기 위해서는 일어나는 모든 생각(망념)을 끊고 다만, 원리를 통해서 일어나는 간절하고 순수한 의심(참구參究) 하나만을 가지고 있는 그대로의 본질(본성)을 보아야 합니다. 그러나 학설(학문)은 많은 생각(많은 지식)을 일으키고 연구를 해야 하기 때문에 진여를 체득하는 것과는 반대입니다.

과학은 과학대로, 문학은 문학대로, 분야별로 조작적 개념을 만들어 놓은 것입니다. 이것을 잘 발표하는 사람들을 신 학설을 잘 발표하는 사람이라고 말하며, 이것은 진리(본질, 본성, 깨달음, 진여眞如, 중도中道, 법法)의 입장에서 보면 무슨 소리를 해도 개념에 불과한 것이며, 조작에 불과한 것입니다. 즉, 아무리 훌륭한 학설이라 할지라도 그 자체가 진리는 될 수 없다는 말입니다. 그래서 새로운 용어들이 계속 만들어져 나오는 것이며, 이것들은 계속 변하지 않을 수 없습니다. 까닭은 본래 관념(망상)에서 출발했기 때문입니다.

관념은 알음알이 또는 지식이라 하고 모든 관념을 초월해서 있는 그대로의 실상(본질, 진리, 원리)을 보는 것은 지혜라고 합니다.

우리는 원리를 깨닫지 못해 있는 그대로를 보지 못하고 개개인이 가지고 있는 개념(관념)으로 만들어 보기 때문에 '일체유심조一切唯心造'라 합니다. '일체유심조'의 의미는, 모든 것(제법諸法)은 그것을 인식하는 마음의 나타남이고, 마음이 만든다고 하는 것은 마음이 직접 모든 것을 만들었다는 뜻이 아니라 같은 것을 보고서도 인식하는 것이 사람마다 다르기 때문에 나온 말입니다.

본질은 반드시 깨달음으로 체득되어야 합니다. 그러나 어쩔 수 없이 언어 문자에 의지하여야 하나 언어 문자에 집착하여 그것에 걸리면 깨닫지 못합니다. 그래서 깨달음을 체득한 부처님이나 조사(눈 밝은 스승)의 가르침(말씀)이라 할지라도 그 말이 진리의 당체는 될 수 없기 때문에 그 말에도 집착해서 걸리게 되면 그것 때문에 깨달음과는 오히려 멀어진다는 의미에서 "공부를 하는 중간에 부처를 만나면 부처를 죽이고 조사를 만나면 조사를 죽여라."라고 하는 것입니다. 따라서 본질(진여, 진리)을 설명한다는 것은 '문자로서 가르침(정법正法)을 세울 수 없다(불립문자 不立文字)' 또는 '말 길이 끊어졌다(언어도단 言語道斷)'고도 하며,

'입을 벌리는 순간 이미 그르치는 일이다(개구즉착 開口卽錯)'라고도 합니다.

본질을 일체유심조의 입장에서 비유적으로 설명한다면, 앞을 못 보는 사람들이 코끼리를 만져보고 그 느낌을 말하는 것과 같습니다. 만져본 느낌을 나름의 상상력을 총동원하여 세밀하게 말할 것입니다. 그러나 그것이 아무리 잘 말했다고 하더라도 눈을 뜨고 직접 보았을 때와 얼마나 같을 수 있을까요? 또 반대로 코끼리를 본 사람이 한 번도 보지 못한 사람에게 아무리 자세하게 설명을 해주고 보지 못한 사람에게 그림으로 그려보라고 하면 얼마나 같게 그릴 수 있을까요? 아마도 비슷하게는 그릴 수도 있고, 설명할 수는 있을지라도 똑같게는 말할 수도 없고, 그릴 수도 없을 것입니다. 사과의 맛(본질)을 아무리 말이나 글로서 나타낸다(학설) 할지라도 사과를 먹어보는 것과는 같지 않을 것입니다.

그래서 우리가 본질을 깨달으려고 수없이 많은 방편을 사용하여 공부하는 것은 그 자체가 마치, "본래 깨끗한 피부를 긁어 공연히 상처를 만드는 것과 같다."라고 말합니다. 예를 들어서 깨끗한 벽에 아이들이 낙서하지 못하게 하려고 낙서금지라는 글을 써 붙였습니다. 아이들이 아무도 낙서를 하지 않는다면 낙서금지라고 써 붙인 그것이 낙서가 되고 말 것입니다.

누구나 지닌 본래 청정한 마음(진여)의 입장에서 본다면 마음을 닦아 깨달음(도道, 선禪)을 얻겠다고 하는 것이나, 본래 불생불멸의 처지에서 볼 때 해탈, 열반을 구하려고 하는 것은 낙서금지를 써 붙이는 것과 다르지 않습니다. 이 말의 뜻을 즉시에 알아차리면 그것이 본질을 깨닫는 것입니다. 이미 읽은 글들에 그 해답은 들어 있습니다.

진리의 가르침은 이와 같아서 '이것이 그것이다'라고 미리 정해놓고 누구에게나 똑같이 가르치지 않습니다. 사람마다 알음알이(근기根機, 업식)가 다르므로 그 사람이 가장 이해하기 쉬운 말로 해주는 맞춤식 교육입니다. 병에 따라서 처방이 따로 있는 것입니다. 따라서 같은 내용을 여러 가지의 말로 나타내다 보니 팔만사천법문으로 방대해진 것입니다.

이 사실은 별것 아닌 것 같으면서도 매우 중요한 사실입니다. 왜냐하면, 자기를 바꾸고자 본질을 찾아 들어가려면 많은 언어 문자(학설)에 의지하여야 하는데, 이것들이 본질 그 자체와는 같지 않다는 것이 문제입니다. 그렇다고 해서 언어 문자에 의지하지 않으면 다른 것에 의지할 길이 없기 때문에 어쩔 수 없이 이것에 의지할 수밖에 없습니다. 따라서 팔만사천법문도 방편에 불과함으로 "이것은 강을 건너기 위한 나룻배와 같으니 강을 건너고 나면 버려라."라고 한 것이며, 부처님께서 평생을 설說하시고서도 "나는 한 마디의 법도 설한 바가 없다."라고 하신 것도 진리는 말로서 나타낼 수 없음을 가르치기 위함입니다. 따라서 어떠한 언어 문자에도 걸리면 세세생생 깨닫지 못합니다. "팔만사천법문은 달을 가리키는 손가락에 불과한 것이므로 손가락을 보지 말고 곧바로 달을 보라."라고 한 것도 이러한 까닭입니다.

글을 읽으면서 내 생각으로 만들어 읽거나 아무런 의심이 일어나지 않으면 손가락을 보는 것이요, 있는 그대로를 받아들이면서 순수한 의심(의문)이 더욱 간절해져 의심 덩어리와 내가 하나 되면 달을 보게 될 것입니다.

인간 세상에는 수많은 종교가 있습니다. 종교를 겉(상相)으로 보면 같지 않으나 본질(목적, 체體)로 보면 조금도 다르지 않습니다. 목적지는 같으나 가는 방향만 다를 뿐입니다. 이것을 가지고 서로 자기 것이 최고다 하여 절대시 하거나(상견常見) 편 가르기를 하거나 세력화하여 이웃 종교를 배척하고 심지어 종교가 다르다고 해서 전쟁을 일으키는 것은 너무나 어처구니없는 일입니다. 이러한 일은 종교인들이 스스로 만드는 일이기 때문에 누구를 원망해서 될 일이 아닙니다. 인간의 이기심이 종교마저도 이기심의 수단으로 삼았기 때문에 생겨난 일이므로 우리들의 이기심이 잘못된 것일 뿐 종교 그 자체는 아무런 잘못이 없습니다. 따라서 종교 자체를 부정해 버리는(단견斷見) 오늘날의 일부 사람들도 종교를 이기적으로 이용하는 사람들과 조금도 다를 것이 없다는 사실을 깨달아야 합니다. 상견과 단견은 상대적인 말이기 때문에 중도가 아닙니다.

우리가 '다르다'고 하는 것은 모든 것이 이와 같아서 본래 없던 것을 '나(주관)'를 나타냄으로써 만들어지는 것이기 때문에 나(내 생각)를 버리기만 하면 모든 것은 본래의 자리를 되찾게 되어 저절로 하나가 됩니다. 결국, 서로 다른 것을 억지로 만들어서 하나로 통일시키는 것은 하나 되는 것이 아닙니다. 다르다는 것을 받아주고 인정해 주면서 하나로 화합(융합)하는 것이 하나로 통일되는 일입니다. 내가 믿는 종교가 선善을 추구하고 악惡을 멀리하는 것을 근본으로 한다고 해서 선은 취하고 악은 버리는 것은 옳지 못한 일입니다. 까닭은 선과 악이라는 것이 실체로서 따로 존재하는 것이 아니라 하나의 마음에서 그 작용만 다르게 나타내는 것이어서 선도 악도 언제든지 바뀔 수 있기 때문에 변하지 않는 절대선이나 절대악은 없습니다. 모든 것이 서로 다르게 되어 있는 것은 진리의 다른 모습입니다. 어떠한 것도 진리를 우선할 수는 없습니다. 하나님도 부처도 진리의 다른 이름이기 때문입니다.

진리는 언제, 어디에서, 누구에게나 똑같이 적용되어야 합니다. 따라서 다른 각도에서 보면 적용되지 않는 것은 진리가 아닙니다. 예를 들어서 산의 동쪽에 사는 사람은 그 산을 서산이라 부르고 서쪽에 사는 사람은 그 산을 동산이라 부르는 것과 같아서 이때의 동산이나 서산은 각자 자기가 있는 곳에서 이름 지은 것이므로 진리가 아닙니다. 서산이라 하는 사람은 해가 그 산으로 진다고 할 것이며, 동산이라 하는 사람은 해가 그 산에서 뜬다고 할 것입니다. 두 곳의 사람이 만나면 그 산을 무어라 하겠습니까? 두 사람이 서로 자기가 사는 곳에 가서 역사책도 뒤져보고 해가 뜨고 지는 것을 보았으나 각자 알고 있는 것이 맞을 수밖에 없습니다. 이것을 가지고 두 사람이 아무리 싸워도 논쟁은 해결되지 않습니다. 동쪽은 동쪽대로의 학설이 있고 그것에 젖어 있으며 서쪽은 서쪽대로의 학설이 있으며 그 학설에 이미 젖어있기 때문입니다.

만약에 이 두 사람이 부부지간이라면 서로 이해가 되지 않을 것이므로, 진정한 이해를 못 하고 서로 참거나 포기하고 살아갈 수밖에 없기 때문에 항상 괴로워하며 적당히 살게 되는데, 모든 인간관계가 거의 다 이렇습니다. 국가 간이나 종교 간으로 보아도 이러하고 정치적으로 보아도 역시 마찬가지입니다. 예나 지금이나 인간 사회의 갈등이 모두 여기에 있습니다. 힘이 세면 이기고 숫자가 많으면 이기고 이렇게 많은 세월을 살아왔으나, 이 두 사람은 동산과 서산에서 벗어나지 못하여 괴로워하고 있습니다. 자기가 살고 있는 곳을 '아상(무명, 고정관념)'이라고 한다면 그것에 갇혀있는 것입니다. 그래서 내 생각을 버리는 것은 모든 고통을 해결하는 열쇠가 되기 때문에 이것이 나를 바꾸어야 하는 이유가 됩니다.

내 생각에서 벗어나기만 하면 그 산은 동산도, 서산도, 남산도, 북산도, 큰 산도, 작은 산도 아닌 것을 알게 되어 각자의 생각이 만든 것이라는 것을 확실하게 깨닫게 되고 벗어나게 됩니다. 이때 조심해야 할 것은, '아! 알았다! 동산도 서산도 아니구나!'라고 하여 이것을 진리로 삼으면 그것 또한, 잘못된 것입니다. 이렇게 되면 나는 깨치고 너는 깨치지 못했다 하여 또 다른 논쟁이 됩니다. 이것을 '법집法執(법상法相)'이라 하는데 이것도 버려야 합니다. 누가 동산이라 하든, 서산이라 하든 "어 그래."라고 해야 합니다. 로마에 가면 로마의 법에 따르는 것이 중도中道입니다. 이렇게 말하면 어떤 사람은 "그게 뭐야? 이랬다저랬다 주체성이 없는 것 아니냐?"라고 반문합니다. 이런 생각이 드는 것은 이 책을 내 생각(알음알이)으로 헤아리면서 읽었기 때문에 중도라는 뜻을 알지 못하고 있음을 반증하는 것이므로 먼저 내 생각을 내려놓고 처음부터 다시 읽기 바랍니다.

그 산을 서산이라 하는 사람을 만나면 동쪽 사람임을 알고, 동산이라 하면 서쪽 사는 사람임을 알고, 그러므로 아무런 갈등이 없습니다. '동산이다'라는 것을 진리로 알고 있다가 동산 아닌 것이 진리임을 알고, 동산 아닌 것이 진리임을 아는 것을 진리라고 알면 또 동산이라고 하는 사람과 싸우게 됩니다. 그래서 "깨달았으나 깨달았다는 생각을 버려라."라고 하였습니다. 공空한 것이 또다시 공空해지는 것을 실천한다는 것은 끝이 없는 일이므로 오직 끊임없이 정진精進하라는 뜻이므로 이것을 '향상일로向上一路'라고 합니다.

기독교와 불교의 구원관에 대해서 본질의 입장에서 살펴보겠습니다. 불교는 인생의 고통은 탐내고(탐貪), 성내고(진嗔), 어리석은(치痴) 삼독三毒으로부터 시작되는 것이므로 무명無明(번뇌, 망상, 무명, 자아의식, 아상我相, 지식, 알음알이, 고정관념)을 걷어내면 자연히 인간의 본래 깨끗한 마음(본성本性, 청정심淸淨心, 일심一心)이 드러나 반야의 지혜(완성된 중도의 지혜)를 얻어 해탈, 열반에 이르게 하는 자력적 구원관의 특색을 보이고 있는 반면, 기독교의 구원관은 아담과 하와(인간)의 원죄의 상속으로부터 시작되며 인간 원죄의 극복은 원죄를 지은 인간의 자력으로는 불가능합니다. 오직 아무런 죄를 짓지 않은 하나님을 찬양하고 그의 말씀을 믿고 순종함으로써 하나님의 은총으로 구원받을 수 있는 타력적 구원관의 특색을 나타내고 있습니다.

인간의 고통과 불행의 원인을, 불교는 무명에 의한 인간 본성의 상실과 괴리 혹은 고통으로 보는 점이며, 기독교는 인간의 교만(탐욕)과 불신앙에 의한 타락의 결과인 죄성(원죄)으로 보는 반면, 구원의 상태는 불교와 기독교가 각각 모든 번뇌와 고통이 극복된 완전한 자유와 영원한 평화가 실현된 열반(불교)과 천국(기독교)으로 표현함으로써 가는 길의 방향은 다르나 도착의 목적지는 같다는 점입니다.

불교에서의 무명無明은 진리(부처: 본성, 진여, 법)를 깨닫지 못한(진리를 모르는 것) 결과이며, 기독교에서의 인간의 원죄는 진리(하나님)에 대한 불신앙의 결과이므로 사실은, 가는 길의 방향도 다르다고 할 수 없을 것입니다. 이런 까닭은 믿지 않으면(불신앙) 깨달을 수 없으며, 깨닫지 못하면 절대적인 믿음은 일어날 수 없기 때문입니다.

본질을 볼 수 있는 능력으로는, 수행을 통한 깨달음(있는 그대로의 본성을 보는 것, 진리)을 얻거나, 하나님의 말씀(진리)을 믿고 순종하는 것뿐입니다. 이 둘도 다른 것 같아 보이지만 깨달음(견성)과 절대적인 믿음도 의미상으로 보면 서로 다른 것이 아닙니다.

깨달음이란? 본질(진리, 法법)을 확실하게 보고(체득, 증득) 조금의 의심도 일어나지 않아 진리(완성된 중도의 지혜)대로 살아가는 것을 말하고, 절대적인 믿음이란? 하나님(진리)의 말씀에 조금의 의심도 없어서 찬양하고 순종하는 삶을 살아가는 것을 말하기 때문입니다.

* 세상 모든 것은 어디에서 오고 어디로 갈까요? *

"모든 것은 결국, 하나로 돌아가는데 그 하나는 또 어디로 돌아갑니까?"

"오는 데도 없고 가는 데도 없다."

이 말은 화두입니다.

비유해서 말하자면,

두 개의 나무가 서로 마찰해서 불이 일어나 나무를 태우고 나무가 다 타버리면, 저절로 불이 꺼지는 것과 같은 것입니다.

불이 일어난 것은 불이 어디에서 온 것이 아니라 두 개의 나무가 마찰했기 때문에 일어난 것이므로 이것이 불이 생긴 원인입니다. 나무가 다 타버리면 불은 저절로 꺼집니다. 나무가 다 타버렸기 때문에 불은 저절로 꺼졌을 뿐 불이 어디로 간 것은 아닙니다.

이와 같이 세상 모든 것은 원인과 결과에 의해서 일어나고 사라지는 것일 뿐, 그것을 주재하는 주재자, 즉 자아는 없습니다.

원인과 결과는 시작도 끝도 없이(무시무종 無始無終) 순환(윤회)할 뿐입니다. 이것을 인과법因果法 (인연법因緣法) 또는 연기법緣起法이라 합니다. 이러한 현상을 과학에서는 “존재는 존재가 아니라 하나의 사건(event)이다.”라고 말합니다.

만법萬法(모든 것)은 공空(진여眞如, 참나)으로부터 나왔으며, 또한 공(본래 자리)으로 돌아간다. 그래서 진속眞俗 불이不二다.

*** 마음에 새겨야 할 글 ***

* 산에 가서 아름다운 경치는 못 보고 토끼 한 마리 잡겠다고 온종

일 쫓아다닌다. 우리들의 인생도 자칫 잘못하면 이렇게 되기가 십중팔구다.

남을 고치려 하다가 고치지도 못하고 오히려 그것에 걸려, 내 인생을 망치게 된다.

세상 살아가는 데 있어 가장 중요한 것은, 행복에 있다. 행복(만족)은 돈이나 명예에 있지 않다. 그런데 우리는 돈과 명예를 쫓아다니다가 행복을 놓치고 만다.

얻을 때 잃는 것이 있고, 잃을 때 얻는 것이 있다. 무엇을 잃고 얻는지? 잘 살펴야 할 것이다.

* 최상의 선善은 자신을 사랑하는 길이며, 최고의 악惡은 자기만을 사랑하는 길이다.

남을 이익되게 할 때 나에게 가장 큰 이익이 돌아오고, 나만을 이익되게 할 때 나에게 가장 큰 손실이 온다.

* 본래 없는 죽음(생멸)은 누구나 잘도 보면서 본래 있는 죽지 않는 것(불생불멸)을 보는 사람은 극히 드물다.

우리가 알고 있는 '죽음'이라는 것은 사실은 죽는 것이 아니라 본래대로 흩어지는 것에 '죽음'이라고 이름을 붙인 것이다. 흩어진 것은 적당한 때(인연, 조건, 여건)가 되면 다시 모이는데 이것을 이름 하여 '태어남'이라 하였을 뿐 본래 태어나고 죽는 것은 없다. 이것은 마치 한 조각 구름이 생기고 흩어지는 것과 같다. 이러한 현상이 아무리 반복(윤회)되어도 구름의 본질인 물방울(소립자)은 없어지지 않는 것과 같은 것이 우리들의 생사生死다. 이것을 확실하게 체득(증득)하면 그것이 '견성見性'이다.

* "무심이란? 주관적인 나의 마음속에 일체 망념이 다 떨어져서 청정무구하여 일체의 바깥 경계를 대할 때 물들지 아니하고 동요하지 아니함을 말한다."이 말은 무심에 대해서 너무나 설명을 잘해 놓은 것이다. 그래서 이 말에 모두 떨어져 버리고 만다.

야! 기가 막히게 잘된 말이구나! 그러나 이 말도 아니다. "물들지 아니하고 동요하지 아니한다."라고 하였는데, 이 말은 맞기도 하지만 틀리기도 하다. 때로는 모두를 위해서 물들기도 하고 동요되기도 해야 하기 때문이다. 그래서 중도다.

중도는 이것도 저것도 아니면서 이것도 되고 저것도 될 수 있기 때문이다. 있는 것을 없애고 없음을 보려 하면 평생 깨치지 못한다. 있음과 없음을 모두 떠나야 하며, 있음과 없음을 함께 하여야 한다.

중도에는 어떠한 분별도 없다. 따라서 아무리 좋은 것도 한쪽으로 치우치면 중도(지혜)가 아니다. 그래서 중도는 때(조건, 여건, 상황)에 따라 그 모양을 달리한다.

마치 물이 그릇 따라 모양을 달리하듯이….

* 일반적으로 '끊는다'는 것은 무엇을 끊어서 끊는 것이다. 그러나 공부함에 있어서 끊는다는 것은 '본래 끊어진 그 자리를 보는 것'을 끊는다고 말한다. "번뇌를 끊어 열반을 구하려 하지 마라."라는 말이다. 즉, 번뇌를 일으키지 않으면 그대로 열반인 것이다. 이렇게 본래 끊어져 있는 그 자리를 보지 못하기 때문에 끊어야 할 대상이 있는 것으로 착각한다. 생사 속에 열반이 있고 열반 속에 생사가 있다.

'본래 끊어진 그 자리를 본다'는 말은 '모든 것은 본래 완벽하다'는 의미로서 '누구나 본래 부처다'라는 말이다. 그래서 깨달음이란? '본래 구求할 것이 없다는 사실을 체득하는 것이다'

양자물리학에서 밝혀낸 소립사의 무한한 가능성을 다시 한번 상기해보라. 더 이상 무엇을 더 얻을 것이 있으며, 무엇을 더 구할 것이 있겠는가?!

* 스스로 만족하지 못하면 반드시 남과 비교하게 된다. 만족은 스스로 만족함으로써 얻어질 뿐, 만족이 어디에 따로 있어서 구할 수 있는 것은 아니다.

본래 얻을 것도 없고, 구할 것도 없는 원리를 터득하여야 어떠한 경우에도 스스로 만족할 줄 알게 된다.

만족하지 못하면 바라는 마음이 생기고 이것은 욕심으로 발전한다. 욕심을 그치지 않는 한 만족은 없다. 만족의 기준은 없다. 다만, 스스로 만족할 줄 아는 것이다.

본래 얻을 것도 없고 구할 것도 없다는 말은, 다 갖추어져 있다는 말인데, 이것은 사람은 누구나 본래 부처의 성품을 다 갖추고 있다(본래성불 本來成佛)는 말이다.

* 진여眞如(진리, 원리, 깨달음)를 체득하기 위해서는 얻으려 한다거나 구하려 하면 오히려 깨달음과는 천리만리 멀어진다. 다만, 내 생각을 내려놓고 본래 구족具足되어 있는(갖추어져 있는) 그 자리로 되돌아가는 것(회복하는 것)이다. 다시 말해서, 내 알음알이(지식, 내 생각)로 헤아려 말 길을 따라가 따로 살림을 차리지 말라는 말이다.

진여의 성품은 공空(무자성無自性, 연기공緣起空, 무상공無常空)이다. 진여는 무심無心으로 그냥 보는 것이다. 진여는 모든 개념을 떠나있다. "진공眞空은 묘유妙有다." 그래서 만족하는 것이다.

만상은 연기緣起관계(상의상관성相依相關性, 인연화합因緣和合)로 존재하기 때문에 생멸生滅은 연기관계의 한 양식이다.

그래서 구할 것도 없고 얻을 것도 없다. 다만, 연기에 의한 생명활동만 있을 뿐이다. 그래서 본래 다 갖추어져(구족具足) 있다.

이 말들을 잘 참구參究하십시오.

제 28 강
깨달은 사람의 지혜를 빌린다는 것

이번 강의에서는 왜 원리를 깨달아야 공식을 나의 삶에 지혜로 활용할 수 있는지? 문답을 통해서 살펴보기로 하겠습니다.

우리가 깨달은 사람에게 무엇을 물어본다는 것은 그 사람의 지혜를 빌리는 것으로서 잘 모르거나 아니면 이렇게 저렇게 해 보아도 해결이 잘되지 않을 때입니다. 해결되지 않는 까닭은 결과를 만들어낸 원인은 알려 하지 않고 현상적으로 드러나 있는 결과만 보고 그것을 내 생각대로 바꾸려 하기 때문입니다. 다시 말해서, 상대방이 내 마음(내 생각)에 맞지 않는 행동을 할 때 왜 그렇게 하고 있는지(원인, 상대방의 생각)는 알려 하지 않고 내 생각과 다르면 그것은 잘못된 것이라 생각하고 내 생각대로 상대방을 고치려고 한다는 말입니다.

체體, 상相, 용用의 원리에서 체는 원인이고 상, 용은 겉으로 드러나는 결과입니다. 내 생각은 늘 상, 용에 익숙해져 있어 그것에 집착하기 때문에 체를 볼 수 없으며, 체를 보지 못하면 모든 것을 내 생각으로 분별하고 차별하게 됩니다. 그러므로 원인을 알기 위해서는 내 생각을 내려놓아야 합니다.

해결하고자 하는 문제의 원인을 찾으려면 잠시 명상에 들어 공식(원리)에 그 문제를 적용시킨 다음 알아차림으로 자각해야 합니다. 이것이 습관화되면 어떤 경계(문제, 상황)에도 끌려다니지 않게 됨으로써 어디에도 의지하지 않고 스스로 답을 찾고 스스로 해결하기 때문에 주체적인(능동적인) 삶을 살아가게 됩니다.

깨달은 사람의 지혜를 빌릴 때, 묻는 것은 무엇이든 물어도 좋으나 듣는 것은 내 생각을 내려놓고 귀를 활짝 열고 들어야 합니다. 그러나 내 마음에 맞는 답변은 나오기가 힘듭니다. 원리(지혜)는 내가 가지고 있던 어떠한 개념(생각)과도 다르기 때문에 답변(지혜)대로 실천하기가 쉽지 않습니다. 자기 생각에 사로잡혀 자기가 원하는 답이 아니라고 자기 생각에 맞지 않는다고 거부한다면 아무런 도움이 되지 않습니다. 나는 지금까지 이런 방식으로만 생각했었는데 오늘 이런 답변을 듣고 보니 새로운 문이 열리겠구나! 이렇게 새로운 길을 찾아가야 합니다.

인생의 문제는 정답이 없습니다. 다만, 새로운 아이디어(지혜), 새로운 계기(인연)를 마련하는 것입니다.

원리를 모르면 실상(모든 존재의 참된 본성, 본질, 체體, 진여眞如, 법성法性)을 보지 못하고 허상虛像을 보게 되는데 우리는 허상을 실상으로 착각하면서 살아가고 있기 때문에 문제의 본질(원인)을 찾지 못함으로 근원적인 해결이 어렵게 되고 그 결과로 고통에서 벗어나지 못하게 됩니다.

실상을 보지 못하고 허상을 실상으로 착각하면서 살아가고 있는 것은 마치 꿈속의 일과 같습니다. 꿈속의 일은 꿈속에 있을 때는 사실(진실)인 것처럼 느끼게 되나 꿈에서 깨고 나면 사실이 아니라는 것을 즉시 알게 됩니다. 꿈에 강도를 만나 쫓기게 되면 잡히지 않으려고 죽을 힘을 다해 도망을 가면서 누가 나를 도와주든지, 아니면 누가 강도를 잡아주기만을 바라나 강도는 계속 따라오고 매우 고통스럽습니다. 남에게 물어보는 것은 이러한 묘책을 구하기 위해서입니다. 우리가 꿈속의 일을 사실로 알듯이 현실에서 벌어지는 모든 일이 자성이 없다(공空, 허상)는 사실을 모르기 때문에 어떻게 하든지 강도를 잡아주거나 도와주기만을 요구하고 있습니다. 다시 말해서, 문제점을 직접적으로(내 생각대로) 해결하려고만 하고 꿈에서 깨어날 생각은 하지 못한다는 말입니다. 그래서 자기 생각으로 별짓을 다 해보아도 해결되지 않을 때 다른 사람의 조언을 구하게 되는데, 깨닫지 못한 사람은 원리는 모르고 인위적인 정보(개념)만 가지고 있기 때문에 그 사람의 지혜(알음알이)로는 일시적인 해결은 될지 몰라도 근원적인 해결은 되지 않으며, 깨달은 사람의 지혜(원리, 진실)는 나에게 실천할 수 있는 능력이 갖추어지지 않아 역시 해결되지 않습니다.

모든 문제에 자성이 없다는 것을 제4강의 내용을 일부분 인용해서 설명한다면, 성욕은 나쁜 것도 아니고 좋은 것도 아닙니다. 만약에 성욕이 전혀 없다면 인간이라는 개체가 사라질 것이며, 성욕이 지나쳐 억제하지 못하면 성추행, 성폭행이 일어나기 때문입니다. 그래서 모든 것은 그때그때에 가장 알맞게 쓸 줄 아는 중도(지혜)가 가장 이롭다는 말입니다.

깨달은 사람도 역시 상대방을(문제점을) 내 생각대로 바꿀 수 있는 해결책은 가지고 있지 않습니다. 그러한 묘책은 이 세상 어디에도 없기 때문입니다. 따라서 여러분이 원하는 답은 나오기가 어렵습니다. 다만, 이 강의에서 원리를 깨닫게 하는 것은 여러분을 꿈속에서 깨어날 수 있도록 흔들어 깨우는 것입니다.

꿈속에서 깨어난다는 것의 의미는, 성욕이라는 것은 본래 '좋다-나쁘다'라고 하는 자성이 없으나 인간은 다른 동물에는 없는 윤리, 도덕이라는 가치관을 만들어 여기에 붙여 놓았습니다. 서로 사랑하는 사람(부부) 사이의 성행위는 아름다운 것이고 일방적인 성행위(성추행, 성폭행)는 나쁜 것으로 말입니다. 이것 자체는 인간이기 때문에 너무나 당연한 일입니다. 그러나 내 가족 중에서 성추행이나 성폭행을 당했거나 저질렀을 때는 어떻게 해야 가장 지혜롭겠는가? 의 문제입니다. 이 문제를 해결하기 위해서는 "모든 것에는 본래 자성이 없다."는 원리로 되돌아가서 윤리, 도덕관으로부터 벗어나는 것이 꿈속에서 깨어나는 것입니다. 그래야 근본적인 문제가 해결될 수 있다는 말입니다. 그렇지 않고 윤리, 도덕관에 계속 집착하고 사로잡혀 있으면 본인은 물론 그 가족 모두가 고통으로부터 벗어나기는 어렵습니다. 해탈이란? 어디에도 걸림이 없기 때문에 무슨 일이든 가볍게 생각함으로써 마음이 조용한 가운데 일어나는 지혜로 가볍게 해결하는 것입니다.

이때 눈을 뜨는 순간(깨달음) "어! 꿈이었구나!" 이것으로 끝나야 됩니다. 이것을 정리 정돈해서 나름대로 다시 해석하면 안 됩니다. 그렇게 되면 문제는 해결되지 않습니다. 또다시 자기 생각이 끼어들기 때문입니다. 이것이 깨달음과 이해의 차이입니다. 꿈에서 깨어나면 꿈속에서 일어났던 일들은, 본래 없었던 일이 됩니다. 생사가 반드시 있는 가운데 생사가 없어지는 도리입니다. 이것이 모든 문제(고통)로부터 벗어날 수 있는 유일한 방법입니다. "모든 것은 꿈속의 일이다."라고 하는 까닭은, 세상만사의 문제점은 벌어진 그일 자체(외부의 조건, 경계, 대상, 객관)에 있는 것이 아니라 그것을 바라보는 내 마음(주관)에 있기 때문입니다(일체유심소조一切唯心所造). 그런데 우리는 고정되어있는 내 생각(무명無明)으로 말미암아 원인(까닭)을 보지 못하기 때문에 내 마음을 다스리지 못함으로써 벌어진 그 일에 항상 집착하고 끌려다니게 되어(구속당함) 늘 고통스럽습니다. 그래서 문제의 해결점을 마음 밖에서 찾으려 하지 말고 내 마음 안에서 찾으라는 말입니다.

어떠한 경우에도 나를 바꾸는 것이 수행입니다. 무슨 일을 해결하려할 때 남을 바꾸려 하면 다른 사람에게 해결 방법을 물어보아야 될 경우가 거의 모두입니다. 그러나 나를 바꾸어서 해결하려고 하면 거의 모든 문제를 스스로 해결할 수 있기 때문에 다른 사람에게(어떠한 것에도) 의지해야 할 필요가 없게 됩니다.

내가 무엇을 위해(남을 위해) 해줄 수 있는 일은 그리 많지 않습니다. 대신 죽어줄 수 없는 것은 물론 대신 아파 주거나 대신 먹어 줄 수도 없습니다. 내가 아무리 도와주어도 그가 하지 않으면 아무런 소용이 없기 때문입니다. 그래서 나는 다만, 편안한 마음으로 지켜보면서 그를 위로(격려)해 주고 용기를 북돋아 주고 극복해 낼 수 있도록 동기(계기, 인연)를 마련해 주는 일이 가장 잘하는 일입니다. 이것을 착각해서 그를 도와준다는 게 간섭이 되고 간섭은 소통을 막아버립니다.

도와준다는 것은 내 생각을 내려놓고 그의 일에 참여하는 것을 말하고, 간섭한다는 것은 내 생각을 가지고 그의 일에 참여하는 것을 말합니다. 어떠한 경우에도 나로 인해서 그가 바뀌는 경우는 없습니다. 그는 그에 의해서 바뀌어 질 뿐입니다.

그러므로 가장 중요한 것은 주변의 주어진 여건이나 환경보다 개개인의 업식業識에 의한 자기 자신의 인생이 어떠하냐의 문제입니다. 쉽게 말하면 그가 걸어가야 할 인생길이 어떻게 정해져 있으며, 그 정해진 길을 지금 어떻게 가느냐의 문제라는 말입니다. 이러한 까닭으로 같은 부모(환경) 밑에서 자라난 자식들도 커서 나타나는 현상은 다 다르다는 말입니다.

주어진 환경, 개개인의 업식도 자성이 없기 때문에 좋다, 나쁘다로 고정지어 말할 수는 없습니다. 인간의 문제는 매우 복잡하고 다양해서 완성된 중도의 지혜가 아니면 문제의 근원적인 해결이 어렵게 됩니다.

문) 자기를 계발하는 공부를 열심히 한 결과로 마음이 편안해지고 행복함을 느끼는데 지금의 행복함을 좀 더 오래 간직하고 싶습니다. 그런데 남편(아내)과의 사이에서 아이 문제 때문에 시험에 들게 되었습니다. 며칠 전 아이들이 시험 성적표를 가지고 왔는데 성적이 좋지 않았습니다. 예전 같았으면 저도 남편과 함께 이런 경우에 난리가 났을 것이나 지금은 마음이 편안한데 문제는 남편이 아이들과 전쟁을 하는 것입니다. 제 마음 같아서는 남편(아내)에게도 이 공부를 좀 해 보라고 권해보고 싶지만 제가 변한 모습을 보고 스스로 하게 하는 것이 더 좋다고 생각하고 있는데, 남편은 계속 저를 걸고넘어지면서 "당신이 아이들에게 얘기를 좀 해봐라."라고 합니다. 그러나 저는 아이들에게 아주 나쁜 일이 아니면 지켜보는 것이 옳다고 생각하기 때문에 별로 할 말이 없거든요. 남편과 이렇게 답답한 것이 해결되지 않는데 어떻게 하면 좋을까요?

답) 공부하는 과정에 거의 모든 사람에게서 나타나는 일반적인 현상이니 걱정할 일은 아니고 오히려 공부되고 있다는 증거입니다. 이럴 때 가장 조심해야 할 일은 나는 바뀐 것 같은데 상대방은 전혀 바뀌고 있지 않다는 조급한 마음이 일어나면 공부에 대한 믿음이 약해져 중도에 포기하게 됩니다. 그래서 상대방을 바꾸기 위해서 나를 바꾸려는 생각을 가지면 안 된다는 말입니다. 나를 바꾸는 것보다 상대방이 바뀌는 것은 시간이 훨씬 더 많이 걸리기 때문에 상대방은 바뀌든 말든 아예 신경 쓸 일이 아닙니다.

우선 관점을 몇 가지 잘못 잡고 있습니다. 행복한 상태를 오랫동안 간직하고 싶다는 것은 욕심이기 때문에 이미 수행이 아닙니다. 이것은 무언가를 바라는 내 생각(망념)이기 때문에 버려야 될 대상입니다. 근본적으로 볼 때 이 생각을 버리지 못하고 의도적으로 마음을 조용하게 만든 행복이므로 다른 경계가 나타나면 그 경계에 걸리는 현상(집착하는 현상)입니다.

지금 이 행복이 생긴 까닭은 행복해지고 싶다는 마음을 냈기 때문이 아니라 내 생각을 내려놓았기 때문에 생긴 것이므로 오래 유지시키기 위해서는 항상 내 생각을 내려놓고 있어야 됩니다. 그러나 아직 공부가 그 단계까지 이르지 못했기 때문에 경계(대상, 여건)에 따라 편안하기도 하고 시끄럽기도 합니다. 그러므로 늘 마음이 조용해지려면 남편(아내)과의 대화 속에서 내 생각은 내려놓고 남편(아내)의 의견을 그대로 받아들이면 행복은 저절로 유지되나 지금 그렇지 못하고 있습니다. 내 생각을 일으켜 "저 사람도 나처럼 공부를 좀 하면 아이와 싸우지 않고 행복해 질 텐데."라고 생각하는데 내 생각처럼 남편(아내)이 공부할 생각을 하지 않으니 내가 답답한 것입니다.

이러한 현상이 일어나는 까닭은 지금까지 공부한 것의 효험이 없어진 것이 아니라 아직은 공부가 부족해서 자기 생각을 움켜쥐는 옛날의 습관이 자신도 모르게 되살아났기 때문입니다. 이때 이것을 빨리 알아차리고(자각하고) 내려놓기를 반복하다 보면 서서히 습관은 바뀌게 됩니다. 아이와 난리를 치는 남편(아내)을 보면서, "나처럼 아이가 공부 잘하기를 바라는 그 생각을 내려놓으면 괜찮을 것을 또 난리다."라고 생각하는 그것이 공부가 잘 못된 것이기 때문에 난리를 치는 그 남편(아내)을 보면서 어제의 나를 되돌아보고, "얼마 전까지만 해도 나도 저랬었지, 저런 경우에는 누가 무어라 해도 귀에 들어오지 않지, 그래! 아이들 성적이 좋지 않으니 당신 많이 괴롭지, 이해가 된다." 이렇게 받아주면 됩니다.

남편(아내)이 원리를 깨닫는 공부를 하고 안 하고는 남편(아내)의 자유고, 나는 그냥 이런 남편(아내)과 행복하게 잘 살면 됩니다. 하라고 하면 기분 나빠서(자존심 상해서) 더 안 합니다. 내가 바뀌는 것을 보고 남편(아내)이 혹시 관심을 가지면 그때 말하면 됩니다. "여보 나는 공부해 보니 참 좋더라, 당신도 시간 되는 대로 한번 해봐." 이 정도로만 가볍게 얘기해야지, "여보 이 공부하면 싸울 일도 없어진다."는 등, 좋은 점을 얘기한다든가 다른 말을 많이 하면 또 가르치려는 것이 되므로 안 됩니다.

인간이라면 누구에게나 자아의식, 즉 '나다'라는 생각(아상我相)이 본능적으로 있기 때문에 자기를 방어하기 위해 합리화하고 변명하게 되어 있습니다. 오죽하면 "제 잘난 맛에 사는 것이 인생이다."라는 말까지 있겠습니까. 자아의식은 원리를 깨닫기 전에는 결코 없어지지 않습니다. 그나마 질문자는 원리 공부를 조금 한 결과 마음을 조금이나마 다스릴 수 있으나 남편(아내)은 전혀 모르는 상태이므로 이렇게 이해하고 받아주는 것이 가장 지혜로운 방법입니다. 그래서 지금 하고 있는 것은 관점이 잘못되었다는 말입니다.

꽃을 보고 "야! 너 정말로 예쁘구나!"라고 하면 꽃이 좋겠습니까?, 내가 좋겠습니까? 물론 내가 좋습니다. 내가 꽃을 좋아한다고 꽃을 보고 너도 나를 좋아하라고 할 수는 없습니다. 이것은 누구나 당연하게 생각합니다. 그러나 이 말에서 '꽃'이라는 말 대신 '남편'이라는 말로 바꾸어 "내가 남편을 좋아하면 내가 좋습니까? 남편이 좋습니까? 또는 "남편(아내)이 어떻게 하든 상관없이 내가 행복해지려면 내가 남편(아내)을 사랑해야 된다."고 가르쳐 주고, 그렇게 할 수 있겠느냐고 하면 "네!

그렇게 하겠습니다."라고 선뜻 대답하지 못하고 누구나 머뭇거리게 됩니다. 이러한 이유는 지금까지 해오든 내 생각과 다르며 원리를 모르기 때문입니다. 원리를 확실하게 알면 남편(아내)이 나를 사랑해 주지 않는다고 슬퍼하는 일은 결코 없습니다. 남편(아내, 대상, 경계, 객관)이 나를 사랑해 주어야 행복해진다면 내 인생은 죽는 날까지 남편에게 끌려다니는 인생이 되고 맙니다.

내가 남편을 사랑하면 남편이 좋은 것이 아니라 내가 좋다는 사실을 잊지 마십시오. 매우 중요한 사실입니다. 그러나 우리는 반대로 누가 나를 사랑해 주기를 바랍니다. 이 강의에서 원리를 깨닫게 하는 이유는, 이렇게 반대로 생각하기 때문에 꿈속에서 헤매고 있는 나를 흔들어 깨워 꿈이라는 것을 깨닫게 하기 위해서입니다. 남편이 나를 사랑해 주기를 바라면 언젠가는 반드시 미워하게 됩니다.

권태기는 바라는 마음 때문에 생기는 것입니다. 결혼 전에는 "당신 없이는 못 살아." 하다가 살다 보면 "당신 때문에 못 살겠다."로 바뀌고 "당신의 그런 점이 좋아서 결혼했는데 살다 보면 그것 때문에 못살겠다."로 바뀌는 것도 내가 상대방에게 지나치게 바라는 마음(욕심)이 많기 때문입니다. 마치 갓 태어난 아기는 아무것도 할 줄 모른다는 것을 미리 알고 포기하기 때문에 아기에게는 아무것도 바라는 마음이 없으므로 무슨 짓을 해도 사랑스럽기만 하고 미워하는 마음은 일어나지 않습니다. 그러나 아기가 자라면서 스스로 할 줄 아는 것이 하나둘씩 생기기 시작하면 아기 때보다 할 줄 아는 것이 더 많음에도 불구하고 다른 집 아이와 비교도 하고 좀 더 잘했으면 하고 바라는 마음이 일어나고 내 생각

(욕심)처럼 되지 않으면 아이가 미워지게 되는 것과 같습니다.

내가 남편(아내)을 이해하면 내가 답답하지 않고, 이해하지 못하면 내가 답답합니다. 남편(아내)과는 아무 상관이 없습니다. 그래서 '일체유심조'입니다. "나는 원리를 아는데 너도 공부해서 알면 될 텐데."라는 생각을 가지면 이것은 법法(원리, 진리)에 집착하는 '법집法執'이 되어 원리(중도)를 모르는 사람을 분별하거나 차별하게 되고, 수행 좀 한다고 해서 폼을 잡게 됩니다. 이렇게 되면 자기도 모르게 남을 가르치려고 하는데 이것은 남을 비판하는 것과 다르지 않아서 그 과보를 받게 됩니다. 까닭은 두 경우 모두 상대방의 자존심을 건드려 기분을 나쁘게 하기 때문입니다. 그래서 수행은 언제나 그냥 나만 할 뿐, 다른 사람에게 "해라, 마라."는 말은 해서 안 됩니다. "중도는 중도에도 머무르지 않는다."라는 이유가 바로 여기에 있습니다. 그리고 남에게 "이렇게 해라, 저렇게 해라." 하고 가르치려면 먼저 자기 자신부터 철저히 해야 됩니다.

가령 남편(아내)이 술을 많이 먹고 가정을 등한시하는 것이 나쁘다고 해서 가르쳐서 고쳐지는 경우가 얼마나 될까요? 아마도 거의 없을 것입니다. 고치지도 못하고 오히려 이 문제로 인해 갈등만 깊어지기 쉽습니다. 원리를 알면 남편(아내)이 술 먹고 나에게 고통을 주는 근본적인 원인이 나에게 있다는 사실을 깨닫게 됩니다. 과거(전생)에 내가 남편(아내)에게 지어놓은 복은 없고, 남편(아내)이 지금 나를 괴롭히듯이 나도 모르는 과거에 내가 남편(아내)을 괴롭힌 그 과보를 지금 내가 받고 있다는 사실을 확실하게 자각하면 남편(아내)에 대한 미운 마음이 사라지고 측은한 마음이 일어나면서 과거의 나를 참회하게 됩니다. 그래서 기도를 할 때도 남편(아내)이 술 먹지 않게 해달라는 내용의 기도는 하지 않고, 오직 나를 어떻게 바꾸면 이 문제가 잘 해결 될 것인지를 하나님께, 신神께, 부처님께 여쭙고, 답을 얻으면 그대로 실천할 것을 그분들과 약속을 하는 것입니다. 그리고 업이 윤회하는 원리를 알게 되면 남은 결코 바꿀 수 없다는 사실도 알게 됩니다.

이렇게 되면 술 먹는 남편을 근본적으로 이해하게 되고 모든 것을 사랑으로 감싸 안게 됨으로써 남편(아내)은 아내(남편)에게 감동하고 서서히 바뀌기 시작합니다. 부부가 서로 사랑하고 행복해지면 만사가 다 풀리게 됩니다. 이것은 이미 정해진 길(운명, 팔자)은 피할 수는 없으나 지금 내가 어떻게 하느냐에 따라 미래는 달라지는 원리이며, 인과가 반드시 있는 가운데 그 과보는 바뀌는 도리입니다. 그래서 운명은 지금 내가 어떻게 하느냐에 따라 있기도 하지만 없기도 합니다.

- 법륜스님 즉문즉설 참 -

원리를 모르는 상태에서는, "남은 바꿀 수 없으니 나를 바꾸고 참회하는 기도를 해라.", "술 먹는 남편을 미워하지 말고 사랑으로 감싸주고 남편의 입장에서 생각하라.", "아이들을 생각해서 참아라." 등과 같은 다른 많은 정보를 듣고 의식적으로 참고 실천한다면 얼마나 잘할 수 있을 것이며, 과연 얼마나 효과가 있을까요? 자칫 참고 실천하다가 한계에 이르러 한꺼번에 폭발하면 갈등과 원한은 더욱 깊어지고 되돌릴 수 없는 일이 일어나게 될 가능성이 커질 것입니다.

그러나 원리를 깨우치면 깨우친 만큼 그 효과가 반드시 나타나게 됩니다. 원리를 안다는 것은 본질(근본, 원인, 체體)을 꿰뚫어 아는 것이며, 본질은 하나로 통하기 때문에 사람은 서로 달라도 생각은 하나로 통하므로 충돌이 일어나지 않고 서로 화합하게 됩니다. 많은 사람 가운데 몇몇 소수의 사람만이라도 원리를 알면 완충적인 역할을 함으로써 서서히 화합하게 됩니다. 그래서 "내가 맑아지면(바뀌면) 주변도 맑아진다(바뀐다)."는 말이 있습니다. 그러나 원리를 모르면 서로 배우고 익힌 것이 사람마다 달라서 생각도 서로 다르기 때문에 일이 일어날 때마다 서로 부딪히게 됩니다.

이와 같이 원리를 아느냐, 모르느냐의 문제는 우리 삶의 모든 문제를 풀어나가는 데 있어 결정적인 역할을 하게 됩니다. 원리를 모르는 어리석은 생각으로 아무리 많은 해결책을 만들어 실천에 옮겨도 근원적인 해결은 되지 않습니다. 원리를 알면 원인을 명확하게 앎으로써 지혜로운 생각으로 해결하기 때문에 같은 일을 두 번 겪지 않는 근본적인 해결을 하게 됩니다.

뿐만 아니라 나도 모르는 과거(전생)의 잘못까지 알게 됨으로써 참회하기 때문에 과거의 업장이 소멸되고 나쁜 인연이 좋은 인연으로 바뀌게 됩니다.

더욱 중요한 사실은 미워하든 남편(아내) 덕분에 나를 바꿀 수 있는 계기가 만들어졌으므로 남편(아내)은 내가 수행할 수 있는 문門(스승)의 역할을 해준 좋은 사람이었던 것입니다.

이것이 남편(아내)을 받아들이는 긍정적인 사고방식이고, 진정한 용서이며, 진정한 사랑입니다. 원리를 깨닫지 못하고 이런 일을 실천한다는 것이 가능하겠습니까?

문) 아이들이 10살 이전에 부모와 사별했을 경우 커서 우울증에 걸릴 확률이 높다는 말을 들은 적이 있습니다. 저희 아이들이 아빠가 과로사로 갑자기 사별하게 되었는데 어떻게 해야 우울증이 오지 않게 할 수 있으며, 아이들을 어떻게 가르쳐야 될까요?

답) 아이들이 아직 어린 나이에 남편과 갑자기 사별한다는 일은 분명히 좋지 않은 일이고, 그 슬픔이 얼마나 크겠습니까? 그러나 어떠한 일이 있어도 돌아가신 남편이 살아서 돌아올 수는 없는 일입니다. 슬퍼하되 그 슬픔이 오래가면 돌아가신 남편에게도 아이들에게도 나에게도 그 누구에게도 좋을 일은 하나도 없기 때문에 그 슬픔에서 하루라도 빨리 벗어나야 됩니다.

부부간의 사별死別도 하나의 경계(색色, 상相)이기 때문에 그 사실에서 우선 공空해져야(색즉시공) 내 마음을 편안하게(지혜롭게) 다스릴 수 있습니다. 그래야 죽음을 긍정적으로 받아들일 수 있고 그 경계(죽음)로부터 빨리 벗어날 수 있으며, 비록 남편은 죽고 없지만, 아이들과 함께 미래를 잘 살아갈 수 있게 될 것입니다(공즉시색). 다시 말해서, 남편의 죽음이 슬픈 일이기도 하고 살길이 막연하기도 하지만 반드시 나쁜 것만은 아니라는 말입니다. 남편의 죽음과 아버지의 죽음이 나에게 아이들에게 미칠 영향은 아무도 모르기 때문입니다. 지금 어떻게 받아들이느냐에 따라서 약이 될 수도 있고 독이 될 수도 있기 때문입니다. 이렇게 말하면 원리를 모르는 사람들은 저에게 화를 내는 사람도 있을 수 있습니다. 남의 일이라고 함부로 말한다고 말입니다. 원리대로 말씀드린다면 남편은 그의 인생을 살다간 것이고, 나는 남편을 아이들은 아버지를 일찍 여의고 살아야 할 인연이라는 말입니다. 이 인연을 피하기는 쉽지 않으나 지금 어떻게 하느냐에 따라서 미래는 달라지는 것이 인연과보입니다. 원리를 안다고 할지라도 확실하게 알지 못하면 받아들이기란 쉽지 않고, 남의 문제일 경우와 나의 문제일 경우에도 다르게 다가옵니다. 그래서 수행을 하는 것입니다.

10살 이전에 부모와 사별했다고 해서 아이들이 우울증에 걸릴 확률이 높다는 것은 맞지 않는 말입니다. 부모를 일찍 여읜 아이들이 훌륭하게 되는 경우는 얼마든지 많기 때문입니다.

아이들은 아직까지 경험이 많지 않기 때문에 자기 판단력이 부족함으로 주로 따라 하는 것이 특징이고, 노인의 특징은 반대로 잘 변하지 않는 것입니다. 아내가 남편을 잃은 슬픔에 잠겨 늘 우울하게 지내면 아이들은 따라서 우울증에 걸릴 확률이 높아질 수는 있습니다. 아이에게 영향을 주는 엄마의 마음의 상태에 달려있습니다.

비록 가난하게 살아도 집안을 깨끗하게 하고, 가난에 대한 아무런 마음에 부담 없이 떳떳하게 살아간다면 가난 때문에 아이들에게 나쁜 영향을 미치지는 않습니다. 오히려 가난이 아이들을 강하게 만들어 미래를 밝게 하는 경우는 얼마든지 많습니다.

아이들에게 돌아가신 아빠의 좋은 점을 이야기해 주어야 합니다. 그러면 아이들 머릿속에는 아빠에 대한 좋은 영상이 자리 잡히게 되고 자존감이 높아지게 됩니다. 모든 것은 현실에 있는 실제의 모습보다 마음속에 그리고 있는 모습에 달려 있습니다(일체유심조).

실제의 사람은 자성이 없어서 나쁜 사람도 아니고 좋은 사람도 아니기 때문에 공空입니다. 내가 이렇게도 만들고 저렇게도 만듭니다. 마치 꿈과 같은 것입니다. 꿈은 꾸지 않는 것이 가장 좋으나 기왕에 꾸려면 좋은 꿈을 꾸는 것이 좋습니다. 꿈은 깨고 나면 다 사라집니다. 객관적인 상황이 영향을 주는 것은 원리를 모르는 중생일 때 경계에 집착함으로써 경계에 끌려다닐 때입니다. 원리를 알고 마음을 열면 객관적인 현실에 크게 끌려다니지 않고 오히려 주어진 여건을 우리에게 유리하도록 사용할 수 있습니다.

우리는 마당에서 돌부리에 걸려 넘어지면 그것을 좋지 않게 생각합니다. 그러나 그 자체는 자성이 없기 때문에 나쁜 것도 아니고 좋은 것도 아닙니다. 짜증을 내면 그것이 그 사실을 나쁘게 만듭니다. "아! 여기에 돌부리가 있었구나! 하마터면 아이들이 놀다가 다쳤다면 얼마나 아파했을까? 내가 넘어지길 천만다행이구나!" 하면서 그 돌부리를 캐낸다면, 내가 당한 작은 일로서 아이들이 다칠 것을 우연히 막았기 때문에 이것은 좋은 사건이 됩니다.

언제나 일어나는 일은 무자성이기 때문에 자신에게 유리하도록 되짚는 것입니다. 이것이 마음을 다스리는 것이고 수행입니다. 이와 같이 자기 삶에 이익되도록 전환 시키는 자세가 자기 운명의 주인이 되는 것입니다.

오히려 아버지가 없기 때문에 아이들이 엄마를 돕게 되어 빨리 어른스러워져 사회에 나가서도 적응력이 더 빠를 수 있습니다. 반대로 아이들에게 야단치면서 아빠가 없어서 그렇게 하느냐 등 불행으로 받아들이면 아이들도 바르게 자라지 못합니다. 엄마가 마음을 편안하게 다스려 지혜롭게 살기 위해 가장 중요한 것은 늘 남편에게 감사하는 마음을 가져야 합니다. "저는 당신을 만나서 참으로 행복했습니다. 당신은 세상을 떠나고 없지만, 당신의 좋은 모습을 닮은 아이들이 있습니다. 당신이 살아 있을 때 나의 욕심으로 인해 당신을 충분히 뒷바라지 못했습니다. 그런 어리석음을 지금 깨닫고 참회하면서 아이들에게 잘하도록 노력하겠습니다. 당신 정말 고맙습니다." 이렇게 기도하면 남편은 비록 내 곁을 떠나고 없으나 늘 나와 아이들의 마음속에 살아있게 되고 누가 무어라 해도 항상 당당해집니다. 아이들을 위해서 밝은 자세로 사는 것이 아이들에게 어떤 선물을 주는 것보다 낫습니다. 따라서 남편이 살아 있느냐, 죽었느냐 또는 남편이 살아있을 때 나에게 잘해 주었느냐, 잘못해 주었느냐의 문제보다 더 중요한 것은 남편에 대한 아내의 마음가짐입니다.

이렇게 마음을 다스리기 위해 원리를 공부하고 수행을 하는 것입니다.

- 법륜스님 즉문즉설 참고 -

* 삶에서 죽음을 볼 줄 알아야 하고, 죽음에서 삶을 볼 줄 알아야 합니다. 잘 살아야 잘 죽을 수 있고(Well- Dying), 후회 없이 죽으려면 만족하는 삶을 살아야 합니다(Well- Being). 이것은 마치 장작에

서 재를 보고, 재에서 장작을 보는 것과 같습니다. 삶과 죽음은 다르지 않습니다. 태어남은 죽음을 전제로 하며, 죽음은 미래의 새로운 삶의 시작이기 때문입니다. 만나면(생生) 반드시 헤어져야(사死) 됩니다.

죽음은 새로운 몸을 받기 위해 나 홀로 잠시 떠나는 적적寂寂한 여행입니다. 죽음은 은밀하고 조용하게 다가오기 때문에 아무도 모릅니다. 죽음을 어떻게 받아들이느냐의 문제일 뿐, 죽음에는 자성이 없습니다. 가볍게 받아들이면 가벼운 것이고 무겁게 받아들이면 무거운 것입니다. 평상시에 죽음에 대한 이미지를 무의식에 가볍게 심어놓으면 어떠한 고통도 다 가벼워집니다. 삶과 죽음은 다만, 순환되는 과정에 나타나는 나의 다르면서 같은 모습일 뿐입니다. 파도는 바닷물을 떠날 수 없듯이 말입니다.

* 국화 옆에서 *

– 서 정 주 –

한 송이의 국화꽃을 피우기 위해
봄부터 소쩍새는
그렇게 울었나 보다.

한 송이의 국화꽃을 피우기 위해
천둥은 먹구름 속에서
또 그렇게 울었나 보다.

그립고 아쉬움에 가슴 조이던
머언 먼 젊음의 뒤안길에서
인제는 돌아와 거울 앞에 선
내 누님같이 생긴 꽃이여.

노오란 네 꽃잎이 피려고
간밤엔 무서리가 저리 내리고
내게는 잠도 오지 않았나 보다.

봄에 우는 소쩍새의 울음소리에서 가을에 피는 한 송이 국화꽃을 보고, 한여름 먹구름 속에서 치는 천둥소리에서 국화꽃을 보고, 늦은 가을 내리는 무서리에서도 한 송이의 국화꽃을 봅니다.

한 송이 국화꽃은 소쩍새의 울음소리, 천둥소리, 무서리 등 많은 것들과 연기(인연)되어 있습니다. 반대로 소쩍새의 울음소리에서 국화꽃을 볼 수 있고, 천둥소리에서도 국화꽃을 볼 수 있으며, 무서리에서도 국화꽃을 볼 수 있습니다. 마치 한 잔의 차를 마시면서 구름을 마시는 경이로움을 느끼듯이……, 죽음과 삶도 연기의 관계이기 때문에 삶에서 죽음을 볼 수 있고 죽음에서 삶을 볼 수 있는 것입니다. 그래서 모든 것은 있는 그대로 다르지 않다(불이不異), 둘이 아니다(불이不二), 같다(즉화卽化)는 말입니다. 이러한 원리를 깨닫게 되면 번뇌 망상은 저절로 없어지고 마음은 어떠한 경우에도 움직이지 않게 됩니다.

[원리를 증득하면 모든 경계를 무심無心(지혜)으로 맞이하기 때문에 삶의 찌꺼기

(업業)가 남지 않는 공덕功德이 된다. 그래서 공덕이 쌓이면 윤회의 주체인 업이 소멸되어 윤회의 고리가 끊어진다. 따라서 해탈解脫과 열반涅槃은 공덕의 과보果報다.]

[인간은 모든 것을 분별한다. 그래서 잘났다-못났다, 옳다-그르다로 서로 비교하고, 내가 남보다 조금이라도 우월하면 좋아하고, 그렇지 못하면 싫어한다. 만상은 있는 그대로 본래 평등해서 그것은 그것일 뿐이다. 모든 것은 필요에 의해 생기기 때문이다. 그래서 모든 존재의 본래 성품은 존재하는 이유에 조금도 부족함이 없이 온전하다. 잘났으면 잘난 대로 못났으면 못난 대로, 나라는 존재의 이유를 알고 그것을 무심無心으로 실천하면 그것이 최고의 성공이다.]

[중도는 만상이 서로 다르면서 하나로 화합(융합)하고 있는 모습이다. 여기에는 어떠한 분별도 차별도 없다. 그래서 모든 것은 상생相生의 관계다. 하나가 없어지면 다른 하나도 없어지고, 하나가 생기면 다른 하나도 생겨난다. 이것이 연기緣起다.

중도는 무엇에 의해 만들어진 것이 아니라 본래 항상恒常한 것이다. 그래서 중도는 진리의 다른 이름이다. 중도는 무분별無分別이다. 중도는 공空이고 무상無常이고 연기緣起이기 때문에 무자성無自性이다. 나라는 존재는 생명공동체의 한 부분(구성요소)이므로 모두가 하나고 하나가 모두여서 소중하고 소중한 존재다. 이것을 확실하게 아는 것을 깨달음(견성見性, 중도를 정등각正等覺 하는 것)이라 하고, 이것이 나를 아는 것이요, 그래야 나를 진정으로 사랑할 수 있다.]

* 마음에 새겨야 할 글 *

* 하나님께서 나에게 내리신 은사는 무엇인지? 이 세상에 존재하고 있다는 사실은 무언가 필요하기 때문입니다. 앞을 보지 못하는 사람은 캄캄한 밤에 손끝으로 책을 읽을 수 있듯이, 나에게 주어진 은사(조건)를 긍정적으로 받아들여 그것을 계발하고 나누는 것이 하나님을 찬양하고, 믿고, 순종하는 일입니다. 설혹 사지가 없다 하더라도 그것은 하나님의 은사입니다. 소원을 비는 기도를 지극정성으로 하였으나 그 소원이 이루어지지 않았다면 그것 또한, 은사입니다. 지금은 이루어지지 않게 하는 것이 그 사람의 미래를 위해 더 좋다는 것을 하나님께서는 다 알고 계시기 때문입니다. 기도는 다만, 할 뿐, 기도가 이루어지고 이루어지지 않고는 그분께서 알아서 하신다. 이것이 진정한 믿음이다.

나에게 주어진 여건(경계, 조건)을 긍정적으로 보면 모든 일이 긍정적으로 나타난다. 긍정적인 생각은 아래를 보고 다 받아들이는 것이다. 세상 모든 것은 내 마음(생각)에 따라 결정될 뿐, 결코 바깥경계(대상, 조건, 여건, 객관)에 있지 않다. 수행은 내 마음을 다스리는 일이다. 원리를 깨달아야 내 마음을 자유자재하게 다스릴 수 있다.

* 하늘에 구름이 있는 것과 마찬가지로 청정심 속에 번뇌 망상이 있으므로 청정심과 번뇌는 둘이 아니다. 밝음과 어둠을 함께 보는 것이 지혜다. 그래서 지혜는 밝은 곳에서는 능히 밝을 줄 알고, 어두운 곳에서는 능히 어두울 줄 안다. 이것을 중도中道라 한다.

‘번뇌(망념)가 깨달음(지혜)과 같다(번뇌즉보리煩惱卽菩提)’고 하는 이유는, 둘 다 일어나는 마음은 하나의 같은 마음이라는 뜻입니다. 다만, 하나의 마음이 작용해서 겉으로 드러나는 형상만 다를 뿐입니다. 다시 말해서, 번뇌를 일으키는 마음이 따로 있고 지혜를 일으키는 마음이 어디에 따로 있는 것은 아니라는 말입니다.

이것은 마치 바닷물과 파도가 다르지 않은 것과 같습니다. 파도는 바람에 의해 바닷물이 출렁거리는 것일 뿐이기 때문입니다.

우리가 찾아다니는 ‘참나(진아眞我)’도 항상 ‘거짓 나(가아假我)’와 함께 하는 것입니다. 참나가 거짓 나와 분리되어 어디에 따로 존재하는 것이 아닙니다. 참나가 옷을 입고 있는 것이 거짓 나입니다. 참나가 없다면 거짓 나도 있을 수 없습니다. 다만, 참나에는 자아의식(에고ego)이 없기 때문에 분별이 없으나 거짓 나에는 자아의식(내 생각, 무명無明)이 있으므로 분별이 있을 뿐입니다.

* 본래의 마음자리에는 미혹도 없고 깨달음도 없다. 깨달음과 미혹은 서로 상대적인 말에 불과하다. 본래의 마음자리에는 병도 없고 약도 없다. 병이 생기면 약이 필요한 것이다. 병이 없어지면 약 또한, 없어진다.

본래 그림자는 없다. 그림자를 없애려고 지혜를 빌리는 것이므로 그림자가 없으면 지혜 또한, 필요 없다. 그래서 본래의 마음자리에는 지혜가 없다. 지혜는 쓰기 위해서 필요한 것이지 쓸데가 없으면 필요 없는 것이다.

일체一切(모든 것)는 유심소조唯心所造(마음이 짓는 바다)이기 때문이다. 그래서 '내 생각(알음알이, 지식, 고정관념, 무명無明, 주관)만 내려놓으면 그것이 그대로 본래의 마음자리이다.

이 원리는 매우 간결하고 너무나 쉬우며, 과학적이다. 그러나 사람들은 이것마저도 있는 그대로 받아들이지 못하고 내 생각으로 헤아려 어렵게 생각하고, 복잡하게 생각하기 때문에 깨닫지 못한다.

* 공부가 잘 안된다는 것도 공부하고 있기 때문에 나타나는 모습이다. 공부가 잘되지 않는 모습 속에서 공부를 놓지 않으면 그것이 공부다. 공부가 잘된다, 안 된다 하는 것에 스스로 집착하지 말고 그냥 밀어붙여라.

자전거를 타기 위해서는 넘어지지 않고는 배울 수가 없다. 넘어지고 있다는 것은 타지고 있다는 말이다. 공부가 되지 않고 있다는 것은 공부하고 있다는 가장 확실한 증거다.

지금 불행하다는 것은 머지않은 장래에 곧 행복해 질 것이라는 기쁜 소식이 기다리고 있다는 증거다. 중단하지 말고 밀어붙이면 이루지 못할 일은 없다.

하나님은 우리가 이겨내지 못할 고통은 결코 주시지 않는다.

* 해탈이란? 탐貪, 진瞋, 치痴 삼독심三毒心의 불이 꺼지는 것이다. 이것은 마치 장작불이 타다가 꺼지는 것과 같아서 불이 타다가 꺼졌을 뿐, 어디로 간 것은 아니다. 해탈도 이와 같아서 어디에서 어디로 가는 것

은 아니다.

있는 그 자리에서 구하는 바(바라는 바)가 없으면 그 자리 그대로 해탈이다.

구하는 바가 없으면 어디에도 걸릴 것이 없다.

조금이라도 구하는 것이 있으면 구하는 만큼 걸리게 된다.

구하는 것이 없다고 해서 아무것도 하지 않는 것은 아니다.

구하는 것이 없다는 것은 다 내려놓고 무심無心으로 그냥 최선을 다하는 것이다.

구하는 것이 없을 때 가장 지혜롭게 열심히 재미있게 일 할 수 있다.

이렇게 하면 삶의 찌꺼기(업業)가 남지 않아 윤회의 고리가 끊어진다.

구하려고 하는 주재자는 바로 '나'다.

해탈하지 못하는 이유는 바깥 경계(대상, 객관)에 있는 것이 아니라 바로 '나'라고 하는 내면에 있다.

내가 없으면 나를 위해 필요한 것은 저절로 없어진다.

내가 본래 공空한 존재라는 원리를 확실하게 깨달으면 구할 것이 본래 없다는 도리를 알게 된다.

탐진치 삼독은 내가 있을 때 생길 뿐 본래는 없는 것이다.

내가 있다는 고정관념에서 내가 공空한 도리를 깨닫는 것이 해탈이다.

* 세상 사람들은 돈을 많이 벌고, 많이 배워서 다른 사람과 자신을 차별하기 위해서 한다. 그러나 믿음의 사람(수행자)은 많이 벌고 많이 배워서 차별된 것을 없애기 위해서 한다.

깨닫지 못해 어리석은 사람은 내 것으로 만들기 위해 배우고, 익히고, 재물을 쌓고, 명예를 얻는다. 그러나 깨달음을 체득해서 지혜로운 사람은 이 모든 것을 나누기 위해서 한다.

* 원리를 깨닫는 공부는 우직한 성실 하나만 있으면 됩니다.

우직한 성실이란? 무심으로 그냥 하는 것입니다.

과거 스승들은 머리가 지나치게 똑똑하거나 많은 지식을 지니고 있는 사람을 제자(후계자)로 삼기를 꺼렸습니다. 이유는 자기 생각으로 헤아려 따로 살림을 차릴 가능성이 높기 때문입니다.

원리를 깨닫는 공부뿐만 아니라 거의 모든 경우에 우직하고 성실하게 하는 사람이 결국에는 더 좋은 결과를 가지게 되어 있습니다.

* 삶의 지혜(열쇠) *

1) 어떠한 경우에도 대상에 끌려가지 마라.

모든 것은 고정불변의 자성은 없다. 그래서 일체유심조다. 마음먹기 나름이다.

항상 내가 좋은 방향(행복)으로 생각하는 것이 긍정적인 생각이다. 나쁜 여건을 좋은 여건으로 만드는 것이다. 긍정적으로 생각하면 지혜롭게 해결된다. 이것이 주어진 삶의 주인공이 되는 것이다.

대상에 끌려가지 않으려면 바라는 마음(욕심)을 버려야 한다.

2) 어떠한 경우에도 남을 바꾸려고 하지 마라.

상대방도 나를 바꾸려고 하기 때문에 내가 남을 직접적으로 바꾸는 것은 불가능하다.

3) 어떠한 경우든 다 내 탓이다.

자업자득이요, 인과응보요, 자작자수다.

4) 모든 것은 무유정법이다.

본래 정해진 법은 없다. 그러나 인연(조건, 여건, 상황) 따라 정해진 법은 있다. 인연 따라 정해진 법을 따라가는 것이 순리고, 지혜다. 물 흐르듯 인연 따라가라.

5) 상반되는 두 개의 장점을 동시에 가지려고 하지 마라.

인생은 선택이다. 선택하고 나머지는 포기하라. 그리고 선택한 것의 장점을 즐겨라.

6) 늘 상대방의 입장에서 생각하고 상대방의 마음을 밖으로 끄집어 내 객관적으로 볼 수 있게 하라. 그리고 그 마음과 함께하라.

상대방이 원하는 것을 빨리 알아차리려면 내 생각을 내려놓아야 한다.

제 29 강

자기 방어 본능

자기를 지키고자 하는 것은 본능이기 때문에 너무나 당연한 일입니다. 모든 생명이 시작되어 지금까지 이어져 내려올 수 있었던 것도 자기 방어본능 덕택입니다. 동식물을 비롯한 모든 생명체가 하는 일들이 따지고 보면 자기 방어를 위한 일입니다. 서로 주고받는 상관관계(연기緣起)도 역시 살고자 하는(상생相生) 일종의 자기 방어입니다.

산불이 나면 산비둘기 어미는 자기 새끼를 살리려고 날개 밑에 집어넣고 어미는 타죽고 새끼를 살리는 경우가 종종 있습니다. 우리는 이 사실에서 지극한 모성애를 발견할 수 있으나 전체적으로 넓게 보면 종족을 보존하기 위한 수단(본능)인 것입니다. 이처럼 부분적으로 보면 희생과 같은 좋은 뜻의 의미인 행동들도 전체적으로 보면 본능적인 자기 방어(종족보존)의 수단으로 하는 행위이기 때문에 이기적인 것입니다.

인간을 비롯한 모든 생명체는 기나긴 세월을 살아오면서 현실에 적응하지 못하면 살아남지 못하기 때문에 자기 방어본능은 너무나 당연해서 생명체는 이기적으로 진화될 수밖에 없었습니다. 진화는 환경에 적응하는 능력과 적응하는데 가장 적합한 모양, 습관으로 바뀌는 것(변화)을 말합니다. 그래서 생명체를 구성하는 세포 하나하나에는 자신을 지키기 위한 수단과 방법이 철저하게 입력되어 있습니다. 만약에 유전자가 이기적이지 않았다면 우주공간에는 단 하나의 생명체도 존재할 수 없었을 것입니다. 갓 태어난 어린아이들은 의식이 발달하지 않은 상태이므로 거의 모든 행동이 자기를 지키고자 하는 본능적인 행위를 합니다.

이렇게 자연적으로 바뀌는 것(진화)은 서로에게 가장 적합하게(알맞게) 바뀌기 때문에 바뀌는 과정에 별다른 문제가 발생하지는 않습니다. 그러나 인간은 직립보행 덕분에 모든 생명체 가운데 뇌가 가장 빠르게 발달하여 다른 생명체가 가지지 못한 많은 능력을 갖추게 되었습니다. 그래서 먹이 사슬의 최고 정점에 있으면서 세상을 지배하게 되었으나 인간의 모든 고통은 이 문제로부터 시작됩니다.

뇌의 발달로 말미암아 가지게 되는 인간의 많은 능력 가운데 가장 문제가 되는 것은 '나다'라고 하는 자아의식(제7말나식, 중간의식)인데, 이것이 모든 고통의 본질인 동시에 인간이 추구하는 모든 것의 원동력이 되기도 하기 때문에 인간은 여기에 묶여 있습니다. 자아의식은 개개인이 과거로부터 지금까지 배우고 익힌 것을 바탕으로 형성되기 때문에 모든 사람이 다 다르며, 이것은 그 사람의 특징이므로 우리는 이것을 '나'라고 생각해서 버리지 못합니다. 따라서 자아의식을 마음대로 다스릴 줄 알면 모든 문제는 해결된다는 결론을 얻을 수 있습니다.

이러한 사실로 볼 때 내 생각을 버리지 못하는 것도 자기 방어본능 때문입니다. 누구나 내 생각은 항상 옳다고 생각하여 자기의 알음알이를 총동원해서 합리화시키려는 것도 이러한 이유입니다. 대부분 사람은 잘못했을 때 자신의 잘못을 감추려고 하는데 이것 역시 자기 방어본능 때문입니다.

진화는 유전자(DNA)라는 이름으로 우리들의 세포 하나하나에 그 정보가 입력되어 있습니다. 이것을 컴퓨터에 비교한나면 우리들의 몸은 하드웨어고 유전자는 소프트웨어입니다.

오늘날 과학자들은 유전자는 저절로 작동하지는 않고, 우리가 생각하고, 느끼고, 지각하는 방식과 환경에 따라서 작동된다는 것을 증명해 주었습니다. 예를 들어, 사랑하는 유전자는 누구에게나 있으나 사랑해야겠다고 생각하고 사랑을 느낄 때 비로소 사랑의 유전자는 활동한다는 말입니다.

인간이 숲을 좋아하는 까닭은 오랜 세월을 숲에서 살다가 숲을 떠난지는 불과 10,000년 정도밖에 되지 않았습니다. 만 년이라는 시간은 진화의 시간으로 보면 짧은 시간입니다. 특히, 오늘날은 모든 것이 급속도로 바뀌기 때문에 우리가 가진 유전자와 환경이 맞지 않아서 여러 가지 부작용이 일어나고 있습니다. 인간의 유전자는 같으나 현실(현상)에 적응하는 능력은 사람마다 학습된 것이 다르기 때문에 유전자가 작동해서 얻어지는 결과는 사람마다 다릅니다. 그래서 '일체유심조'라는 말입니다.

인간의 구조가 이렇게 되어 있기 때문에 현상(상相, 용用)에 익숙해질 수밖에 없으며 현상의 깊숙한 곳에 숨어 있는 본질(체體, 진실, 원리)을 본다는 것은 쉬운 문제가 아닙니다. 그러므로 거의 모든 사람은 본질을 알지 못해서 고통을 벗어나지 못하는 삶을 살고 있습니다. 그러나 '모든 것은 하나다'라는 본질을 확실하게 깨닫게 되면 너와 나의 분별심이 없어져 탐내고(탐貪), 성내고(진嗔), 어리석은 짓(치痴)을 하는 '삼독심三毒心'이 없어지기 때문에 안락한 삶을 살아갈 수 있게 됩니다.

자기를 계발하여 깨달음을 얻어 해탈한다는 것은 자기 방어본능(자아의식)으로부터 자유로워지는 것을 의미합니다. 다시 말해서, 현실적으로 실존하는 자기 자신(가아 假我: 용用, 상相)의 근본(진아眞我: 체體)을 확실하게 봄으로써 모두가 '나'라는 사실을 깨달아 지금까지 '나'라고 생각했던 '나'로부터 벗어나는 것을 말합니다.

가아假我로부터 벗어나 진아眞我를 본다는 것은, 얼음과 구름(상用, 용相)에서 물(체體)을 보는 것과 같으며, 봄에 핀 수많은 꽃(용用, 상相)에서 꽃만 보는 것이 아니라 모든 꽃에 평등하여 차별 없이 고르게 비추는 봄빛(체體)을 보는 것과 같으며, 파도(상用, 용相)는 바닷물(체體)을 떠나지 않음을 아는 것과 같습니다. 이처럼 머리로 이해하고 아는 것(지식)은 그리 어렵지 않으나 이 사실을 깨달음으로 체득(견성)하여 확실하게 자기 것(지혜)으로 만들어 나눔(하나님의 뜻, 보살행, 중도의 삶)으로 실천하는 일은 쉽지 않기 때문에 수행을 하는 것입니다.

자기(자기 방어본능)에게서 벗어나지 못한 사람(중생)은 항상 자기와 관련되는 부분만 보게 되어 전체(다른 것)를 볼 수 없게 되므로 무엇을 하던 자기와 관련되는 것만을 위해서(이기심) 하게 됩니다. 이렇게 되면 자신도 모르게 직간접적으로 다른 것들에 피해를 주게 됩니다. 자기 방어 본능은 발전적인 측면으로 보면 꼭 필요함으로 당연한 것이 되나, 지나치게 되면 하고자 하는 욕망이 욕심과 이기적인 마음으로 바뀌는 두 얼굴을 가지게 됩니다.

이런 이유로 앞의 글들에서 '버려라!', '놓아라!'한 것은 자기 자신을 이르는 말입니다. 놓으면 죽을 줄 알고 꽉 붙들고 있는 것이 '나(가아假我)'입니다. 나를 붙들고 있으면 나를 위해서 필요한 모든 것들이 동시에 생겨나고, 나를 내려놓으면 나를 위해서 필요한 것들은 저절로 사라지게 됩니다. 이것이 고통 속에서 안락을 얻는 것입니다.

나와 관련된 것과 나와 관련되지 않는 것의 선악 판단은 너무나 달라집니다. '내가 하면 로맨스고 남이 하면 불륜이다'라는 말은 이러한 사실을 잘 나타내는 말입니다. 자기 방어 본능은 자기와 관련이 있는 것은 합리화하려는 본능적인 습관을 만들어냅니다.

예를 든다면, 주변의 힘에 의지하여 어떤 도움을 받고 싶을 때, 도움을 주는 사람이 좋은 사람이냐, 나쁜 사람이냐의 문제와 도움을 받는 사람도 좋은 사람이냐, 나쁜 사람이냐의 문제는 나의 문제냐, 남의 문제냐에 따라서 옳고 그름의 문제가 정반대로 달라집니다. 다시 말해서, 내가 부탁했을 때는 거절하면 상대방을 좋지 않게 생각하거나, 또는 자기 자신이 부탁한 사실은 정당한 것으로 생각하면서 남이 같은 행위를 한 것은 가차 없이 비방한다는 말입니다. 남을 비방하기 전에 과연 나는 어떻게 살아왔는가를 잘 살펴야 할 것입니다. 부탁하는 사람이나, 들어주는 사람이나 어느 선에서 부탁하고 어느 선에서 들어주어야 할 것인가?는 매우 중요합니다. 그 기준은 중도로 판단하여야 가장 정확합니다. 중도는 가장 많은 것에게 이익을 주기 때문입니다. 서양 속담에 "남을 비방하는 것은 비방의 대상과 비방하는 사람과 그 비방을 듣고 있는 세 사람을 모두 다 죽인다."라는 말이 있고, 우리 속담에는 "똥 묻은 개가 겨 묻은 개 나무란다."라는 말이 있습니다. 이런 속담들은 거의 모든 사람이 다 알고 있지만 스스로 실천하는 사람은 극히 드뭅니다.

오늘날 우리가 모두 바라는 사람은 지식이나 학문이 높아 머리에 많은 것이 '든 사람'도 아니고, 많은 재산이나 높은 벼슬을 하거나 한두 가지에 뛰어난 재주를 가진 '난 사람'도 아닙니다. 가진 것을 남과 나눌 줄 알고 아는 체하지 않고 하심下心으로 어려운 이웃을 도울 줄 알아서 모든 사람으로부터 존경받을 수 있는 '된 사람'입니다.

자기를 지키려는 것은 자기를 사랑하는 일이며, 자기를 진정으로 사랑하는 사람은 다른 것과 자신과의 관계(연기)를 정확하게 알기 때문에 너와 나를 구별하지 않습니다. 결국, 자기 방어 본능도 너와 나를 구별해서 자기만을 위해서 쓰느냐 아니면 모두를 위해서 쓰느냐에 따라서 선악이 달라질 뿐입니다. 이와 같이 우리의 마음도 그때(경계)그때에 따라서 다르게 나타나는 작용만 있을 뿐, 선善이다, 악惡이다 라고 이름 붙일 수 있는 고정된 불변의 마음은 본래 없는 것이어서 선도 악도 본래 깨끗한 마음의 다른 모습일 뿐입니다. 좋은 사람은 좋은 마음(본래심: 이타심)이 많이 작용하는 사람이고, 나쁜 사람은 나쁜 마음(무명無

明, 이기심)이 많이 작용하는 것일 뿐, 100% 좋거나 100% 나쁜 사람은 본래 없습니다.

이 원리는 우주 전체에 똑같이 적용되는 것이어서 모든 것의 본질(체體)은 같고 나타나는 현상(상相, 용用)만 다르다는 사실입니다. 까닭으로 상황(인연) 따라 만들어진(업業) 각각(상相, 용用)의 자성自性이 모두 다른 것 같이 보이나 깊게 보면 다르지 않다(불이不異, 不二)는 것을 알 수 있습니다. 이 사실을 확실하게 알면 어떠한 것도 분별하지 않기 때문에 모든 것이 평등해지고 정견正見(지혜, 중도)이 확립되어 자기 방어 본능이 사라지게 됩니다. 죽지 않으려 하는 것도 자기 방어 본능입니다.

꽃이 피고 지는 것이나, 가을에 단풍 들고 낙엽 지는 것이 슬프지 않고 낭만이듯이 내가 병들고 죽어가는 것도 이와 조금도 다르지 않다는 사실을 분명하게 알아서 생사를 초월하는 것입니다. 이것이 선禪입니다. 결국, 선禪이란 자기 자신을 확실하게 아는 것입니다.

* 알아차린 것은 어떻게 내려놓을까? *

우리가 수행(공부)한다고 하지만 실지로 어떤 상황에 부딪히면 공부한 것은 까맣게 잊어버리고 예전의 몸에 밴 습관(고정관념, 내 생각)이 나도 모르게 먼저 올라옵니다. 이때 이 사실을 빨리 알아차리고(자각)

내려놓는 것을 반복해서 습관을 고치는 것이 수행입니다.

이때 알아차린 것을 내려놓을 때 어떻게 내려놓아야 하는가는 매우 중요합니다. 이것은 마치 뜨거운 것을 만졌을 때 어떻게 놓아야 되는지와 같아서 특별한 방법이 없습니다. 다만, "앗! 뜨거워!" 하면서 다른 어떠한 생각도 붙을 겨를이 없이 "그냥 내려놓아라!"가 그 답입니다. 다시 말한다면, 뜨거운 줄 모르고 만진 것을 내려놓을 때 "앗! 뜨거워!" 하면서 다른 어떠한 생각도 일어날 겨를이 없이 엉겁결에 그냥 내려놓지 "그래 뜨거우니까 내려놓아야지."라든가 아니면 다른 생각을 하고 내려놓지는 않습니다. 이와 같이 알아차리고 나면 "아! 그렇구나!"하고 그것으로 끝나야 합니다. 다음에 또 일어나면 "아! 또 일어났구나!"하고 또 알아차리고 또 내려놓으면 됩니다. 그렇지 않고 알아차린 그 내용에 다른 어떠한 생각도 또다시 붙이면 알아차린 내용은 자각이 아니고 망념으로 변질되고 맙니다. 이것이 알아차리기(자각, 명상)의 핵심입니다.

이것은 꿈속의 일이 사실(현실)인 것으로 착각하고 있는 사람을 꿈에서 깨어나게 했을 때 "아! 사실이 아니고 꿈이었구나!" 하면서 그것으로 끝나야 되는데, 깨고 나서도 꿈속의 일을 또다시 물어보는 것과 같기 때문에 아직 꿈에서 깨어나지 못한 것과 같다는 말입니다. 예를 들어, "해로우니 하지 마라."고 할 때 그 말이 맞는 말이라고 자각(알아차림)했다면 그냥 하지 말아야 됩니다. 그러나 우리는 "하지 마라."라고 하는 그 내용이 이미 나의 습관이 되어 있다면 그것을 해도 괜찮은 그 무엇을 생각하면서 찾으러 다니게 됩니다. 그래서 똑똑한 바보, 즉 어리석다는 말입니다. 이렇게 이미 습관 되어 내 것이 된 것은 한 번에 고쳐지지 않기 때문에 알아차리고 내려놓기를 여러 차례 반복하다 보면 서서히 바뀐다는 말입니다. 이와 같이 알아차리고 내려놓기를 반복하면 거의 모든 습관을 다 바꿀 수 있습니다.

['나'라는 존재를 크게 보면 우주의 중심이며 가장 소중한 존재다. 그러나 작게 보면 우리가 하찮게 보는 미물微物과 조금도 다를 것이 없다. 때로는 크게 볼 줄 알아야 하고, 때로는 작게 볼 줄 알아야 한다. 이것이 나를 중도로 보는 것이다. 함께 할 때는 작게 보고(하심下心) 혼자 있을 때는 크게 보라(자존감自尊感)!]

[경계(현실, 역경계逆境界, 고통)에 걸리느냐 걸리지 않느냐는 그 경계와 관계없이 내 마음의 상태에 따라서 결정된다. 내 마음이 편안하면 걸리지 않았음이요, 괴로우면 걸렸음이다. 지혜는 편안한 마음에서 생기고 망념은 괴로운 마음에서 생긴다. 수행은 어떠한 경우(경계, 현실)에도 그것을 바라보는 내 마음을 편안하게 하고자 함이다. 이것이 완성되면 수행 그 자체에서도 벗어난다. 이것을 해탈이라 한다.]

[상相, 용用(이치, 정보, 개념, 알음알이, 지식)을 아무리 많이 알아도 체體(원리, 진리)를 모르면 진정으로 안다고는 말할 수 없다. 모든 상相, 용用은 체體를 의지하기 때문이다. 체體는 상相, 용用을 버려야 볼 수 있고 증득할 수 있다. 그러나 상相, 용用을 의지하지 않고서는 결코 체體를 증득할 수 없다. 상相, 용用은 체體의 다른 모습이며 우리가 접할 수 있는 것은 상相, 용用이기 때문이다.

선禪은 나의 입장(주관, 부분)에서 사물을 보는 것이 아니다. 항상 객관(법法, 진리, 경계,

전체)의 입장에서 모든 것을 보는 것이다. 나의 입장에서 보면 생멸이 있지만, 진여眞如(진리)의 입장에서 보면 불생불멸이다.

상相, 용用의 입장에서 체體를 보는 것이 아니라 체體의 입장에서 상相, 용用을 보아야 한다. 이렇게 되면 주객이 나누어지지 않기 때문에 있는 그대로 서로 다른 가운데 하나 됨이다. 그러나 이렇게 보는 것이 잘되지 않는다. 오랜 동안의 습관 때문이다. 나를 계발한다는 것(수행, 마음 경영)은 상相, 용用에서 체體로 전환하는 것에 있다.

내가 상相, 용用에 머물러 있으면 자기 방어 본능(이기심)으로 삶을 살아가게 되고, 체體와 내가 둘이 아니고(불이不二), 다르지 않으면(불이不異) 자기 방어본능이 사라져 이타심으로 삶을 살아가게 된다. 모든 것이 '나'이기 때문이다. 그래서 나는 있기도 하고 없기도 하다.]

[자기 방어본능은 '내 생각'이다. 내 생각을 버려라! 그리하면 다 얻을 것이다!]

* 마음에 새겨야 할 글 *

* 같은 여건에서 공부하더라도 지혜로운 사람은 깨달음을 성취하지만 어리석은 사람은 또 다른 번뇌 거리를 일으키는 법이다.

지혜로운 사람은 내 생각(알음알이, 지식)을 내려놓고 공부하기 때문에 깨닫고자 하는 순수한 의심(화두)이 생기지만 어리석은 사람은 이미 내가 가지고 있는 고정관념(알음알이, 지식)으로 헤아리면서 글을 읽기 때문에 또 다른 내 생각(번뇌, 망상)이 만들어진다.

같은 물을 먹어도 소가 먹으면 우유를 만들고 독사가 먹으면 독을 만든다.

똑같은 일을 겪으면서도 원리를 깨달아 지혜로운 사람은 항상 좋은 결과를 만들어 내지만 자기 생각(고정관념)에 사로잡혀 어리석은 사람은 또 다른 고통거리를 만들어 낸다.

* 아픈 몸이 회복되면 본래의 건강을 되찾은 것일 뿐, 다른 몸을 받은 것은 아니다. 공부하여 도道를 얻는 것도 이와 같기 때문에 본래의 자리로 되돌아간 것이어서 '얻을 바 없는 것'이다.

중생이 깨달으면 부처가 된다고 해서 중생이 따로 있고 부처가 따로 있는 것은 아니다. 그몸 그대로 중생이기도 하고 부처이기도 하다. 다만, 조작된 내 생각으로 사느냐? 아니면 누구에게나 본래 구족되어 있는 청정심(본래심)으로 사느냐? 이다. 다만, 마음의 작용만 다를 뿐이다.

사람들은 누구나 행복하기를 원한다. 비교하고, 부정적으로 생각하고, 괴로워하는 것들은 모두가 한 생각 일으킨 것이다. 이것은 모두가 자기 자신이 만들어 내는 것이다(일체유심조). 대상(여건, 객관, 조건, 상황)에 끌려가지 않고 물들지 않으면 그대로 행복해진다. 한 생각 일으키지 않으면 본래의 자리로 되돌아간 것이어서 그 자리가 그대로 행복한 것이다.

* 깨달은 자는 연기법緣起法(상의상관성相依相關性)으로 살아가나, 깨닫지 못한 자는 그렇지 못하다. 연기법으로 살아가는 사람은 차별이 없어서 모든 것이 평등해진다. 연기법으로 보면 부모, 형제, 친구도 중요하나 태양, 물, 공기와 같은 것들이 없으면 우리는 결코 살아갈 수 없다.

연기로 보면 모든 것은 서로가 은혜로운 관계임을 안다. 따라서 연기를 보는 것을 견성이라 하고, 견성은 모두 하나 되어 통일된 자리, 평등한 자리를 확실하게 체험하는 것을 말한다.

연기를 보면 공空(연기공)을 본다. 여기에는 어떠한 분별도 없기 때문에 차별 있는 가운데 차별이 없다. 있는 그대로 만상은 하나다. 서로 나누지 않으면 연기의 고리가 끊어져 사라지게 된다.

연기로 살아간다는 것은 중도中道로 살아간다는 것과 그 의미가 같다.

* 긍정적인 사람은 항상 같은 점을 찾아내고 부정적인 사람은 항상 다른 점을 찾아낸다. 하나님과 부처를 다르게 보면 다르다. 그러나 하나님도 진리이고 부처도 진리다. 같은 점을 찾는 것이 바로 본질을 찾는 것이다. 모든 것은 본질에서 비롯된다.

모든 존재는 거슬러 올라가면 하나의 점(빅뱅)에서 출발하였다. 무엇을 같다 하고 무엇을 다르다 하겠는가. 하나가 모두요, 모두가 하나다.

부정적인 생각은 서로 다른 것을 찾아서 비교하고, 분별하고, 차별하고, 서로 다투게 된다. 그러나 긍정적인 생각은 서로 같은 것(공통점)을 찾아서 화합하고 융합한다.

부정적인 생각에는 의심이 가득함으로 서로 분리되나, 긍정적인 생각에는 믿음이 가득하기 때문에 하나로 된다. 하나로 될 때 가장 강한 힘을 발휘한다.

* 기독교에서 말하는 하나님과 불교에서 말하는 부처(법法)는 진리의 다른 이름이다. 그러므로 하나님과 부처를 진리라는 하나의 말로 바꾸고 종교의 가르침을 들여다보면 조금도 다르지 않다. '원수를 사랑하라'는 말을 '자비'라는 말로 나타냈을 뿐, 그 의미는 다르지 않다. 이것이 긍정적으로 바라보는 것이다. 긍정적인 생각을 하려면 내 마음에서 부정적인 생각을 만들어 내는 씨앗을 없애야 한다. 씨앗을 심지 않았는데 싹이 나는 법은 결코 없다. 부정적인 생각은 모든 것은 '다르지 않다(불이不異)', '둘이 아니다(불이不二)'라는 우주의 원리를 모르는 어리석은 '내 생각(무명無明)'이다.

내 생각(아상)을 없애는 것은, "없애야지!" 해서 없어지는 것은 결코 아니다. 오직 공부해서 원리를 깨달으면 저절로 없어진다.

* 물은 높은 곳에서 낮은 곳으로 흐르고, 깊은 곳이 있으면 채워서 흐르며, 막혀있으면 터진 곳으로 돌아서 흐르고, 어디에 있어도 반드시 수평을 이룬다. 이것이 물의 성질이다. 어떠한 경우에도 이 성질에서 벗어나지 않는다. 높고, 낮고, 깊고, 막힌 것은 물의 흐름에 따르는 인연이다. 이 인연을 결코 불평하지도 않는다. 이것이 도道(선禪)다. 그래서 도道는 인연이 오는 대로 잡아 쓰는 것(절대 긍정)이다. 이럴 때는 이렇게 하고 저럴 때는 저렇게 할 줄 아는 중도(지혜)다.

중도를 모르고 다른 것을 아무리 많이 알아도 중도를 아는 것보다 이익이 적다.

중도는 모든 것과 하나로 통한다.

* 바라는 마음(욕심)이 없으면 미워하는 마음은 결코 일어나지 않는다.

바라는 마음이 없으면 그 마음이 무심無心이다.

무심은 어디에도 집착하지 않기 때문에 머무름이 없고, 모든 것과 함께하나 어디에도 물들지 않으며, 어떠한 것도 내 것(고정관념)으로 삼지 않기 때문에 만상과 화합한다.

그래서 무심을 '도道'라 하고, 무심이 '중도中道'며 최상의 지혜다.

최상의 지혜는 최상의 결과를 만들어내는 도깨비 방망이라네!

* 우주는 하나의 '생명공동체입니다. 서로 조건 없이 주고받는 상호의존성(상호관계성, 연기성)이 존재의 원리이기 때문입니다.

한 잔의 물을 내가 마시기 전에는 내 몸 밖에 있으므로 내가 아니지만 마시는 순간 내 몸의 구성요소가 되기 때문에 물은 더 이상 물이 아니라 바로 '나'입니다. 모든 생명체는 물이 없으면 더 이상 존재할 수 없습니다.

이것이 없으면 저것이 존재할 수 없고 저것이 없으면 이것이 존재할 수 없으므로 모든 것은 '나'입니다. 이러한 존재의 본질을 알지 못해 우리는 서로 다투고 내 것을 빼앗기지 않으려 합니다. 이것은 결국 나를 죽이는 결과를 가져옵니다.

이러한 존재의 원리를 확실하게 깨달으면 싸우지 않고, 조건 없이 나누는 삶을 이어나갈 수 있습니다.

제 30 강
논리적인 사고와 관계성을 길러라

요즈음 교육학자들은 논리적인 사고방식(일관성 있게 깊이 사유하는 것)과 관계성을 길러야 한다고 말합니다. 논리적이라는 말은 자신의 생각을 전달하고, 그것이 '그럴 듯하다'고 느낄 수 있도록 하는 것이므로 '자신이 말하고자 하는 바(주장하는 것)'가 들어가야 하며, 그 주장하는 것이 설득력을 갖추려면 사실로 느끼게 할 수 있는 장치가 필요합니다. 그러나 요즈음의 교육은 가정에서나 학교에서나 가야할 길(방향)을 미리 정해 놓기 때문에 일정한 틀에 가두어 놓은 것과 같아서 개개인의 주장(생각)을 펼쳐 보일 수가 없습니다. 이렇게 되면 창조적인 활동을 전혀 할 수 없게 됩니다.

가정에서 부모가 자식에게 '사랑'이라는 이름으로 모든 것을 부모의 생각으로 미리 정해놓고 그 길로 가기를 바라는 것은 사랑이 아니라 간섭이고 욕심이라는 사실을 깊게 새겨야 합니다.

아이들을 가르칠 때 무슨 문제가 되었든 아이들의 생각은 철이 없다고 해서 무시해 버리고 "이것은 이렇게 해라."하며 지시하게 됩니다. 이것은 내 생각을 아이에게 주입시키는 것이므로 아이를 내 마음대로 바꾸려고 하는 것입니다. 내 생각을 내려놓으면 아이의 처지에서 물어보게 되어 "무엇을 어떻게 하고 싶니?"라고 말하게 됩니다. 전자는 미리 다 결정되어 있어 아이가 생각할 일이 전혀 없으므로 늘 끌려다니는 수동적인 삶을 살게 되고, 후자는 많은 것을 생각하게 함으로써 능동적(주체적)인 삶을 살게 하고 창조적인 능력을 최대한 발휘할 수 있게 합니다. 역사에 남을 만한 위대한 일을 한 사람 가운데 부모가 시키는 대로 한 사람은 극히 드뭅니다.

창작은 어디에도 걸림이 없을 때 극대화됩니다. 부모의 생각을 아이에게 주입시키는 것은 아이에게 고정된 개념을 심어주는 것이 되어 그것에 걸리게 됩니다. '창작은 틀을 깸으로써 이룰 수 있다'라는 의미도 있지만, 보다 확실한 것은 '모든 개념(고정관념)으로부터 벗어날 때 이룰 수 있는 것'입니다. 따라서 중도로 할 때 창작은 가장 극대화됩니다. 결국, 내 생각을 버렸을 때 원리를 체득할 수 있고 원리를 체득하면 숨어있는 진실을 가장 빨리 찾을 수 있으며, 이것과 저것을 융합하여 새로운 것을 만들 수 있는 능력이 가장 잘 발달 된다는 말입니다.

나비는 나비대로 살아가는 방식이 있고 소는 소대로 살아가는 방식이 있듯이 사람마다 나름대로 살아가는 방식이 있어서 나를 바꾸지 않고 남을 바꾸려 하는 것은 마치 나비를 소로 바꾸거나 소를 나비로 바꾸려는 것과 같아서 불가능합니다. 콩은 콩의 습성대로 키워야 콩이 달립니다. 업業의 원리에서 이미 말했듯이 개개인의 업은 단 한 사람도 똑같을 수는 없으며, 업은 철저하게 독립적이어서 스스로 바꾸기 전에는 누구도 간섭할 수 없으며 다른 사람에 의해서는 바뀌지도 않습니다. 이러한 이유로 아이들을 부모의 생각이나 사회의 관념에 가두어 키우는 것은 매우 어리석은 일입니다.

오늘날 부모의 생각이나 사회의 관념으로 아이들의 나아갈 길을 미리 정해놓는 것의 원인을 살펴보면, 돈 많이 벌고 출세하는 것이 최고라는 생각에 오직 이것에만 초점을 맞추고 다른 모든 것들은 배제하기 때문에 잘못된 가치관을 심어주게 됩니다. 그런데 여기에 문제점이 있습니다. 돈을 많이 벌 수 있거나 출세할 수 있는 직업이 고정되어 있지 않고 자꾸 바뀐다는 사실입니다. 10년 20년 전에 인기 있던 직업이 현재는 인기가 없을 수 있기 때문에 아이가 자라서 사회에 나갔을 때 또 어떻게 바뀔지 모른다는 말입니다. 더 큰 문제점은, 어떻게 벌고 어떻게 출세해야 된다는, '어떻게'는 가르치지 않고 무조건 많이 벌고 무조건 출세하면 된다는 식으로 가르치기 때문에 남을 생각하는 관계성을 무시해 버리게 되어 다른 것들에 손해를 끼치게 되고, 돈을 많이 벌거나 출세하고 나면 부모를 비롯한 주변을 전혀 인식하지 못하고 자기만을 위해서 살아가는 극단적인 이기주의자가 되고 맙니다. 이때 누구나 반드시 하는 말이 "이놈아! 내가 너를 어떻게 키웠는데, 이럴 수가 있느냐?"입니다. 자식 교육을 잘못시켰다는 사실을 끝까지 모르는 자업자득의 결과입니다.

"어떻게 벌고 어떻게 성공해야 될까?", "어떻게 해줄까?", "어떻게 하겠니?", "어떻게 해야 할까?"라는 물음에서 '어떻게'는 방법론으로서 다른 것들과의 관계성, 즉 연기緣起(인연因緣, 상관관계)를 의미합니다.

자기를 바꾸는 공부는 현상에 집착하지 않고, 현상에 가려서 보이지 않는 본질을 정확하게 판단하여 나와의 관계를 찾아가는 공부이므로 논리적인 사고와 관계성을 기르는 것으로 최적이라 할 수 있습니다. 모든 것은 연기로 되어 있기 때문에 논리적으로 타당성이 있게 하려면 이것과 저것을 연결하여 증명되게 하여야 합니다. 깨달음의 모든 논리가 '중도'라는 하나의 말로 회통될 수 있는 것도 연기가 진리이기 때문입니다.

오늘날 아동심리학에서 부모가 아이를 가르칠 때는 이렇게 해라 저렇게 해라는 식의 교육 방법이 많이 있습니다. 이 많은 방법을 다 알고 가르친다는 것은 거의 불가능하고 설혹 전문가라 할지라도 자기전공 분야가 아니면 어렵습니다. 이 많은 방법의 본질(공통점)은, 아이와 부모와의 관계성에서 아이와 부모가 하나 되는 것입니다. 다시 말해서, 부모의 생각을 버리고 아이의 생각 속으로 들어가는 것입니다. 모든 심리치료의 근본은 '너와 내가 하나 되는 것'으로부터 나왔기 때문에 어떤 일이 발생했을 때는 내 마음대로 판단하지 말고 반드시 '왜 그럴까?'라는 원인을 찾아야 합니다. 원인을 찾는 것은 관계성, 즉 연기緣起를 찾아 들어가는 일입니다. 이러한 일뿐만이 아니라 모든 인간관계가 다 마찬가지입니다. 아이가 아무에게도 하지 못하는 이야기를 부모에게 하면 그것은 부모의 역할을 가장 잘한 것이 됩니다. 아이가 생각할 때 부모와 하나 되었다고 생각할 때만 이렇게 할 수 있기 때문입니다. 아이가 옳지 못한 일을 할 때 부정적으로 보고 그 일을 나무라기만 해서는 안 됩니다. 아이의 마음이 되어 '왜 그렇게 하고 있을까?'를 먼저 알아야 합니다. 내 생각이 없어져야 하나 될 수 있고, 하나 될 때 내 생각은 없어집니다.

사람의 됨됨이는 관계성(연기)에서 나타납니다. 무인도에서 혼자 살아간다면 무슨 인격이 필요하겠습니까? 오늘날 인간의 가치관을 돈과 명예와 인기에만 집착하여 이것만 보고 인간적인 면은 전혀 보지 않기 때문에, 자기의 직업적인 것에 탁월한 재능을 발휘하여 돈과 명예와 인기만 올라가면 그 사람이 최고로 성공한 것처럼 가르치고 있는 것은, 이 시대를 사는 우리가 모두 진실하게 돌이켜 보아야 할 문제입니다.

관계성과 논리적인 사고를 키우려면 분별하고 차별하는 내 생각(아상)을 버려야 하는데, 그렇지 못한 까닭은 모든 것이 평등하다는 원리를 알지 못하기 때문입니다. 인간의 가족관계나 사회에서의 관계는 수평이 아닌 수직의 관계로 형성되어 있기 때문에 가진 자는 없는 자를, 높은 자는 낮은 자를 지배하려고 합니다.

평등하다는 것을 몸으로 체득하는 것이 깨달음이므로 평등을 머리로 알기는 쉬우나 가슴으로 알기는 쉽지 않습니다. 이것 역시 생각으로 "평등하다고 생각해야지." 한다고 해서 되는 일은 아닙니다. 모든 것은 본래 평등하다는 것을 체와 상, 용의 원리와 연기의 원리를 통해서 확실하게 알아야 믿음이 생기고 그 믿음에 의해서 스스로 남을 존경하는 하심下心이 일어나게 되어야 실천 가능합니다.

'모든 것은 본래 평등하다'라는 말은 '모든 것은 하나다'라는 말과 같으므로 자아의식 때문에 잘못 알고 있는 '나(가아假我, 용用, 상相)'로부터 해방되어 진리(법法)와 하나 된 '참나(진아眞我, 체體)'의 입장에서 모든 것을 바라볼 수 있어야 합니다. '참나(진여, 소립자)'의 입장에서 세상을 바라보면 '나' 아닌 것이 하나도 없습니다. 그래서 나는 있기도 하고 없기도 합니다(비유비무 非有非無: 있는 것도 아니고 없는 것도 아니다. 유즉무有卽無 무즉유無卽有: 있는 것이 곧 없는 것이요, 없는 것이 곧 있는 것이다).

* 마음에 새겨야 할 글 *

* 깨닫기 전에는 깨달음에 대한 욕심을 버려야 하고, 깨닫고 나서는 깨달았다는 생각을 버려야 한다.

깨닫기 전에도 무심無心이어야 하고 깨닫고 나서도 무심이어야 한다. 무심은 바라는 마음이 없는 것이다. 어리석은 사람은 바라는 마음이 일어나야 움직이고 지혜로운 사람은 바라는 마음을 일으키지 않고 생명활동(본분사本分事)으로서 그냥 한다.

* 기도는 정직한 마음으로 하여야 서원이 이루어진다. 더러운 마음으로 하는 기도는 이루어질 수 없다. 도둑이 도둑질 잘되게 해 달라고 비는 것과 같다. 나를 위하는 기도보다 남을 위하는 기도를 하라, 그것이

나를 위하는 기도다.

세상에 남을 위하는 것은 없다. 자업자득이기 때문에 결국에는 다 내가 되돌려받는다. 남을 위해서 한 일은 복덕이나 공덕이 되어 다 나에게로 되돌아온다.

* 본래 근본자리(진리, 진여)에서 볼 때는 우리가 수행하여 깨달음을 얻기 위해 하는 모든 방편이 마치 '땅을 파면서 하늘을 보려는 것과 같다'고 한다. 다시 말해서, 무엇을 하더라도 근본자리에서 볼 때는 다 어긋난 것이라는 뜻이다. 이미 다 갖추어져 있기 때문이다.

자기 보물창고에 보물이 가득하다는 사실을 모르고 가난하게 살아가는 것과 같다.

본래 부처(진여, 진리)이기 때문에 부처가 될 수 있는 것이고, 본래 깨달아 있기 때문에 깨달을 수 있는 것이다.

구할 것도 없고 얻을 것도 없다. 다만, 이러한 사실을 확실하게 보는 것이 깨달음이다. 그래서 깨닫고 나면 순리(원리, 진리)대로 때에 따라 가장 지혜롭게 최선을 다해 살아갈 뿐 그 무엇도 바라는 마음이 없다. 늘 이미 가진 것에 감사하고 그것에 만족한다. 이것이 근본자리(참나자리, 진여, 열반)에 본래 갖추어져 있는 '상락아정常樂我淨'을 누리는 일이다.

'상락아정'이란? 열반涅槃의 경지에 갖추어져 있는 네 가지 덕(사덕四德)

으로서 1) 생멸 변천함이 없고(상常), 2) 생사의 고통이 없어 순리(자연 법칙)대로 행하고 인위적으로는 행하지 않기 때문에 안락하며(락樂), 3) 망념(내 생각)을 떨쳐버림으로써 무애자재한 참나(진아眞我)이며, 4) 번뇌의 더러움을 떠나 담연청정湛然淸淨한 것을 말한다.

* 기억(고정관념)을 버려라! 기억을 버리고, 있는 그대로 볼 때 가장 창의적이다. 기억을 버리면 새로운 세계가 보인다. 외웠느냐? 그러면 너는 따라 할 수 있을 것이다. 못 외웠느냐? 그러면 너는 새로운 것(창작)을 할 수 있을 것이다.

* 순종은 믿음에 대한 실천이다. 믿음 없는 순종은 없다. '내 생각'이 없을수록 믿음은 강해진다.

'내 생각'이 없어지는 만큼 진실(진리, 원리, 진여, 참나)을 볼 수 있고, 진실을 보는 만큼 믿음이 깊어지며, 믿음이 깊어지는 만큼 실천할 수 있는 힘이 강해진다.

양자물리학(양자역학, 미시의 세계)에서는 '내가 있기 때문에 우주가 존재한다'고 말한다. 이것은 '일체유심조一切唯心造'와 그 의미가 같다. 소립자(미립자)는 입자-파동의 이중성을 지니고 있다가 관찰자가 관찰하는 순간 입자로 바뀌기 때문이다.

'내 생각'이 '나'다.

제 31 강

해탈解脫

일반적으로 해탈이라 하면 모든 속박으로부터 벗어나 자유롭게 되는 것(대 자유인)을 말하기 때문에 모든 것을 초월한다는 뜻이 포함되기도 합니다. 해탈은 속박받던 모든 것을 근원적으로 없애버리는 것을 의미하기 때문에 두 번 다시 구속받을 일이 없어지는 것을 말합니다. '근원적으로 없앤다'는 말은, 속박하고 있던 것을 없애는 '무無'의 개념이 아니고, 있는 그대로를 다 수용(포용)하고 융합(화합, 소통, 회통)함으로써 분별하거나 차별하지 않습니다. 따라서 어떠한 개념도 자기 것(고정관념)으로 삼지 않기 때문에 어떠한 것에도 집착하지 않으므로 어디에도 걸림이 없고, 다만 그때그때 상황에 가장 알맞은 것으로 골라 쓰는 것을 의미합니다. 진공眞空은 묘유妙有(진실로 공空하다는 것은 아무것도 없다는 뜻이 아니라 만상이 묘妙하게 존재한다는 뜻)이듯이, 해탈은 중도와 그 의미가 하나로 통하는 말입니다. 그래서 중도를 정등각正等覺하는 것이 일체의 참된 모습을 깨달은 더할 나위 없는 최고의 깨달음(완성된 중도의 지혜)이고 이것이 해탈이며, 해탈은 열반涅槃으로 이어집니다.

해탈의 뜻이 이와 같기 때문에 지금까지 공부한 내용이 '해탈'이라는 하나의 말로 회통된다고 해도 과언이 아닙니다. 자기계발(마음경영)을 통해서 최종적으로 이루려는 것이 해탈(열반)이기 때문입니다. 그렇다면 우리를 속박(구속)하고 있는 내용이 무엇인가를 명확하게 알아야 그것으로부터 벗어날 수 있을 것입니다.

인간이라면 누구나 다 가지고 있는 탐심貪心, 진심瞋心, 치심痴心에서 일어나는 번뇌가 우리를 구속하며, 인간에 의해 만들어진 학문, 종교, 윤리, 도덕, 계율, 문화, 풍습 등으로부터 배우고 익혀 개개인이 자신의 개념(고정관념)으로 가지고 있는 것이 우리 모두를 속박하고 있는 것입니다.

고정관념은 과거(전생)로부터 지금까지 이어져 내려오면서 저마다의 무의식(제8아뢰야식, 업장業藏)에 저장되어 의식(제6의식)을 지배하고 있기 때문에 사람마다 생각이 달라 말과 행동을 다르게 함으로써 업業이 저마다 다른 것입니다. 이업은 끊임없이 윤회하면서 그 사람의 모든 것을 결정하며 이것이 우리를 구속하는 것입니다. 업의 윤회를 가장 잘 증명해 주는 것은 사람마다 선천적으로 타고나는 특징(유전)이 다 다르다는 사실입니다.

이렇게 본다면 모든 것이 나를 구속하는 원인이 되기 때문에 해탈을 한다는 것은 불가능 해 집니다. 그러나 걱정하지 마십시오. 여기에 하나의 묘법妙法이 있습니다. 그것이 바로 '완성된 중도의 지혜'입니다.

생사生死를 해탈한다는 것은, 생사로부터 벗어나 나고 죽는 것이 없는 것(무無)이 아니라 생사가 반드시 있는 가운데(유有) 나고 죽음이 없는 원리를 확실하게 깨달아 생사에 구속되지 않는 것을 말합니다. 다시 말해서, 유有와 무無가 하나로 융합하는 도리(원리)입니다.

인간의 본래심本來心(참나)을 청정심淸淨心이라 합니다. 청정이란? 깨끗한 것을 말하는데 이것은 일반적인 개념입니다. 자기계발을 함에 있어서 청정의 뜻은 다릅니다. 불구부정不垢不淨, 즉 더럽지도 않고 깨끗하지도 않은 것을 말하는데 이것은 더러움과 깨끗함을 포용하면서도 오염되지 않은 순수함을 말합니다. 더러움과 깨끗함을 하나로 융합하는 것입니다. 마치 연꽃이 진흙탕에서 자라나지만 더러움에 물들지 않듯이 말입니다.

인간의 마음에서 탐, 진, 치 삼독심三毒心을 빼고 나면 무엇이 있어 마음이라 할 수 있겠습니까? 우리들의 삶에서 학문, 종교, 윤리, 도덕, 계율, 문화, 풍습을 빼고 나면 무엇으로 살아가겠습니까? 우리를 속박하고 있는 모든 것들은 그 성품이 공空한 것이어서 자성自性이 없기 때문에(무자성無自性) 어떻게 쓰느냐에 따라 약藥이 되기도 하고 독毒이 되기도 합니다. 따라서 무엇이 되었든 완성된 중도의 지혜로 그때그때 인연닿는 대로 그것에 가장 알맞게 골라 씀으로써 어디에도 구속되지 않는 것이 해탈입니다.

인간은 각자의 업식業識 (업의 작용, 그동안 배우고 익힌 모든 것의 작용)대로 많은 생각을 하면서 살아갑니다. 지난날을 되돌아보면서 후회도 하고 반성도 하고, 앞으로 다가올 미래를 설계하고 근심 걱정을 하기도 합니다. 이 모든 것들도 우리를 속박하는 원인입니다. 그러나 이 것들은 모두 무자성이기 때문에 좋은 것도 아니고 나쁜 것도 아닙니다. 따라서 해야 될 때도 있고 하지 말아야 할 때도 있으므로 정해진 원칙은 없으나 할 때나 하지 않을 때나 어떤 마음가짐을 가지고 하느냐에 따라 삶의 찌꺼기(업業)를 남겨 생사윤회를 하느냐(윤회)? 남기지 않아 윤회하지 않느냐(해탈)? 가 결정됩니다.

무엇을 함에 있어서의 마음가짐은 무념無念, 무상無相, 무주無住, 즉 무심無心입니다. 무념이란? 생각이 없다는 말인데, 아무것도 생각하지 않는다는 뜻이 아니고 생각을 하되 분별심이 없는 것을 말합니다. 분별심이 없다는 것은, 자기 생각을 내려놓고 보는 것이므로 나(주관)와 너(객관, 대상, 경계)를 나누지 않고 모두를 하나(불이不二, 불이不異, 즉화卽化)로 보는 것을 말하기 때문에 자아의식에 의한 이기적인 마음을 내려놓고 상대방의 처지에서 전체를 보라는 뜻입니다.

무상無相이란? 4상四相이 없음을 말하며, 4상으로 인해서 생기는 일체의 분별과 차별을 떠나는 것입니다. 4상이란? 아상我相, 인상人相, 중생상衆 生相, 수자상壽者相을 말합니다. 해탈하지 못하는 가장 큰 이유는 아집我執(아상我相: 나에게 집착하는 것)때문입니다. 아집은 유전자가 살아남기 위해 이기적으로 진화했기 때문에 본능적인 문제입니다. 결국, '나(가아假我)'라는 존재가 있는 이상 해탈하기는 어려우므로 원리를 깨달아 '참나(진아眞我)'를 확실하게 체득하는 길이 해탈의 길입니다. '참나'를 체득하면 '나'라는 존재는 있기도 하지만 없기도 하기 때문에 아집이 없어지고, 아집이 없어진다는 말은 내가 없어지는 것(무아無我, 비아非我)입니다.

무주無住는 머무르는 곳이 없다는 말인데, 이것은 집착이 없음을 말합니다. 집착하게 되면 욕심이 생깁니다. 따라서 무엇을 하든 무심으로 하면 그것이 해탈입니다. (자세한 내용은 23강에 있습니다.)

해탈의 진정한 의미가 이와 같기 때문에 해탈하기 위해 조용한 곳을 찾아 마음이 일어나지 않게 하는 수행은 잘못된 수행입니다. 시끄러운 곳에서도 조용해지기 위해 마음을 조용하게 다스리는 것입니다. 다시 말해서, 자기계발(해탈)은 마음이 일어나지 않게 하는 것이 아니라 일어난 마음을 알아차리고 그 마음을 모두를 이익되게 하는, 마음 쓰는 법(용심법用心法)을 배우는 것입니다.

옳지 못한 것을 보고도 마음이 조용해져 그냥 지나친다면 차라리 해탈하지 않는 것이 더 나을 것입니다. 해탈은 모두에게 이익이 되는 일이라면 내 몸을 던져서라도 적극적으로 참여하는 데 있습니다. 다만, 무엇을 하든 집착하지 않고 그냥(무심無心) 하기 때문에 업業을 남기지 않습니다. 무심無心으로 하는 일은 하기 전에 조금의 망설임도 없고, 하고 나서 조금의 후회도 없습니다. 이유는 무심無心으로 했기 때문입니다.

[해탈이란? 모든 고통(고苦)의 원인으로부터 벗어나 대 자유인이 되는 것이다. 모든 고통의 원인은 자성이 없기 때문에 어떻게 쓰느냐에 따라 약藥이 되기도 하고 독毒이 되기도 한

다. 해탈은 고통의 원인을 무애자재하게(지혜롭게) 쓰는 것이다. 이것이 고통의 원인으로부터 벗어나는 것이다. 무심無心이 지혜智慧다. 지혜智慧는 중도中道다. 무심과 중도가 해탈이다.]

"본능은 억제할 대상이 아니다.

단지 알아차릴 대상이다.

본능은 억제하려고 한만큼 더 강해진다.

개입하면 실패하고, 지켜보면 성공한다.

수행이 실패하는 이유는 본능을 억제하기 때문이다."

– 옮긴 글 –

[마음은 일어나고 사라지는 것(생주이멸生住異滅)이 특징이다. 일어나는 마음과 싸우지 마라. 싸우면 두 번째 화살을 맞는다. 번뇌 망상도 본래심(청정심)의 다른 모습일 뿐이다. 파도와 바닷물이 둘이 아니듯이, 다만 알아차리고 지켜보면 저절로 사라진다. 알아차리고 지켜본다는 것은 내 생각을 내려놓는 것을 말한다.]

– 후회와 알아차림 –

잘못한 것을 후회하지 마라.

잘못했으면 잘못한 것을 알아차려라.

잘못해봐야 바른 것의 가치를 안다.

범부는 잘못한 것을 후회하고

또 잘못을 되풀이하지만

수행자는 잘못한 것을 알아차리고

같은 실수를 되풀이하지 않는다.

– 옮긴 글 –

* 해탈에 대해서는 여러 가지로 설명할 수 있습니다. 지금까지 공부한 것을 다시 한 번 상기시키면서 자기만의 글을 만들어 보면 앞으로의 공부에 많은 도움이 될 것입니다.

* 자기를 완전하게 계발하는 것이 해탈이므로 공부를 하면서 수시로 자기를 점검해 보아야 합니다. 내가 지금 얼마나 바뀌고 있는지는 오직 자기 자신이 가장 먼저 알고 가장 잘 알게 됩니다. 공부하기는 하는데 조금도 바뀌지 않고 있다면 공부를 잘못하고 있다는 확실한 증거입니다. 원인은 내 생각을 버리지 않고 공부를 했기 때문입니다. 이럴 때는 다시 발심하고 1강부터 천천히 내 생각을 버리고 믿는 마음으로 하면 됩니다.

* 해탈은 모든 것으로부터 자유로워지는 열쇠다! *

삶을 살아가면서 우리는 수많은 문제에 부딪히게 됩니다. 그때마다 지금까지 내가 배우고 익힌 것(내 생각, 개념, 지식)으로 판단하고 해결해 나가기는 하지만 내가 바라는 대로 되기란 쉽지 않습니다. 내가 바라는 것은 항상 좋은 결과(행복)를 만들어 내는 것입니다.

내가 태어나서 지금까지 배우고 익힌 것으로부터 만들어지는 '내 생각'의 내용을 살펴보면, 지식, 알음알이, 문화, 전통, 윤리, 도덕, 풍습, 종교, 학문 등일 것입니다. 이러한 것들은 인간에 의해 만들어진 것이기 때문에 시대에 따라, 국가에 따라 다 다를 뿐만 아니라 사람마다 배우고 익힌 것이 다르다는 것이 문제입니다. 따라서 어떤 문제를 해결함에 있어서 사람마다 다를 수밖에 없습니다. 결국, 나를 통제하고, 구속하고, 지배하는 것이 '내 생각'이라는 말입니다.

해탈이란? 어떠한 것으로부터도 구속받지 아니하고 무애자재無碍自在(자유자재)한 것을 이르는 말이기 때문에 위에서 말한 어떠한 것(내 생각을 만들어 내는 모든 것)으로부터도 구속받지 아니하고 자유로워져야 합니다. 이와 같이 대 자유인이 되었을 때 비로소 바로 볼 수 있고(정견正見), 바로 행동할 수 있는(정업正業) 능력을 갖추게 됩니다. 지혜란? 무슨 일이든 가장 현명하게 처리하는 것을 말하는데 중도적으로 처리하는 것을 이르는 말입니다. 중도적으로 처리한다는 것은, 그때그때의 상황(조건, 여건)에 가장 알맞게 대처함으로써 가장 많은 것을 이익되게 하는 걸 이르는 말입니다. 해탈하게 되면 어디에도 걸림이 없기 때문에, '진정한 중도란? 중도에도 머무르지 않는다'는 것과 그 의미가 같아서 최고의 지혜(완성된 중도의 지혜)를 지니게 됩니다.

'해탈의 지혜'는 모든 것을 초월하는 지혜이기 때문에 모든 것과 함께 하면서도 때로는 모든 것을 떠나는 것입니다. 이렇게 하는 이유는, 가장 많은 것에 이익이 돌아갈 수 있도록 하기 위해서입니다. 예를 들어, 내 아이가 성추행을 당했을 때 윤리 도덕관을 버리지 않고 그것에 속박되면 아이를 비롯한 모든 가족이 고통스러울 것입니다. 그러나 이럴 때는 윤리 도덕관으로부터 벗어나 별것 아닌 일로 생각해 버리면 이 고통으로부터 빨리 벗어날 수 있다는 말입니다. 부모가 자주 다투는 경우에도 이웃집 사람이 다투는 것과 같이 객관적으로 보면 내 마음이 편안하기 때문에 부모에게 자식이 해야 할 도리(효도)를 다할 수 있습니다. 그렇지 않고 부모의 싸움에 끼어들어 싸우지 않게 하려면 두 사람이 싸우다가 급기야는 세 사람이 싸우게 되고 이렇게 되면 부모가 미워지게 됨으로써 자식이 해야 될 도리를 다하지 못하게 됩니다. 사실 원리를 알고 보면 부부가 싸우는 것은 그들의 인생입니다. 누가 간섭한다고 해서 싸우지 않게 되기는 어렵습니다. 그들만의 정해진 길(업력)이 있기 때문입니다.

이와 같이 어떤 문제를 궁극적으로 해결하기 위해서는 해결하려는 그 문제를 내려놓아야 합니다. 그러나 집착하지 않고 내려놓는다는 것이 매우 어렵습니다. 이러한 모든 문제를 해결할 수 있는 유일한 방법이 오직 원리를 깨달아 지혜를 갖추는 길뿐입니다. 우리는 바라는 것이 있으면 그것을 붙들고 목표를 세우고 열심히 노력하고 최선을 다하면 되는 것으로 알고 있습니다. 이것이 잘못되었다는 말은 아닙니다. 그러나 이렇게 하면 집착하게 되고 집착은 욕심을 일으키고 욕심은 나만을 이익되게 하기 쉽고 이로 인해 남에게 피해를 주기 쉬우며, 가장 중요한 것은 이루고 난 다음 이룬 것의 노예가 되어 나누기가 어렵게 됩니다. 따라서 진정으로 바라는 것을 이루기 위해서는 '다만 무심으로 그냥 할 뿐'이어야 합니다. 이것이 모든 것을 내려놓고 최선을 다하는 것입니다. 마치 '호흡하는 것처럼 본분사로 하는 것'입니다. 진정한 해탈의 의미가 여기에 있습니다.

바라는 바를 내려놓지 못하는 이유는 업의 힘(업력業力) 때문입니다. 소는 소대로 살아가는 방식이 있고 나비는 나비대로의 살아가는 방식이 있고, 우리가 늘 바쁘게 헐떡거리며 살아가고 있는 것도 업력 때문입니다. 업의 힘은 워낙 강력해서 우리는 이 힘으로부터 자유로워지기가 거의 불가능 합니다. 이러한 업력을 바꿀 수 있는 것은 오직 원리를 깨달아 얻어지는 법력法力(완성된 중도의 지혜)으로만 가능하다는 말입니다. '완성된 중도의 지혜'는 어떠한 문제도 아주 가볍게 해결해 주는 열쇠인 것입니다.

결국, 수행이란? 무엇을 얻거나 구하는 것이 아니라 버리고 내려놓는 것입니다. 버리고 내려놓는 이유는 가장 큰 것을 얻고, 다 얻으려는 것(영원한 행복, 묘락妙樂)입니다. 그래서 '무욕無慾이 대욕大慾'입니다. 깨닫고 나면 본래 얻을 것도 없었고 구할 것도 없었다는 사실을 뼈에 사무치게 깨닫게 됩니다. 다만, 본래심本來心을 회복했을 뿐입니다. 이것은 마치 타향을 떠돌던 나그네가 고향의 자기 집으로 돌아온 것과 같고, 주머니에 금은보석으로 가득하였으나 모르고 있다가 알게 된 것과 같습니다.

* 무소유 *

크게 버리는 사람만이
크게 얻을 수 있다
많이 비워내는 사람만이
많이 채울 수 있다
아무것도 갖지 않을 때

그때 비로소
온 세상을
모두 갖게 된다는 것은
무소유의
또 다른 의미이다.
— 法頂 —

진정한 무소유란? 얼마나 적게 가지고 있느냐가 아니다. 일원을 가지고도 내 것이라 생각해서 움켜쥐고 나누지 않으면 무소유가 아니다. 그러나 아무리 많은 것을 가지고 있어도 내 것이 아니라고 생각해서 나누면 무소유다.

나누는 사람은 많은 것을 소유할수록 더 좋다. 아무리 많은 것도 나누려면 늘 부족하다.

본래 내 것이라는 것은 없다. 내가 없는데 하물며 내 것이 어디에 있겠는가? 내 것이 있다면 죽을 때 가지고 갈 수 있어야 한다.

나눔이 커질수록 그 자리에 채워지는 것도 커진다. 모든 사람이 그를 존경하고 사랑하는 것으로 채워진다. 이것이 온 세상을 다 가지는 것이다.

번뇌 망상(망념)으로 가득 찬 내 생각(이기심)을 비우고 버리고 죽여서 하나도 남기지 않으면 그 자리에는 우주를 담고도 남음이 있다. 그러나 내 생각으로 가득 채우고 조금도 버리지 않으면 그 자리에는 바늘 하나도 꼽을 자리가 없다.

* 마음에 새겨야 할 글 *

* 최상의 지혜는 '완성된 중도의 지혜(지혜바라밀)'입니다. 지혜가 완성되었다는 말은 해탈의 경지에 들었다는 말과도 같습니다.

해탈은 모든 것과 함께하면서 어디에도 걸림이 없다는 것이기 때문에 중도와 같은 말입니다. 따라서 최고의 지혜를 쓰기 위해서는 모든 상대적인 분별을 떠나야 합니다. 선이라는 개념에 걸려서도 최고의 지혜를 쓸 수 없으며, 악이라는 개념에 걸려도 최고의 지혜는 쓸 수 없습니다.

근본도리(진리, 진여)로 볼 때는 본래 선도 없고 악도 없습니다. 인간이 만들어낸 개념이기 때문입니다. 선과 악은 서로 연기관계일 뿐입니다.

* "모든 것에 감사하라!"

감사할 줄 모르면 어떠한 고통도 극복할 수 없다.

감사하는 마음이 긍정적인 마음이기 때문이다.

감사하는 마음은 스스로 만드는 것이다. (일체유심조一切唯心造)

같은 일임에도 불구하고 어떤 사람은 미안해하고 어떤 사람은 감사해 한다.

미안해하면 미안할 일만 생기고 감사해 하면 감사할 일만 생긴다.

우주 만상은 상호관계성(상호의존성, 연기관계, 생명공동체)으로 그 존재가 가능하기 때문에 이 원리를 확연히 깨치면 감사하지 않을 수 없다.

감사하는 마음은 항상 나보다 더 못하거나 더 고통스러운 것을 마음으로 깊게 새길 때 비로소 일어난다.

＊ 자성(본성, 참나)은 누구나 다 청정하다. 착한 사람 나쁜 사람이 없다. 삼세(전생, 금생, 내생)를 물 흐르는 것과 같이 생각하면, 지금의 착한 사람도 착한 사람이 아니요, 지금의 나쁜 사람도 나쁜 사람이 아니다.

청정하다는 것은 더럽지도 않고 깨끗하지도 않은 것이다. 더럽다 깨끗하다와 같은 어떠한 분별도 없다. 이것을 달리 말할 방법이 없어, 그냥 청정하다고 말했을 뿐이다.

우리들의 자성은 공空하다(무자성). 선善도 아니요 악惡도 아니다. 그냥 중도中道다. 때로는 선善으로 때로는 악惡으로 나타나기도 하고 사라지기도 하는 것일 뿐, 무엇이 있어 선善이라 하고 무엇이 있어 악惡이라 하는가?

참나(자성)는 어떠한 것에도 물들지 않아서 자아(가짜 나, 주관)가 경계(대상, 객관)를 만나면 그때마다 모습을 달리한다. 따라서 참나는 무한한 가능성을 갖추고 작용만 할 뿐이다.

희노애락喜怒哀樂을 나타내고 진선미眞善美를 분별하는 것도 참나로부터 나오는 것이다.

모든 것을 다 가능하게 하는 그것이 도대체 무엇이란 말인가? "이 뭣꼬!"

＊ 구름을 걷어내고 해를 보는 것이 아니다. 구름도 그대로 놔두고 해를 함께 보라. 번뇌가 곧 깨달음이다. 닦아서 깨끗함을 보는 것이 아니라 본래 깨끗한 자리를 보는 것이다. 이 말은 수도 없이 많이 했건만 아직도 알아차리지 못하고 헤매는 까닭이 무엇인고? 그 까닭을 스스로 참구하라! 의심은 믿음으로서 바탕삼고, 깨달음은 의심의 작용으로서

이루어진다. 믿지 않는 사람은 의심이 없다. 의심하기 위한 의심공부, 즉 믿는 마음이 약해서 알음알이로 의심하여 답을 구하려고 하는 의심 공부는 잘못된 공부다. 까닭은 의심 그 자체가 목적이 되기 때문이다. 화두 공부는 오직 '간절함' 하나만 필요한 공부다.

일체(만상, 모든 것)는 본래 부처(진리, 법, 진여) 아닌 것이 없는데 하물며 "사람이 부처다."라고 굳이 밝혀서 무엇하려 하는가?

번뇌와 깨달음이 둘이 아닌데 무엇이 있어 더 얻으려 하는가? 얻으려 하는 그 마음을 버려라. 얻으려 하는 마음을 일으키는 그놈이 '참나'다.

다만 내 생각(자아自我)만 일으키지 않으면 그 자리가 바로 '참나(진리, 진여)'의 자리인 것을….

만상은 '참나'의 작용이다. '가짜 나'도 '참나'의 다른 모습일 뿐이므로 둘은 서로 다르지 아니하다.

'참나'는 무한한 가능성만 지닐 뿐 인연이 없으면 스스로 작동해서 그 모습을 드러내지는 않는다. '참나'는 '가짜 나'를 인연으로해서 청정한 본래의 모습(무심無心, 불심佛心, 하나님 마음)으로 나타나기도 하고, 오염된 모습(중생심, 어리석음, 내 생각, 무명, 아상我相)으로 나타나기도 함으로 우리들의 어떠한 모습도 다 '참나'의 작용이 겉으로 드러난 것이다. 그래서 "번뇌 즉, 보리煩惱 卽 菩提.", "중생 즉, 부처."라고 한다. 이말은 "모든 것은 겉으로 드러나는 모습(상相, 용用)은 다르나 본질적(체體)으로는 둘이 아니다(불이不二), 다르지 않다(불이不異)는 것이다. 바닷 물과 파도가 다르지 않듯이…. 여기에 무슨 분별과 차별이 있겠느냐? 분별과 차별은 '내 생각(무명無明)'이 만들어 내는 것이다. 그래서 '일체유

심조一切唯心造'다

* 도道(선禪)는 흐르는 물과 같이 살아있어야 한다. 도를 깨치기 전에도 일상을 공부의 방편으로 삼고, 도를 깨치고 나서도 일상과 함께하여야 한다. 도道는 어디에도 머무름이 없어야 한다(무주無住). 물이 흐르지 않고 고여 있으면 썩는다. 도道는 쓰려고 있는 것이다. 그래서 도는 '성성적적惺惺寂寂' 하여야 한다.

옛날 한 공양주가 공부하는 스님에게 토굴을 마련하여 10년을 시봉(모심)하였다. 10년이 지났으나 스님의 공부가 별 진전이 없는 것 같아 어느 날 자기 딸에게 스님의 무릎에 앉아 스님께 "나를 안고 있으니 그 느낌이 어떠냐?"라고 물어보라고 시켰다. 딸은 어머니가 시키는 대로 하면서 스님께 물어보니 스님이 대답하기를 "차가운 바위에 매미 한 마리가 앉아 있는 것 같구나!"라고 대답하였다. 딸이 어머니에게 그대로 전하였더니 스님이 공부하던 그 토굴을 불 질러 태우고 스님을 멀리 떠났습니다.

이 이야기는, 그 스님은 적적寂寂함(공空)에 빠져 성성惺惺하지 못한 것(깨어있지 못함)이었다. 살아있는 지혜가 없었던 것이다. 도道는 일체의 생명을 다 살리면서 어디에도 빠지지 않는 것이다.

아무리 큰 깨달음을 얻었다 할지라도 삶에 지혜로 활용되지 않으면 아무런 이익이 없다.

* 잘못을 지적받는 것과 비난을 받는 것은 다릅니다. 잘못을 지적받을 때는 나를 돌이켜 보아야 할 것이나, 비난을 받을 때는 그것은 그 사람의 생각일 뿐이므로 집착하지 말아야 할 것이다. 그러나 이 둘을 정확하게 구별한다는 것은 쉽지 않다.

잘못을 지적받을 때나 비난을 받을 때나 둘 다 기분이 좋지 않다. 이러한 일로부터 벗어나는 방법은 집착하지 않는 것이다. 다시 말해서, 경계에 걸리지 마라는 말이다. 다만, 늘 나의 내면을 반조返照(돌이켜 비추어봄) 함으로써 정견正見(바른 견해)을 확립하는 것이 최선책이다. 정견이 확립되면 어떠한 경우에도 흔들림이 없기 때문이다.

정견을 확립하려면 반드시 원리를 체득體得(깨달음, 중도)해야 가능하다.

* 과거를 돌이켜 보고 반성함으로써 지금의 거울로 삼는 것은 지금 잘하기 위해서다. 지금 잘하는 것도 미래를 대비하기 위해서다. 이러한 이유로 두 경우 모두 지금 잘하면 된다는 것이 공통점이다. 과거를 돌이켜보거나 미래를 걱정해서 미리 대비해두는 것은 모두가 원리를 깨닫지 못했기 때문이다.

원리를 깨닫지 못한 상태에서 아무리 과거를 반성하거나 미래를 대비해놓아도 그것은 어리석음의 결과를 쌓아두는 것일 뿐이다.

원리를 깨닫고 나면 항상 지금에 깨어있기 때문에 무엇을 하든 다만 무심으로 최선을 다하고 그 결과는 다 받아들이므로 늘 만족한다. 이것이 과거나 미래에 끌려다니지 않는 것이고 이것이 지혜다.

제 32 강
삶의 열쇠

우리가 살아가면서 생기는 고통의 대부분은 사람과 사람과의 관계로부터 일어나는 일들입니다. 이것을 인연因緣(연緣)이라 합니다. 인연에서 '인因'은 결과를 낳기 위한 내적인 직접원인을 뜻하고 '연緣'은 이를 돕는 외적인 간접원인을 의미하며 일반적으로는 양자를 합쳐 원인의 뜻으로 사용합니다.

존재하는 모든 것은 인연으로서 생겨나고 인연으로서 소멸하는 것이 연기緣起의 이법理法이며, 이것은 만상(우주)이 존재하기 이전부터 있었던 것(항상恒常 한 것)입니다. 이와 같이 인연법은 모든 것에 적용되나 여기서는 사람끼리의 인연관계에 대해서만 살펴보겠습니다.

사람과 사람 사이에 맺어지는 인연은 아무렇게나 맺어지는 것이 아니고 일정한 법칙에 의해서 맺어집니다. 인연은 반드시 주고받는 관계(상의성相依性: 서로 의존하는 성질)로 맺어지기 때문에 주고받을 것이 많을수록 가까운 인연으로 만나게 됩니다. 따라서 가족 간의 인연은 사랑과 혈연으로 맺어지는 인연이므로 주고받을 것이 가장 많을 수밖에 없습니다. 주고받는 관계는 지금을 기준으로 볼 때 지나간 과거에 이루어진 것이며 이것은 업業이라는 이름으로 개개인의 무의식(8아뢰야식)에 저장됩니다. 업의 힘(업력業力)은 주고받을 것이 많을수록 강하며 업력이 강할수록 가까운 인연으로 만나게 되는 것이 업의 순환(윤회, 흐름)원리입니다. 따라서 가족 간에 일어나는 문제를 해결하기가 가장 어려운 이유가 바로 여기에 있습니다. 가족을 제외한 다른 인연은 끊기가 비교적 쉬우나 가족이라는 인연은 끊기가 쉽지 않기 때문입니다.

예를 들어, 직장이 마음에 들지 않으면 직장을 옮기면 되고, 하는 일이 고통스러우면 다른 일을 하면 되나 가정은 가족이라는 특수성 때문에 인연을 바꾸기가 매우 어렵다는 말입니다.

가족이라는 인연에서 주고받는 것은 나에게 미치는 영향력이 가장 크기 때문에 '사랑'이라는 모양으로 포장되어 나타나게 되는데 이것의 본질(바탕)은 이기적인 사랑입니다. 그러나 이러한 사실을 우리는 착각해서 상대방을 진정으로 위하는 사랑으로 알고 있기 때문에 내가 가족에게 해주는 모든 것은 나름대로 잘한 일이라 여기게 되고 상대방이 귀찮게 생각하면 내 마음을 몰라준다고 여겨 서로가 고통스럽게 됩니다. 나는 사랑하기 때문에 하는 것이 상대방의 입장에서 볼 때는 계속 간섭하는 것이 됩니다. 예를 들어, 내가 남편을 사랑하기 위해서 결혼하고, 내가 아내를 사랑하기 위해서 결혼하는 것이 아니라 내가 사랑받기 위해 결혼한다는 말입니다. 부부간에 진정으로 사랑한다면 어떤 일이 있어도 나는 그를 사랑해야 합니다. 자식을 사랑하는 것도 마찬가지입니다. 그러나 우리는 조금만 내 마음에 들지 않으면 싫어하고 미워합니다.

주고받는 행위 자체는 살아있는 이상 결코 끊을 수는 없습니다. 그러나 무심으로 행하면 아무리 많이 주고받더라도 삶의 찌꺼기(업)가 남지 않으므로 윤회의 고리가 끊어지기 때문에 묘법妙法이라는 것입니다.

인연에 우연이라는 것은 없습니다. 필연만 있을 뿐입니다. 우리는 사랑하기 때문에 결혼하는 것으로 알고 있으나 줄 것이 많거나 받을 것이 많기 때문에 결혼하고 가정을 이루는 것입니다. 다시 말해서, 줄 것과 받을 것은 무의식에 종자로 저장되고 이것이 의식을 지배하기 때문에 줄 것이나 받을 것이 많은 사람을 보면 사랑하는 마음으로 나타나는 것입니다. 그래서 자기가 좋아하는 사람이 사람마다 다 다르고 주고받을 것이 많은 사람을 보면 자기도 모르게 그 사람만 보이게 됩니다. 사람마다 좋아하는 스타일이 과거(업業)에 의해 미리 결정된다는 사실입니다. 이것이 업력에 의해 인연이 맺어지는 원리이기 때문에 이 업력(인연)을 벗어난다는 것은 이미 지나간 과거의 일이기 때문에 불가능하고 다만, 이미(지금) 주어진 조건을 있는 그대로 받아들이면서 지금 내가 어떻게 하느냐에 따라 새로운 미래가 결정됩니다.

이 원리는 일상에서 일어나는 모든 고통을 해결하는 데 있어 가장 중요하나 우리가 모르는 전생의 문제까지 포함되어 있기 때문에 이해하기가 쉽지 않고 그로 말미암아 믿음이 일어나기가 어렵게 됨으로써 이 일로 일어나는 수많은 고통을 해결하기 어려운 주된 원인이 됩니다. (5, 6강을 참고 하십시오)

업業이 순환할 때는 과거에 좋은 것(선업善業)을 주었든 나쁜 것(악업惡業)을 주었든 돌려받을 때는 반드시 내가 준 대로 되돌려받는 것이 원칙입니다. 그래서 자업자득입니다. 따라서 지금 나에게 잘 대해주는 사람도 과거의 나의 모습이요, 고통을 주는 사람도 과거의 내 모습입니다. 그래서 모든 것은 다 내 탓이기 때문에 모든 문제의 해결점을 다 나에게서 찾아야 된다는 말입니다.

이와 같이 업業은 자기가 짓고 자기가 받는 것(자작자수 自作自受)이기 때문에 철저하게 독립적이어서 개개인의 업은 학습(수행, 자기계발)을 통해서 스스로 바꾸기 전에는 누구도 간섭할 수 없고 다른 사람이 직접적으로 바꿀 수는 없습니다. 우리가 고통에서 헤어나지 못하는 가장 큰 원인이 바로 이 원리를 모르는 어리석음에 있습니다. 그러나 이 원리를 깨달아 확실한 믿음이 생기면 모든 문제를 있는 그대로 긍정적으로 인정하고 받아들이게 됨으로써 문제(고통)를 바라보는 내 마음이 편안하게 되고 문제의 원인을 명확하게 찾아내기(정견正見) 때문에 가장 지혜롭게 해결할 수 있게 됩니다.

원리를 모르는 내 생각(고정관념, 알음알이, 아상, 중생심)으로 문제(고통)에 개입하면 서로 다투게 됨으로써 두 사람이 싸우다가 세 사람이 싸우게 되고 네 사람이 싸우다가 다섯 사람이 싸우게 되어 문제가 점점 더 커지나 원리를 깨달아서 내 생각을 버리고(청정심, 본래심) 개입하면 서로 화합(융합)해서 하나로 됩니다. 지혜(중도)는 모든 것을 하나로 화합(불이不二, 不異)되게 합니다.

이와 같이 인연 맺어지는 원리를 확실하게 깨닫는 것이 중요한 까닭은 모든 고통의 원인을 정확하게 찾아냄으로써 그 원인을 제거하기 때문에 같은 일이 반복되지 않아 윤회의 고리를 끊을 수 있다는 점입니다. 윤회의 고리가 하나씩 끊어져 남김없이 끊어지면 무의식(8아뢰야식)이 텅 비게 되어 본래심(청정심)이 드러나고, 이것은 윤회의 주체가 되는 업이 다 녹아진 것이어서 더 이상 윤회하지 않게 됩니다. 이것을 '해탈' 또는 '열반'이라 합니다. 선禪에서는 하나씩 끊는 것이 아니고 한 번의 큰 깨달음(견성見性)으로 단번에(한꺼번에) 모든 업을 다 끊어버리는데 이것을 '확철대오廓撤大悟'라고 합니다. 확철대오 하면 더 이상 깨달아야 할 것도 없고 더 이상 닦을 것(수행)도 없어진다 하여 '돈오돈수頓悟頓修(단박에 깨치고 단박에 닦는다.)'라 합니다

구경각究竟覺(최고의 깨달음)을 성취하고 나면 모든 수행의 굴레에서도 벗어나야 합니다. 더 이상 닦을 것(수행)은 없고 다만, 쓰는 것(지혜로운 마음을 쓰는 일)만 있습니다.

해탈은 내 생각(무명無明, 아상我相)에서 완전하게 벗어나는 것입니다.

* 이미 서술하였으나 이 원리를 깨달으면 다음과 같은 지혜가 생깁니다.

1) 모든 문제를 긍정적으로 다 받아들이게 됨으로써 그 문제를 바라보는 내 마음이 조용하기 때문에 늘 지혜롭다.

2) 다 내 탓이기 때문에 상대방에게 바라는 마음이 없어져 남을 원망

하거나 미워하지 않는다.

3) 문제의 해결점을 오직 나에게서 찾기 때문에 어떠한 경우에도 다툼이 없다.

4) 결코 남을 바꾸려 하지 않고 나를 바꾸어서 남도 스스로 바뀌게 한다. 남을 바꾸기 위해서 나를 바꾸는 것이 아니라 나를 위해 나를 바꾸는 것이다.

5) 어떠한 경우에도 남에게 무엇을 기대(바라는 마음)하지 않는다.

6) 가족이기 때문에 '사랑(이기적인 사랑)'이라는 이름을 내세워 남의 일(인생)에 간섭하지 않고 그는 자기의 인생을 살아가도록 지켜보고 따뜻하게 품어주면서(진정한 이타적인 사랑) 나는 그를 위해 오직 내가 해야 할 일에만 충실히 한다.

7) 지금 나에게 고통을 주는 사람과의 인연 관계를 명확하게 알 수 있기 때문에 과거(전생)에 내가 그에게 저지른 잘못을 진심으로 참회할 수 있다. 따라서 지금 나에게 고통을 주는 그를 바꾸려 하지 않고 사랑으로 보살펴 줌으로써 그는 스스로 바뀌게 한다. 이것이 진정한 용서다.

8) 지금의 나를 확실하게 알 수 있기 때문에 분수를 알게 됨으로써 쓸

데없는 욕심을 일으키지 않는다. 따라서 있는 그대로를 받아들이므로(절대적인 긍정) 열등의식이 없어져 단점을 장점으로 만들고, 주어진 여건 그대로 최선을 다해 보다 나은 미래를 가꾸게 된다.

* 1)~8) 까지는 상相-용用(색色)은 다르나 체體는 같기 때문에 그 의미는 하나로 통하는 말입니다.

* 위에서 서술한 원리와 무자성無自性의 원리와 체, 상, 용의 원리에서 말하는 불이不二(不異)의 원리를 하나로 회통시키면 그것이 중도를 정등각正等覺하는 것이고 지혜를 완성(지혜바라밀)시키는 것입니다.

이 지혜로 모든 문제를 다 해결할 수 있으니 자신의 문제도 이 원리에 입각해서 해결의 답을 구하면 그것이 가장 근본적인 해결책이 됩니다.

* 또 하나의 열쇠 *

1) 가정의 중심은 부부다. 부부가 화합하지 못하면 모든 일이 어긋나게 된다. 따라서 가정이 잘못되고 있다면 잘못의 원인을 다른 데서 찾지 말고 반드시 부부가 결혼한 이후로부터 지금까지 화합하고 있었는지를 가장 먼저 살펴야 한다. 엄마 아빠가 하는 모든 것은 아이에게 직접

적으로 영향을 미치게 된다.

1살~3살까지는 무조건 엄마가 보살펴야 한다. 어린아이에게 엄마라는 존재는 신神과 같다. 오늘날 맞벌이한다고 아이를 엄마가 키우지 않는 것은 많은 문제를 일으키는 원인이 된다.

가정의 문제를 바로 잡고 싶으면 부부간의 문제를 해결하면 나머지는 점차로 해결된다.

2) 우리가 걱정하고 있는 일은 이미 벌어진 일이거나 아직 다가오지 않은 일이다. 이것은 마치 날아간 새와 같고, 아직 오지 않은 새와 같아서 지금은 잡을 수 없다. 지금 잡을 수 없는 것은 놓아버리고 오직 지금의 일에 충실하면 된다.

괴롭지 않으려면 이미 벌어진 일과 아직 다가오지 않은 일은 놓아 버리고 괴롭고 싶으면 무엇이라도 하나 붙들고 그것에 집착하면 된다. 우리는 원리를 모르는 어리석음 때문에 내 생각(번뇌, 망상)에 사로잡혀 잘한다는 것이 바라는 것(붙들고 있는 것)이 너무 많아 오히려 고통만 키우고 있다.

내(아我) 아내이기 때문에, 내 남편이기 때문에, 내 자식이기 때문에, 내 부모이기 때문에, 내 형제이기 때문에 집착한다. 결국, '나(아我)'를 놓지 못하고 있는 것이다. '나'를 놓아버리면 아무 문제가 없다. 마치 꿈과 같아서 본래 아무 일도 없었다. 나와 관계없는 것에는 무슨 일이 일어나도 아무렇지 않게 생각하기 때문이다. 나와 관계있는 일도 이렇게 마음을 다스리면 내 마음이 편안해지기 때문에 다툴 일이 없어지고,

상대방이야 어떻게 하든 내가 해야 할 도리를 할 수 있고, 지혜로워지며, 나로 인해 상대방도 점차로 바뀌게 된다.

3) 무슨 일이 일어난 것은 다만, 그것일 뿐이다. 자성이 없기 때문이다. 이것을 내가 어떻게 대하느냐(일체유심조)에 따라서 그것이 복이 되기도 하고 재앙이 되기도 한다. 잘 못된 생각으로 인해서 자신의 고통을 자꾸 확대 재생산한다. 그래서 제1의 화살은 맞을지언정 제2의 화살은 맞지 말라고 한 것이다. 이미 일어난 일은 되돌릴 수 없다. 그것이 어떤 일이 되었든 시비는 하지 마라. 다만, 여기서 내가 어디로 갈 것이냐? 선택의 문제다. 남에게 피해를 주는 것이 아니라면 어디로 가든 그것은 중요하지 않다. 나를 행복의 길로 가게 해야 한다.

* 부모와 자식의 인연 *

부모가 자식을 이기기는 매우 힘들다. 자식이 부모를 사랑하는 마음보다 부모가 자식을 사랑하는 마음이 훨씬 더 크기 때문에 그렇다. 어차피 질 것을 자기 인생 살아가게 간섭하지 말고 따뜻한 마음으로 지켜보라. 간섭하기는 쉽고 지켜보기는 어렵다. 수행은 간섭하지 않고 지켜보기 위해서 하는 것이다. 지켜본다는 것은 포기하거나 내버려 두는 것이 아니다. 묵묵히(무심) 내가 부모로서 할 일을 다 하기 위해서다.

자식 잘되게 하려는 것은 간섭하는 것이다. 부모가 자식 잘되라고 하는 것은 자식의 입장에서는 간섭한다고 생각한다. 그래서 간섭하는 것은 무엇이 되었든 번뇌 망상이고, 묵묵히 지켜보면서 부모의 역할을 다 하는 것은 지혜다. 지혜롭게 하려면 내 생각을 죽이고 자식과 하나 되어 자식의 감정(마음)을 읽어라. 이렇게 하면 이길 일도 없고 질 일도 없다. 이것이 인연(업)이 반드시 있는 가운데 인연이 없어지는 묘법妙法의 도리다. 이 묘법을 깨달음의 세계에서는, 진흙탕 물에서 더러움에 물들지 아니하고 고고한 아름다움과 향기를 발산하는 연꽃에 비유하는 이유가 바로 여기에 있다. 연꽃이 깨끗한 곳에서 자란다면 묘법이 아니다.

* 마음에 새겨야 할 글 *

* 깨달은 사람이 죽을 때 "나는 죽어서 지옥에 갈 것이다."라고 말하면 세상 사람들은 액면 그대로 받아들여 나름대로 해석이 분분하다. 이 말의 뜻은 '지장보살'이 "지옥에 있는 중생들이 모두 제도 되어 한 사람도 남아 있지 않을 때까지 나는 결코 성불하지 않으리라."라고 말한 것과 같아서 '중생을 제도하기 위한 자신의 서원(자기의 의지)으로서 스스로 지옥에 들어가는 것'을 의미한다. 지장보살은 수행의 도량을 지옥으로 삼고, 관세음보살은 사바세계(인간 세상)를 도량으로 삼았을 뿐이다.

나만 깨닫고, 나만 해탈하고, 나만 열반에 든다면 이것은 나만을 이익되게 하는 외도外道다. 나를 이익되게 한 것을 나만 소유할 것이 아니라 모두에게 나누어 주는 것(회향廻向)은 해탈 열반보다 더 값진 것이다.

* 진정한 참선參禪은 모든 이웃과 함께하면서 모두가 만족하는 삶을 살아가는 것이다. 종교공부는 이것을 목적으로 한다.

보살행(자비, 나눔)을 하라! 그냥 화두에 들면 의심이 잘 일어나지 않는다. 무엇인가 나누면서 공부하라! 부족하면 부족한 대로 나누면 된다. 나눔의 생활을 하면 착한 인성이 살아난다. 나누면서 화두를 참구하면 상기上氣되는 현상이 없을 뿐 아니라 병통(마구니 장애)이 생기지 않는다. 베푼다는 생각을 하면 베푸는 방법의 지혜가 생긴다. 나눔(보살행)은 살아있는 중도다.

춥고, 배고프고, 병들어 가난에 찌든 사람들에게 아무리 높은 법문이나 설교를 한들 무슨 소용이 있겠는가? 진정한 대승大乘은 보살행이다.

부모, 형제의 인연을 끊고 출가하여 스님이 되는 것은 모든 부모, 형제를 내 부모, 내 형제로 삼기 위해서이다. 이 초심을 저버리면 안 된다. 나의 편안함에서 끝나는 종교공부는 잘못된 공부다. 아무리 높은 것을 성취해도 소용없다. 진정한 무아無我는 나눔에 있다. 화두를 타파하고 못하고, 견성을 하고 못하고에 너무 집착하고 따지지 마라, 나눔을 실천하면서 공부하라!

* '법화경法華經'에서 부처님께서 말씀하시기를 "모든 사람은 있는 그대

로 본래 부처다."라고 하셨다. 이 가르침을 깊이 사유해 보라! 부처님께서는 이 사실을 밝히고자 세상에 오신 것이다. 이것을 '일대사인연一大事因緣'이라 한다.

누구나 본래 부처기 때문에 구할 것도 없으며, 구할 것이 없기 때문에 얻을 것도 없다. 이 사실을 확실하게 알기 위해 수행을 하는 것이다.

내 호주머니에 금은보화가 가득하여도 알지 못하면 가난하게 살아갈 것이요, 알면 꺼내서 쓰면 된다.

'참나'는 누구나 다 본래 갖추고 있다. 다만, 인식하지 못할 뿐이다. 청정한 마음도 번뇌 망상도 모두 '참나(진여眞如)'의 작용이다. 다만, 겉으로 드러나는 모습만 다를 뿐이다.

모든 존재의 본질(체體)은 소립자다. 소립자는 무한한 가능성을 지니고 있다.

배고프면 먹을 줄 알고, 피곤하면 잠잘 줄 알고, 기쁘면 웃을 줄 알고, 슬프면 울 줄 아는 것이 소립자의 무한한 가능성이 작용하는 것이요, '참나'의 작용이다.

소립자는 '참나'의 작용으로 만들어진 것이다.

* 어떤 스님이 '대주화상(대주혜해大珠慧海 스님)'께 묻기를, "어떤 것이 대열반입니까?" 화상께서 답하시기를 "생사의 업을 짓지 않는 것이 대열반이다."

그 스님이 다시 묻기를 "어떤 것이 생사의 업입니까?", "대열반을 구하는 것이 생사의 업이다."

구求할 것이 없으니 얻을 것 또한, 없다. 다만, 무심無心으로 하라 그것이 본래(열반)로 돌아가는 것이다.

* 우리가 도道를 얻으려 하는 것은 종로에서 서울 가려 하는 것과 같다. 일상을 떠나서 도를 구하는 것은 파도를 떠나서 물을 구하려는 것과 같다.

사기 치는 놈도 부처요, 선禪을 하는 놈도 부처다. 그 능력 자체는 다 부처다. 이렇게도 할 줄 알고, 저렇게도 할 줄 아는 그놈이 무엇이더냐? 능력은 다 같은데 업식業識이 다르구나! 우리가 열심히 살아가는 그 당체가 바로 진리이고, 도道며, 부처다. 이러한 것들이 선禪의 모두다.

우리는 '참나'를 찾으러 다닌다. '참나'는 항상 나와 함께하고 있으나 무한한 가능성을 지니고 있는 에너지이기 때문에 인식하지 못할 뿐이다. 선善을 행行하든 악惡을 행하든 모두가 '참나'의 작용이다.

내가 '나'라고 생각하는 가아假我(가짜 나)는 내가 과거로부터 배우고 익힌 것으로 옷(고정관념, 알음알이, 아상我相, 무명無明, 업業)을 만들어 입고 있으나 진아眞我 (참나)는 어떠한 것에도 오염되지 않은 본래의 모습, 즉 어떠한 옷도 입지 않은 벌거벗은 '나'다.

가아假我(가짜 나)는 사람마다 모양(상相, 옷)이 다 다르나 진아眞我 (참나)는 누구나 똑같다.

* 높은 직위(성공)에 오르는 것보다 그 일을 성취하고 난 후에 오는 갖가지 유혹을 이기는 것이 더 어렵다.

처음 먹은 그 마음(초심初心, 발심發心)이 바로 큰 깨달음을 얻은 때와 같다(초발심시변정각 初發心時便正覺). 즉, 처음 먹은 그 마음이 변치 않고 끝까지 가면 이루지 못할 일이 없다는 말이다.

초심과 발심에는 이루지 못했기 때문에 하심下心이 있으나 이루고 나면 하심이 사라지기 쉽다. 진정한 하심이란? 나를 낮추는 것이 아니라 상대방을 존중하는 것이다. 나눈다는 것은 상대방을 소중하게 생각하는 것이다.

* 일이 끝난 다음 수고했다고 돈을 주는 사람은 주인이고 그 돈을 받아가는 사람은 주인이 아니다. 주인이 되라! 준다는 것은 나누는 것이다. 나누는 것은 비우는 것이다. 나누어서 비우는 것은 비워서 마음을 채우는 것이다. 비워서 채워진 마음이 가장 행복한 마음이다. 나누는 삶이 주인공의 삶이다.

가진 것이 아무것도 없는 것은 무소유가 아니다. 무소유란? 얼마를 가졌느냐가 아니라 가진 것을 내 것으로 생각하지 않는 것이다. 많이 가지고 있을수록 나눌 것이 많아진다. 무소유의 삶이 주인공의 삶이다.

* 나이에 따른 자식 교육 방법 *

부모가 자식 일에 적극적으로 간섭하고 채찍질을 해야 하는 것이 다섯 가지가 있습니다.

1) 폭행이나 사람을 해치는 일.

2) 거짓말을 하고, 남을 속이거나 사기 치는 일.

3) 성추행이나 성폭행.

4) 마약을 하거나 술에 몹시 취하는 일.

5) 남의 물건을 훔치거나 빼앗는 것.

이 다섯 가지를 제외하고는 따뜻한 관심만 가지고 그냥 지켜보는 것이 가장 잘하는 것입니다.

1살에서 3살까지는 무엇이든 각인시키는 시기이기 때문에 무조건 엄마가 키워야 되며, 4살부터 초등학교(13살)까지는 따라 하는 것이 특징이고, 중 고등학교 사춘기(14살~19살) 때는 자아의식이 확립되는 시기이기 때문에 따라 배운 것을 자기식대로 해보는 것이 특징입니다(시기적으로 사람마다 약간의 차이는 있습니다). 이렇게 볼 때 아이들이 태어나서 자라나는 과정에 있어서 가장 중요한 것은 부모가 아이들의 모범이 되어야 하며 주변 환경이 중요하다는 결론을 얻을 수 있습니다.

사춘기 이전에는 말을 잘 듣던 아이가 사춘기가 되면서 갑자기 말을 잘 듣지 않고 자기 멋대로 하는 경우가 많아집니다. 이것은 말을 잘 듣지 않는 것이 아니라 그동안 배운 것들을 자기 생각(자기방식, 자아의식)으로 해 보는 것입니다. 이때 부모의 생각과 다르게 행동한다고 해서 간섭하고 못하게 하면 아이는 점점 더 자기 생각대로 하게 되며 나중에는 야단맞지 않기 위해 부모를 속이고 몰래 하게 될 뿐만 아니라 어른이 되어서 자립할 수 있는 힘이 약하게 됩니다. 이유는 사춘기 때 자의적으로 무엇을 해본 것은 좋은 것이든 나쁜 것이든 관계없이 거의 대부분은 사소한 일이기 때문에 어른이 되어서 좋은 경험으로 남게 됩니다. 그러나 부모가 간섭하지 않고 묵묵히 지켜본다는 일이 쉽지 않습니다. 이 문제를 해결하기 위해서는 아이에게 바라는 마음을 없애면 미워하는 마음이 일어나지 않기 때문에 그 아이를 바라보는 내 마음이 편안해 짐으로 아이와 소통(대화)을 하면서 간섭은 하지 않게 되고 조용한 마음으로 지켜볼 수 있게 됩니다. 바라지 않는다는 것은 아이의 있는 그대로를 긍정적으로 받아들인다는 뜻입니다. 그래서 아이들을 잘 가르치기 위해서 우선 되어야 하는 것은 부모의 인격수양(자기계발)입니다. 모든 것은 자업자득이니까요. 인격을 높이기 위해서는 반드시 원리를 공부해서 익히는 것이 지름길입니다.

사춘기까지는 부모의 영향을 많이 받으나 사춘기를 지나 20세가 되면 좋은 습관이든 나쁜 습관이든 이미 자기 것이 된 상태이므로 이때부터는 바뀌기가 쉽지 않으며, 20세가 지나면 누구나 자기 인생을 살아가며, 나이가 들수록 바뀌지 않는 것이 특징입니다. 자기 자신이 스스로 바꾸기 전에는 거의 불가능 하다는 말입니다. 따라서 적극적으로 간섭하고 채찍질을 해야 하는 다섯 가지도 20세가 되기 이전까지의 일이고 20세가 되면 이 다섯 가지마저도 묵묵히 지켜보면서 다만, 부모로서 해야 할 일들만 무심으로 해야 됩니다. 묵묵히 지켜본다는 말은 옆집 아이 보듯이 하라는 말입니다. 내가 마음에서 탁! 놓아버리면 아무 불편함이 없습니다. 옆집 아이는 무슨 짓을 해도 내 마음이 걱정되거나 불편하지 않습니다. 자식이 부모 말을 잘 듣게 하는 묘책을 찾는 것은 모래로 밥을 지으려는 것과 같아서 이 세상 어디에도 없습니다. 다만, 내 생각(자식에게 바라는 마음)을 내려놓는 것만이 묘책입니다. 내 생각을 내려놓고 내가 해야 할 일을 묵묵히 하다 보면 자식은 스스로 바뀌게 됩니다. 그렇지 못하면 부모와 자식의 관계는 영원히 멀어지고 서로가 평생을 고통 속에서 헤어나기 어렵습니다.

자식이 하는 행동이 조금도 바뀌지 않아도 그것을 바라보는 내 마음을 바꾸어 내 마음이 편안해지면 자식에게는 아무 일도 없습니다. 반대로 자식이 잘하고 있어도 부모가 바라는 것이 더 많으면 자식에게는 또 다른 문제가 생기고 부모의 마음은 또 고통스러워 집니다.

가령 남편이 술을 많이 먹는다면 몇 번 "술 먹지 마세요."라고 말해 보고 먹지 않으면 다행이지만 계속 술을 먹는다면 자기가 알아서 하도록 놔두는 방법 외에 달리 어떤 방법은 없습니다. 술 먹는 남편을 바라보는 내 마음이 편안해지면 아내의 역할을 충실하게 할 수 있고 부부관계는 나빠지지 않습니다. 이렇게 꾸준히 아내의 역할을 다 하다 보면 남편도 서서히 좋아지게 됩니다. 남편의 입장에서는 이러한 아내를 잔소리하는 아내보다 더 좋아하기 때문입니다. 어떠한 경우에도 내 마음이 편안하면 내가 좋고 내가 행복합니다.

술 먹지 말라고 10년을 말해도 고쳐지지 않는 남편 때문에 죽는 날까지 불행해서야 되겠습니까? 이것은 내 인생 전체가 남편에게 끌려다니는 것입니다.

자식이 나빠지는 것은 주로 부부 관계가 나쁜 경우에 많이 일어납니다. 그러니 자식이 나쁘게 행동하는 것은 다른 데서 온 것이 아니라 부모인 나에게서 온 것입니다. 부부지간에 서로에 대한 불만 때문에 저항했듯이 자식도 지금 부모에 대한 자기 나름대로 이유를 붙여서 저항하고 있는 것이므로 자식의 모습이 바로 내 모습입니다. 저항하는 자식의 모습에서 내 모습을 보고, "내가 저랬었구나! 그때 나는 내 나름대로 불만이 있어서 그랬었지만, 서로의 입장에서 보면 별일 아닌 것 가지고 그랬었겠구나!" 이런 생각으로 서로에 대한 참회 기도를 하면 내 마음도 편안해지고 동시에 자식을 보는 마음도 편안해집니다. 이렇게 시간이 지나면 부부와의 사이도 좋아지고 자식도 좋아지게 됩니다.

* 이러한 일은 부모가 자식을 가르치는 문제에만 해당되는 것이 아니라 깊이 새겨보면 우리 삶의 전반에 적용되는 해결책입니다. 그러나 우리가 가지고 있는 일반적인 개념과는 전혀 엉뚱하고 말도 안 되는 것 같이 느껴질 것입니다. 따라서 이렇게 실천한다는 것은 내 생각과 너무 다르기 때문에 결코 쉽지는 않습니다. 그러나 이 방법이 아니면 과거의 업력業力에 의해 그 과보果報로서 지금에 일어나는 문제를 근원적으로 해결할 수 있는 방법은 없습니다. 실천하기 어려운 이유는 원리를 모르는 어리석음(무명, 아상, 내 생각, 고정관념, 중생심, 이기심)으로 말미암아 법력法力이 약하므로 업력을 이길 힘이 부족하기 때문입니다. 법력이 약하다는 말은 원리를 모르는 것은 말할 것도 없지만, 설혹 원리를 안다고 할지라도 믿는 마음이 약하다는 말이며, 믿는 마음은 원리를 깨닫는 마음의 크고 작음에 정비례합니다.

자기를 계발(마음경영)한다는 말은 법력을 최대한 증장시킴으로써 과거에 만들어진 업(인과因果)에 의해 지금 현실로 나타나는 모든 문제의 원인을 지혜롭게 해결함으로써 가장 많은 것에 이익을 주는 것을 의미합니다.

[경계(상대방, 객관, 문제점, 대상)를 바라보는 내 마음이 고요해져야 비로소 내가 해야 할 역할을 다 할 수 있고, 경계에 부딪히지 않는다.]

예를 들어, 부모가 다툴 때 다투지 않게 하려는 내 생각을 가지고 끼어들면 두 사람이 싸우고 말 것을 세 사람이 싸우게 되어 오히려 싸움은 점점 더 커지게 됩니다. 부모가 싸우는 것은 그들의 인생이기 때문에 내가 공연히 남의 인생에 간섭할 필요가 없습니다. 이웃집에서 싸우면 아무렇지도 않듯이 내 부모가 싸워도 내 마음이 편안해야 자식 노릇(효도)을 바로 할 수 있습니다. 그러다 보면 부모도 서서히 좋아질 가능성이 있다는 말입니다.

['긍정적인 생각'과 '만족하는 것'은 같은 의미의 말이며, 모든 고통에서 벗어나게 하는 열쇠다. 다시 말해서, 우리를 행복의 길로 가게 하는 가장 좋은 지혜라는 말이다. 긍정하는 마음과 만족하는 마음은, 내 앞에 벌어져 있는 모든 것보다 더 열악한 상황이 일어나지 않았음에 감사하는 마음을 가지는 것이다.]

제 33 강

신앙인의 종교와 수행인의 종교

세상에는 수많은 종교가 있으며 종교마다 교리가 다 다르기 때문에 우리는 다르다고 생각합니다. 그러나 크게 둘로 나누면 종교에 관계없이 신앙적으로 믿느냐, 아니면 수행적으로 믿느냐에 따라 다를 뿐 종교의 본질에 있어서는 다르지 않습니다. 종교의 본질은 '사랑과 자비', '나는 무엇을 위해 사는가? 그리고 나를 둘러싸고 있는 무한한 세계와 나는 어떤 관계에 있는가? 하는 물음에 대한 답을 얻고자 함에 있다' 등 여러 말로 나타낼 수 있겠으나 어떤 말로 하더라도 그 바탕에는 모든 고통으로부터 벗어나 영원한 만족과 행복을 추구하기 위해 인간에 의해 만들어진, 그래서 인간에게만 있는 것입니다. 다시 말해서, 개개인의 궁극적인 '소원' 또는 '희망'을 이루기 위해 있는 것이 종교입니다.

이 문제를 해결하기 위해서는 신神이나 강력한 힘을 지닌 그 무엇(절대자)에 의지하거나 아니면 자기를 수행(계발)해서 스스로 해결하는 두 가지 방법을 선택할 수밖에 없습니다. 어느 방법이 되었든 '믿음'을 근본으로 하기 때문에 전자는 '신앙적 믿음'이라 하고, 후자는 '수행적 믿음'

이라고 합니다.

1) 신神이나 절대자가 있는 종교.

대표적으로 기독교의 경우에는 신앙적인 믿음만 있는 것으로 알기 쉬우나 그렇지 않습니다.

기독교에서의 신앙적인 믿음은, 기도할 때 자기의 소원을 하나님께 말씀드리고 "어떻게 어떻게 해 주시옵소서."라고 주로 말합니다. 이러한 기도는 하나님께 의지하는 기도입니다. 그러나 수행적인 믿음은, 진리의 당체이신 하나님의 말씀에 순종하는 삶을 살아가기 위해서입니다. 따라서 하나님의 말씀대로 살아갈 것을 하나님과 약속하는 기도이기 때문에 나를 수행(계발)해서 하나님으로부터 '쓰임 받는 나'로 만들어야 됩니다. 이때의 기도는, 하나님께서 인도 하시는 대로 따를 수 있는 나로 계발하는데 있기 때문에 하나님께 의지하지 않고 오로지 말씀대로 순종하는 기도입니다. 따라서 기독교는 기도의 내용에 따라 신앙적인 믿음과 수행적인 믿음으로 나누어집니다. '쓰임받는 나'를 실천하는 곳이 '다일 공동체'입니다.

어느 기자가 '테레사' 수녀님에게 이렇게 물었습니다. "수녀님께서는 기도를 어떻게 하십니까?", "나는 듣는 기도를 합니다.", "그렇다면 하느님께서는 어떤 기도를 하십니까?", "그분께서도 듣는 기도를 하십니다."

이 말은 진정한 기도의 의미를 가장 잘 나타낸 깊은 의미가 있는 말씀입니다. 세상의 고통을 듣고 하느님께 쓰임 받는 내가 되고자 함이기 때문입니다.

2) 신神이나 절대자가 없는 종교

여기에 해당되는 종교는 불교밖에 없습니다. 흔히 불교는 자기 수행의 종교로만 알고 있으나 그렇지 않습니다. 불교도 기독교와 마찬가지로 불佛(부처님), 보살菩薩에 의지해서 소원을 빌게 되었으며, 이것은 신앙적 차원에서의 불교입니다. 그렇지 않고 부처님의 가르침(진리, 원리, 진여, 불성)을 깨달아 중도적인(주체적인, 능동적인) 삶을 살아가면 수행적인 불교가 됩니다. 이때 수행자는 오직 법法(진리)과 자기 자신에만 의지합니다(법등명 法燈明, 자등명自燈明).

불교는 신앙적으로 믿는 경우와 수행적으로 믿는 경우는 매우 달라서, 전자의 경우는 분별이 있어서 선善과 악惡이 있기 때문에 극락과 지옥도 있으나 후자의 경우는 모든 분별이 끊어지고 일체는 마음의 상태에 따라 결정됨으로 선도 없고 악도 없고 동시에 극락도 지옥도 없으며, 있는 자리 그대로 극락도 될 수 있고 지옥도 될 수 있습니다. 그래서 '일체유심조'입니다.

성령이 임한다는 것은 깊이 깨달아 어떠한 경우에도 물러서지 않는 불퇴전의 믿음을 말하고, 쓰임 받는다는 것은 나눔을 실천하고 말씀에 순종하는 것으로서 보살행菩薩行(나누는 것)을 하는 것과 그 의미가 같습니다.

신앙적인 믿음과 수행적인 믿음으로 원하는 것이 이루어졌을 때, 기독교에서는 하나님의 은사, 은혜, 은총이라고 하며, 모든 영광을 하나님께 돌립니다. 불교에서는 신앙적인 믿음의 경우 부처님의 가피加被(부처나 보살이 사람들에게 힘을 줌)와 신장님(신중님: 신神의 무리)의 가호加護(보호하고 도와 줌)를 입었다고 하며, 수행적인 믿음의 경우는 누구의 도움도 받지 않고 스스로 이루기는 하였으나 그 공을 불보살이나 신장님께 돌림으로써 자만심이 일어나지 않게 하는 수행(하심下心)의 문으로 삼습니다.

신앙인의 믿음은, 삶과 사후의 모든 문제를 하나님이나 불보살에 의지하는 것이기 때문에 자기능력으로 해결한 것이 아니므로 늘 기도로서 간절하게 부탁드려야 되므로 이루어지지 않게 되면 시험에 들기 쉽습니다. 그래서 이 종교 저 종교로, 이 종파宗派 저 종파로 옮겨 다니게 되며, 자칫 본질 외적인 것으로 빠지기 쉽고, 신비주의에 집착하기도 합니다. 무엇보다 자신도 모르게 믿음의 대상을 우상화하게 되는 경우가 많기 때문에 이웃 종교를 배척하거나 배타시 하게 됩니다. 오늘날 모든 종교가 신앙적인 믿음에만 치우쳐 있어 외적인 성장은 활발하나 내적인 성장이 이루어지지 않고 있으며, 종교를 세력화하기 위해 가정과 사회 더 나아가서는 나라와 나라 사이에 분쟁을 일으키는 원인이 되는 것은 매우 우려되는 일입니다. 그러나 수행인의 믿음은, 가르침(진리, 원리)을 몸소 익혀(체득) 자기 스스로 모든 문제를 해결하기 때문에 어떠한 경우에도 믿음이 변질되지 않고 오직 본질에만 충실하게 됩니다. 이 경우에는 오직 기도와 수행만 할 뿐 그 결과에는 집착하지 않으므로 어떠한 결과가 오더라도 다 받아들이게 됩니다. 기도의 결과는 지금 이루어진다고 해서 반드시 좋은 것도 아니고, 지금 이루어지지 않는다고 해서 꼭 나쁜 것이 아니기 때문입니다. 나는 다만, 기도와 수행만 할 뿐 결과는 그분들이 알아서 하시기 때문입니다. "눈 밝은 이들이여! 나를 바른길로 인도 하소서!"라고 하여야 합니다. 따라서 불퇴전의 믿음이 되려면 어떠한 경우에도 하나님께, 불보살님께 감사하는 마음을 가져야 합니다.

수행인의 믿음은 종교, 가정과 사회, 국가와 국가를 비롯한 모든 것을 분별하지 않고 차별하지 않기 때문에 하나로 만들어 어떠한 경우에도 다툴 일이 없습니다.

이와 같이 종교의 본질과 종교를 어떻게 믿느냐의 문제는 매우 중요합니다. 종교가 인간에 의해서 만들어졌다는 사실을 모르면 종교를 마치 우주가 생기기 이전, 즉 본래부터 있던 진리인 것처럼 개념을 가지게 되는데 이것을 상견常見(영원한 것이 있다)이라 합니다. 상견은 "이것이 절대적이다." 또는 "이것이 최고다."라는 고정관념을 만들기 때문에 자기 것 외에는 모두 배척하게 되어 늘 다른 것과 투쟁(전쟁)해서 정복(통일)하려고 합니다. 반대로 단견斷見은 "신神이고 종교고 뭐고 다 필요 없다. 죽으면 끝이다."라고 생각하기 때문에 남이 무어라 하든 자기방식대로 살아갑니다. 단견에 치우친 사람도 상견과 마찬가지로 내 생각과 다른 것을 만나면 항상 다투면서 살아가게 됩니다.

* 상견常見과 단견斷見 *

상견과 단견은 인간을 끊임없이 분열시키고 투쟁하게 만드는 원인이기 때문에 다시 살펴보기로 하겠습니다.

상견常見은 '있다(유有)'는 것이고 단견斷見은 '없다(무無)'는 것을 의미합니다. 다시 말해서, 상견과 단견은 모든 것을 상대적으로 보는 인간 세상(세간世間)을 대변하는 말입니다. 인간은 모든 것을 서로 상대적으로 분별해서 보기 때문에 있는 그대로를 보지 못하고 있다(유有)–없다(무無), 선善–악惡, 옳다(시是)–그르다(비非), 높다–낮다, 많다–적다, 좋다–나쁘다, 깨끗하다–더럽다 등 자기의 고정관념(알음알이, 지식, 경험)으로 만들어 본다는 말입니다(일체유심조). 따라서 상대적인 분별의 세계(인간 세상, 중생계, 세간)는 보는 관점만 서로 다를 뿐 어느 한 쪽으로든 치우친다는 점에서는 상견이든 단견이든 똑같습니다.

인간은 두뇌의 발달로 가장 이기적으로 진화했기 때문에 무엇이든 분별하고 차별해서 보는 것이 습관화되어 종교도 이름을 다르게 붙여 서로 분별하고 차별해서 각자 자기가 믿는 종교가 제일이라고 생각합니다. 이 문제로 말미암아 인간의 역사상 수많은 고통이 있었으며 종교로 인한 고통은 가정과 사회 국가 간에 지금도 이어지고 있는 실정입니다. 그러나 종교의 본질(체體)은 다르지 않습니다.

종교를 가지지 않은 사람은 "신神이고 뭐고 다 필요 없다(무無). 나는 내가 배우고 익힌 것에 의지해서 살아가는 것이 가장 옳다고 생각한다."는 관념을 가지고 있으므로 단견에 치우친 사람이고, 종교를 가진 사람은 "종교마다 그들이 섬기는 신神, 불보살佛菩薩이나 구원이 있다(유有)고 생각하며 그것은 절대적이다. 따라서 신, 불보살에 의지하고 구원을 얻으려는 관념을 가지고 있기 때문에 상견에 치우친 사람입니다.

신앙적인 믿음과 수행적인 믿음에서 한 가지 특이한 점은, 신이나 절대자가 있는 종교에서는 두 경우 다 그들이 섬기는 신이나 절대자의 나라(세계)가 따로 있고 그분들은 선善의 당체이기 때문에 선善과 악惡이 있으므로 천당과 지옥도 따로 있습니다(상견). 그러나 불교에서는 신앙적인 믿음에는 이웃 종교와 마찬가지로 불보살佛菩薩이 있으므로 선악이 있고 동시에 극락과 지옥도 있으나(상견) 수행자의 믿음에는 중도를 정등각해서 해탈을 하기 때문에 선악을 초월함으로써 선에도 매이지 않고 악에도 매이지 않고 선과 악을 무애자재하게 쓸 줄 아는 지혜를 갖추게 됩니다. 따라서 수행자에게는 선도 악도 없으며 동시에 극락도 지옥도 없습니다. 오직 마음의 상태에 따라 지금 있는 이 자리 그대로 극락도 될 수 있고 지옥도 될 수 있을 뿐입니다.

이제 우리는 중도의 원리를 잘 알고 있습니다. 이렇게 상대적인 양변, 즉 단견과 상견을 초월해서 하나로 화합(융합)하는 중도적인(단상중도斷常中道) 세계관, 종교관, 가치관을 가지는 것이 무엇보다 중요합니다.

* 종교라는 것 *

종교를 바르게 알고 바르게 믿는다는 것은 쉽지 않은 일입니다. 우선 종교라는 것은 인간에 의해서 만들어졌기 때문에 인간에게만 해당되는 것입니다. 따라서 종교의 가르침인 경전 또한, 인간에 의해서 쓰여진 것입니다. 인간의 생각은 사람마다 다 다른 것이 특징이며 시대에 따라 끊임없이 변합니다. 특히, 인간은 모든 생명체 중에서 가장 자기중심적(이기적)인 성향이 강하며, 이기적인 성향을 이타적인 성향으로 바꾸기 위해서는 별도의 공부(수행)를 해야만 가능합니다. 이러한 이유로 경전을 쓸 때 쓰는 사람의 생각이 전혀 개입되지 않기란 거의 불가능 합니다.

우주 만상을 존재하게 하는 당체를 우리는 진리(진여, 원리)라고 합니다. 진리는 본래부터 있었던 것(항상恒常 한 것)이기 때문에 인간의 어떠한 개념도 떠나있습니다. 따라서 진리를 말하고 있는 경전은 인간에 의해서 쓰여진 것이므로 항상한 진리와 100% 같다고 볼 수는 없습니다. 다만, 경전을 통해서 진리를 체득하는 방편으로 쓰고 있는 것입니다. 체득한 내용을 아무리 잘 나타낸다 할지라도 그것은 눈으로 보고 느낀 것이나 혀로 맛본 것을 말이나 글로 나타낸 것과 같아서 내가 직접 보고 맛보는 것과 같을 수 없다는 말입니다.

부처님께서는 깨닫고 나서 깨달음의 내용을 말할 수가 없었습니다. 그 시대의 상황으로서는 누구도 이해하지 못할 것을 아셨기 때문입니다. 그래서 사람마다 받아 지닐 수 있는 능력에 맞추어서 설법하셨는데 이것을 '대기설법對機說法'이라 합니다. 특히 사람들에게 관심을 가지게 하고, 진리를 깨닫는 길로 인도하시기 위해 현상적으로는 없으나 선을 행하면 사후에 서방정토(극락)를 갈 수 있다고 방편을 쓰시기도 하였습니다. 이러한 내용이 경전의 곳곳에 수록되어 있으나 어디까지나 방편으로 사용하신 것이므로 의미적으로 새겨야 할 것입니다. 부처님께서는 진리(진여, 본성 자리)를 깨달을 수 있는 길을 안내하기 위해 수많은 방편을 지혜롭게 사용하셨던 것입니다. 이러한 의미에서 중국의 선禪불교에 이르러서는 수행(공부) 중에 부처를 만나면 부처를 죽이고 조사를 만나면 조사를 죽이라(살불살조殺佛殺祖)고 말합니다. 부처님께서는 유언으로 말씀하시기를 "어디에도 의지하지 말고 오직 자기 자신을 등불로 삼고(자등명自燈明) 법法(진리)을 등불로 삼아라(법등명法燈明)."라고 하셨습니다. 지금 많은 종교와 수행자들은 이 말을 명심해야 믿음이 바른길로 가게 될 것입니다. "자등명 법등명."의 뜻은, "법(진리, 원리, 중도)을 깨달아 자기 자신이 진리에 순응하는 삶을 살아가라."는 의미입니다.

법을 깨닫는다는 것은 법의 성질인 원리를 깨닫는 것을 말하며, 이것을 가리켜 중도를 체득하는 것(중도를 정등각 하는 것)이라 하고, 진리에 순응하는 삶은 자연이 그러하듯이 조건 없이 나누는 삶을 살아가라는 말입니다. 이러한 원칙하에 종교마다 교리가 있고, 불교에서는 중도(원리, 진여)를 체득하기 위해 많은 수행 방편이 있습니다. 불교 수행의 공통점은 명상입니다. 명상하는 이유는, 원리를 깨닫기 위해서는 내 생각(번뇌, 망상)을 내려놓고 마음을 조용하게 가라앉혀야 하기 때문입니다. 명상의 최고 경지인 삼매(선정)에 들면 모든 것이 끊어진(정지된) 자리에 들게 되는데 이것을 가지고 원리를 깨달았다고 생각하면 크게 잘못된 일입니다. 원리를 깨닫기 위해서는 반드시 정定(명상)과 혜慧(교敎, 원리)를 함께 닦아야 합니다(정혜쌍수定慧雙修). 명상을 하는 이유는 원리를 깨닫기 위함이라는 사실을 잊지 말아야 합니다.

우리가 경전을 어떻게 대해야 할지? 종교를 어떤 시각으로 바라보아야 하며 어떻게 믿어야 바르게 믿는 것인지? 깨달음을 얻기 위해서는 어떻게 공부해야 할지?에 대해 상세하게 서술하려 하였으나 원론적인 사실을 확실하게 밝힘으로써 각자가 판단할 수 있도록 하였습니다.

* 마음에 새겨야 할 글 *

* '모두는 하나다'라는 진리를 파괴하는 것 중에서 가장 으뜸인 것이 전쟁이다. 따라서 전쟁은 어떠한 이유로도 그 명분이 될 수 없다. 전쟁은 인간이 할 수 있는 최고의 어리석은 짓이다. 그러나 전쟁도 자성이 없기 때문에 좋은 것도 아니고 나쁜 것도 아니다. 보는 각도에 따라 좋기도 하고 나쁘기도 하기 때문이다. 전쟁은 그냥 그것일 뿐이다.

만약에 전쟁을 하지 않았다면 지금의 인구는 얼마나 될까? 그리고 그 사람들이 무엇을 먹고 살아야 할까? 부분적으로 보면 전쟁은 분명히 나쁜 것이나 인류 전체를 보면 전쟁도 필요하기 때문에 있는 것이다. 전쟁으로 죽은 사람들은 대大를 위해 소小를 희생한 것이리라. 그래서

들어가 타다 남은 잿더미를 나뭇가지로 휘젓고 있었다. 스님이 "무엇하는 짓이냐?!"라고 묻자 그 객승은 "사리를 찾는다."라고 말하였다. 스님은 "이 미친놈아! 목불에 무슨 사리가 나오느냐?"라고 말하니 그 객승은 "그러면 마저 갖다 때야겠군."하고 말하였다. 이 말을 듣는 순간 스님은 크게 깨달았다.

상相을 보면 안 된다. 법法(법의 성품인 원리)을 보아야 부처를 본다. 법法이 부처이기 때문이다.

상을 보고 상에 매달리고 집착하면 그것이 우상이다.

지혜는 옳고 그릇됨을 벗어나 어두운 곳에서는 능히 어두울 줄 알고 밝은 곳에서는 능히 밝을 줄 안다. 이것이 중도다. 중도는 때(인연, 조건, 상황, 여건)에 따라 그 모습을 달리한다(가장 알맞게 적응하는 것). 목불은 또 만들면 된다.

중도는 중도에도 머무르지 않는다.

* 원효 스님께서 '일체유심조'라는 말은 이미 다 알고 있었다. 그러나 해골 물을 마시고 토하면서 그동안 지식으로 알고 있던 것을 체득한 것이다. 옆에서 이 일을 지켜본 의상 스님은 깨닫지 못하고 여러 해가 지난 뒤 깨달았다. 깨달음은 재촉한다고 빨리 되는 것은 아니다.

정진하고 또 정진하라. 이 공부는 기도와 마찬가지로 다만, 할 뿐 서두르면 오히려 내 생각만 끼어들 뿐, 빨리 가려다가 오히려 공부를 망치게 된다.

모든 것에는 때(시절인연)가 있다. 그때를 기다려라. 때를 기다린다는 것은 때가 오면 놓치지 않기 위해서다. 때를 놓치지 않는 가장 좋은 방법은 지금 열심히 하는 것뿐이다. 때는 내가 의식적으로 잡는 것이 아니라 무심으로 다만, 최선을 다 하는 사람에게 스스로 잡히는 것(스스로 찾아가는 것)이다.

* 찰스 다윈이 말하기를 "세상을 살아가는 데는 강한 것보다 적응을 잘하는 것이 더 중요하다." 고하였다. 이것은 중도를 잘 설명해 주는 말이다.

중도는 정해진 법이 따로 없는 것이 법이다. 다만, 인연(상황, 조건, 여건, 경계) 따라 그 법을 달리한다. 이것이 완성된 지혜다. 진리(진여, 참나)의 모습이 서로 다른 것끼리 상호의존의 관계(연기)로 화합하고 있기 때문이다.

진화는 인연(환경, 자연)에 가장 알맞게 적응해서 모습과 작용을 바꾸는 것이다. 이것이 진여의 작용이며, 진여는 무한한 가능성을 지니고 있다.

진화는 변화(무상無常)다. 바뀌는 것은 진리다. 진리에 적응하는 것이 가장 지혜로운 것이며, 이것을 순리라 한다.

* 역경계(나쁜 것)를 순경계(좋은 것)로 잡아 써라, 그것이 도道다. 집에 아픈 사람이 있으면 그 사람 병시중 드는 것이 수행자가 할 일이다.

이 일을 팽개치고 공부에 열중한들 무슨 소용이 있겠는가? 내 한 생명 축복되게 하기 위하여 얼마나 많은 것들이 나와 인연 맺고 있는가? 정말로 경이로운 일이다. 항상 은혜롭고 감사한 일이 아닐 수 없다.

수행은 고통으로부터 벗어나기 위해서다. 고통이 없다면 수행을 해야 될 아무런 이유가 없다. 모든 고통을 수행의 문(스승)으로 삼으면 그것보다 더 좋은 공부는 없다.

조용한 곳에 앉아 명상에 드는 것도 시끄러운 곳에서도 조용해지기 위해서다.

나라는 존재가 얼마나 많은 것들과 연결되어 비로소 내가 존재할 수 있는지를 확실하게 알면(깨닫게 되면) 나누지 않을 수 없고, 감사하지 않을 수 없다.

* 1. 나를(아상我相) 버리지 않으면 부처(진여, 진리)가 될 수 없다.
2. 법法(진리)을 등불로 삼아라.
3. 동체자비同體慈悲
4. 무주상보시無住相布施(나누었다는 생각 없이 나누는 것).

이 말씀은 부처님을 섬기는 불교의 가르침이다.

1. 나를 버리지 않으면 진리(하나님)를 따라갈 수 없다.
2. 선善의 기준은 진리이다, 어떠한 것도 선의 기준이 될 수 없다.
3. 원수를 사랑하고 이웃을 네 몸과 같이 하라.
4. 오른손이 하는 일을 왼손이 모르게 하라.

이 말씀은 하나님을 섬기는 기독교의 가르침이다.

각 항목을 비교해 보면 본질적인 가르침에 있어서는 조금도 다르지 않다. 다만, 표현만 다를 뿐이다.

다른 가운데 다르지 않음을 분명하게 볼 줄 아는 것이 깨달음이다.

다르게 보는 것이 무의식을 가득 채우고 있는 것은, 마치 해는 항상 세상을 밝게 비추고 있으나 구름이 해를 가리고 있으면 세상을 어둡게 하는 것과 같다.

오늘날 가르치는 사람들(성직자)이 해를 막아버리는 것만 가르치기 때문에 배우는 사람들이 그것이 진리인 줄로 착각하고 있다. 그래서 세상은 본래 조용하나 사람마다 배우고 익힌 것이 다 달라서 세상을 시끄러운 세상으로 만들고 있다.

* 마음이란? 진여眞如, 불성佛性, 참나, 진리, 법法, 신神, 하나님 등 우주를 창조한 당체 또는 그 당체로 인해서 만들어진 모든 것을 이르는 말이기 때문에 본래의 자리, 본성本性 자리 라고도 한다.

마음은 일종의 에너지이기 때문에 있기는 있으나 형상(상相, 모양)을 가지고 있지는 않고 다만, 작용만 있을 뿐이다. 다시 말해서, 에너지의 작용으로 인해서 우주가 만들어졌다는 말이다.

마음을 공空이라고 하면서 모든 것은 공으로부터 나왔기 때문에 공으로 돌아간다고 한다. 따라서 마음의 성품도 공이며 만상의 성품도 공이다. 공이라는 말은 자성이 없다는 뜻이다. 모든 것은 연기되어 변하고 있을 뿐 스스로 고정된 성품이 없기 때문이다.

만물은 진여(마음)의 작용(빅뱅)으로 만들어졌으며 그 본질은 소립자다. 소립자는 무한한 가능성을 지니고 있을 뿐 형상이 없으나 인연 따라 형상을 만들고 만들어진 형상을 통해 그 작용을 드러낸다.

이러한 이유로 본래 부처(진여, 진리, 하나님) 아닌 것이 없기 때문에 깨달음이란 본래의 자리(본래심)를 회복하는 것일 뿐 아무것도 얻을 것이 없는 것이다. 그래서 구하려고 하면 깨달음과는 점점 더 멀어진다는 것이다.

상相(언설상言說相, 문자상文字相)을 만들어 내는 것은 인간밖에 없다. 그래서 '일체유심조'는 인간에게만 해당되는 말이다.

다만 내 생각(무명, 아상我相)만 내려놓으면 그 자리가 바로 본래의 자리다. 이것이 끊어지지 않고 계속되면 그것을 열반이라 한다.

이 글은 모든 원리를 다 품고 있다. 깊게 참구하면 공부에 많은 도움이 될 것이다.

* 우리는 늘 '가짜 나(가립 된 나)'를 '진짜 나(참나)'로 착각하면서 살아간다. 그래서 모든 것은 꿈속의 일이라 한다. 꿈에서 깨는 즉시 꿈속의 일은 사라진다. 이것이 큰 깨달음(확철대오)이다.

꿈에서 깨고 나면 더 이상의 고통은 없다. 이것이 해탈, 열반이다.

꿈에서 깨어나면 그것이 나의 본질(본성)이다.

제 34 강

믿음과 우상

종교가 인류에게 좋은 영향으로 다가왔다는 사실에 대해서는 아무도 부정할 수 없습니다. 그러나 종교도 인간의 욕심(이기심) 앞에서는 예외가 아니어서 종교로 인한 좋지 않은 문제도 많았다는 사실 또한, 부정할 수 없습니다.

33강에서 신앙인의 종교와 수행인의 종교에 대해 설명이 있었으나 종교를 잘못 인식하기 때문에 일어나는 문제는 오늘날까지도 지속되고 있으며 앞으로도 많은 문제를 일으킬 것이므로 이러한 문제를 최소화하고 종교가 보다 더 인류에게 좋은 영향으로 이바지하는 바를 높이기 위해 다소 중복되는 내용이 있기는 하나 믿음과 우상에 대해서도 좀 더 자세하게 설명하고자 합니다.

믿음이라는 것은 모든 개념과 분별을 초월하는 것이기 때문에 "왜 그렇게 믿느냐?"라는 물음에는 대답할 필요가 없습니다. 까닭은 "나는 그렇게 믿는다."라는 것에는 어떠한 이유로도 간섭할 수 없기 때문입니다.

믿음에는 내 생각이 많이 남아있을수록 그 힘이 약해지고 조금도 남아있지 않을 때 가장 힘이 강해집니다. 신神의 문제는 믿음의 문제일 뿐 '있다- 없다'의 문제가 아닙니다. 있어도 없다고 하는 사람에게는 없을 것이고, 없어도 있다고 하는 사람에게는 있는 것입니다.

'신이 있느냐? 없느냐?'의 문제에 대한 논쟁은 아직도 끝나지 않고 있습니다. 고대 그리스에는 많은 신이 있었으며, 그중에서 '제우스 신'은 신들의 왕이었습니다. 그 시대에 있었던 수많은 신과 '제우스 신'은 있었다가 오늘날에는 사라져 없어진 것일까요?

흔히 우리가 말하는 기적은 어떤 특정한 종교가 만드는 것은 아닙니다. 기적은 믿음에서 오는 것입니다. 다만, 믿음이 종교에 가장 많이 있을 뿐입니다. 믿음은 긍정이고, 긍정은 확신이며, 확신은 확실한 앎이고, 확실한 앎은 원리를 깨달은 것(통찰, 지혜)입니다. 깨달음의 세계에서는 깨달음(견성見性)을 얻어 모든 고통에서 벗어나는 것(해탈, 열반)을 수행의 목표로 삼습니다. 깨달음을 얻으려면 반드시 항상恒常한(변하지 않는, 영원한) 진리(원리)를 믿어야 가능합니다. 그래서 "믿음은 모든 공덕의 어머니다."라는 말이 있습니다.

기독교에서도 하나님의 말씀을 믿고 순종할 때 기적 같은 일이 일어나므로 믿는 것은 내가 한 행위지만, 믿음의 대상이 하나님의 말씀이었기 때문에 그 공덕을 하나님께 돌림으로써 자만심이 일어나지 않아야(하심下心) 하나님의 말씀을 찬양하게 됩니다. 그래서 성경이 쓰여지게 된 까닭은 하나님을 찬양하기 위해서입니다.

현재 조계종단에서 수행의 방편으로 삼고 있는 '간화선(화두참구)'은 "모든 것은 본래 부처다."라는 부처님의 말씀을 철저하게 믿는 마음에서 일어나는 의심, 즉 '왜 그렇게 말씀하셨을까? 있는 그대로 다 부처라면 무엇하려고 어려운 수행을 하는가? 수행이 필요 없지 않은가?'라는 하나의 생각만 하고 일체의 다른 생각은 일어나지 않게 하여, 나중에는 이 한 생각마저도 없앰으로써 본래 부처였다는 사실을 확실하게 체험(증득)하게 하는 것입니다. 이렇게 참구하는 화두話頭(공안公案)는 1,701개 있습니다.

믿음의 문제는 불가사의한 것이어서 논리를 바탕으로 하는 학문으로는 아직은 풀기 어려운 일입니다. 믿음은 오직 인간에게만 있는 인간의 문제입니다. 까닭으로 인간만이 깨달을 수 있고 구원받을 수 있는 것입니다. 기독교의 '안수기도按手祈禱' 천주교의 '구마의식驅魔儀式' 불교의 '49제祭'는 의미나 형식이 다르기는 하지만, 근본적으로는 믿음을 바탕으로 합니다.

모든 종교의 근본은 믿음입니다. 종교는 논리나 이치를 떠나서 우선 믿는 것으로부터 시작하나, 다른 학문은 믿음이 없으므로 따져서 확실하게 증명이 되어야 하기 때문에 증명이 되기 전까지는 끝없는 논쟁을 하여야 합니다. 믿음을 가지고 왜 그렇게 믿느냐는 식으로 논쟁하면 믿음을 확실하게 모르는 것이 되고 맙니다. 만약에 믿음이 없다면 유기적인 관계가 성립될 수 없어서 인간 사회는 유지되기 어려울 것입니다. 종교 공부를 할 때나, 아니면 좋은 말씀에 감동하고 실천하려 하면 가장 먼저 발심을 하여야 하는데, 발심은 믿음이 없으면 일어나지 않습니다.

믿음은 신앙생활뿐만이 아니라 우리 삶의 근본입니다. 믿음이 철저해지려면 내 생각(아상我相, 무명無明)을 버려야 하고, 내 생각을 버리려면 지금까지 공부한 원리를 알아야 합니다. 그리고 무엇보다 중요한 사실은, 믿음의 대상(종교)이 서로 달라서 생기는 종교분쟁이며, 종교분쟁은 믿음의 대상을 우상화하기 때문에 일어납니다.

자기계발을 하는 수행자로서의 입장에서 우상을 정의한다면, 우상이란? '이것만이 최고다!'라고 생각하여 자기 것으로 삼으면 그 대상에 관계없이 그것은 우상이 됩니다. 예를 들어서 '돈이 최고다', '명예가 최고다', '내가 믿는 종교와 신神이 최고다', '다 필요 없다. 내가 최고다' 등 자기 자신이 내 것으로 만들어서 가지고 있는 모든 고정관념은 넓은 의미에서 보면 다 우상입니다. 따라서 믿음이 잘못되면 우상이 되어버리기 때문에 사람들은 자신의 믿음이 올바른 것인지 아닌지를 제대로 알지 못하는 경우가 많습니다. 이렇게 우상을 경배하는 경우에는 반드시 다른 것들을 배척하게 됩니다. 따라서 올바른 믿음이냐 아니냐를 판단하는 기준은 무엇을 믿느냐가 아니라 내가 다른 종교나 신神을 배타 시하거나 배척하느냐에 따라서 결정됩니다.

모든 종교의 궁극적인 목적은 같으나 가르침의 말씀이 서로 다른 까닭을 비유해서 설명한다면, 서울을 중심(목적지)으로 설정하여 서울로 가려면, 동쪽에 있는 사람은 서쪽으로 가야 하고 서쪽에 있는 사람은 동쪽으로 가야 하며, 남쪽에 있는 사람은 북쪽으로 가야 하고 북쪽에 있는 사람은 남쪽으로 가야 할 것입니다.

가야 하는 방향은 사람마다 다르나, 이것은 모두 목적지로 가는 진실일 뿐입니다. 누구에게나 똑같은 방향의 길을 가르쳐 준다면 이것은 진실이 아닙니다. 그러나 그 사람의 있던 곳(위치)이 바뀌게 되면 그 정해 준 방향도 역시 진실일 수가 없습니다. 종교마다 교리도 이와 같기 때문에 어떠한 가르침의 말씀도 내 것으로 삼아서 절대화하거나 다른 것을 배척해서는 안 됩니다.

사람들을 목적지로 가게 하기 위해서 서로 다른 교리(가르침의 말씀)가 있는 것일 뿐, 절대화해서 편 가르기 하라고 있는 것은 아닙니다. 또 이것을 잘못 이해해서 "그렇다면 아무렇게나 가도 되겠구나!"라고 한다면 그것은 더욱 아닙니다.

종교나 신을 믿지 않는 사람들의 공통점은 대부분의 경우 재물, 명예, 지식 등과 같은 것들을 많이 소유하고 있어서 비교적 현실에 만족하고 있기 때문에 '나는 이대로가 좋다'라고 생각하여 종교나 신을 통해서 행복을 추구할 뜻이 없거나, 아니면 일부 잘못된 종교인들의 부정적인 면을 보고 '차라리 종교를 갖지 않는 것이 더 낫다'라고 생각해서 종교 그 자체를 부정해 버리거나, 고집이 강해서 '내가 최고다'라고 생각합니다. 이러한 경우의 공통점은 자기 자신을 우상화하고 있는 경우가 대부분입니다.

우상을 섬기게 되면 반드시 분쟁과 고통이 따르게 됩니다. 따라서 종교, 신神 또는 개념(관념)과 같은 문제는 중도가 아니면 그 대상에 관계없이 우상이 되고, 중도적인 믿음이 아니면 자기가 믿는 대상을 자기 자신이 우상으로 만들어 버리는 결과가 됩니다. 그래서 우상은 본래 없으나 인간의 생각이 만들어내는 것입니다. 각자 나의 믿음은 어디에 속하고 있는지, 자신을 점검해 보기 바랍니다.

신앙생활을 제대로 한다는 것은 쉬울 것 같으나 생각하는 것보다 쉽지는 않습니다. 우선 종교에 대해서 제대로 안다는 것이 쉽지 않기 때문입니다. 우리가 종교를 가지게 되는 이유는 대개 무엇인가 내 문제를 해결하기 위해서입니다. 다시 말해서, 아무런 목적 없이 종교를 가지게 되는 경우는 극히 드물다는 말입니다. 이것은 당연한 일이기도 하지만 이렇게 되면 결국, 자기의 바라는바 소원을 비는 기복신앙이 되기가 쉽습니다.

기복신앙의 문제점은 소원이 이루어지면 '이것이 최고다' 하여 우상화하게 되고 소원이 이루어지지 않게 되면 원망하는 마음이 일어나 시험에 들게 되어 종교를 바꾸게 되거나 아예 믿지 않게 되고 오히려 종교를 비방하게 되기도 합니다. 예를 들어서 'A'라는 종교를 믿어서 불치의 병이 기적적으로 낫게 되면, 그 사람은 그 종교에 대해서 무조건적인 믿음이 생겨 자기도 모르는 사이에 우상이 되고 맙니다. 사실 알고 보면 이러한 현상은 다른 모든 종교나 민간 신앙 또는 종교가 없는 사람에게서도 가끔 동일하게 나타나는 현상이므로 믿음의 대상과는 아무런 관계가 없습니다. 다만, 간절하고 지극함이 끊어지지 않을 때 생기는 일입니다. 이러한 일이 생기는 원인을 과학적으로 연구해서 발전시켜 놓은 것이 '명상의학'이며, 명상의학은 마음의 변화와 우리 몸에서 일어나는 생리적인 관계를 이용해 병을 치료하는 것이며, 최근에는 '최면의학'으로 발전되고 있습니다.

인간이 종교를 가지게 된 것은 행복해지기 위해서입니다. 따라서 어떠한 이유에서든 종교 때문에 행복이 깨진다는 것은 믿음이 잘못된 것입니다. 종교로 말미암은 분쟁과 전쟁, 가정의 불화, 개인의 불행 등과 같은 것은 어처구니가 없는 일입니다. 이러한 일들이 일어나는 원인은 중도의 원리를 몰라서 믿음이 한 곳으로 치우쳐 편파적으로 되었기 때문입니다. 따라서 가장 올바른 믿음은 내가 믿는 종교와 이웃종교의 교리를 함께 공부해서, 모든 종교의 교리는 표현방식에 있어서는 다르나, 본질은 다르지 않다는 사실을 분명하게 알고 서로 인정해주어야 합니다. 이것은 마치 서울을 가는데, 내가 있는 위치에 따라서 가야 하는 방향은 서로 다른 것과 같습니다.

흔히 종교적인 믿음은 하나만을 대상으로 해야 되기 때문에, 이것저것 여러 가지를 믿는 것은 진정한 믿음이 아니라고 말합니다. 이 말은 맞기도 하지만 틀리기도 합니다. 까닭은 종교의 형태(상相, 용用)는 다르나, 종교마다 궁극적으로 바라는 바(체體, 본질)는 같아서 하나가 곧 모두요, 모두가 곧 하나이기 때문입니다(불이不二, 不異).

[중도中道는 우주의 진리(원리)이기 때문에 믿음도 중도적中道的일 때 진실한 믿음이 되고 우상이 만들어지지 않으며, 종교로 인한 어떠한 부작용도 생기지 않는다.]

* 마음에 새겨야 할 글 *

* '평상심이 도道입니까? 무심이 도입니까?'라고 묻는다면 이것은 질

문 자체가 잘못된 것이다. 도를 도라 하면 그것은 이미 도가 아니기 때문이다. 평상심이 되었든 무심이 되었든 수행의 대상이 되어서는 안 된다. 수행은 '본래 부처'라는 사실을 보는 것이지 '부처'라는 것을 대상으로 삼는 것이 아니기 때문이다. 본래 자리(참나, 진여)에는 어떠한 것도 붙을 수 없기 때문이다. 도道라는 것은 알고, 알지 못하는 것에 속하는 것이 아니다. 안다고 하면 망상이 되고, 모른다고 하면 무기無記에 빠지는 것이 된다. 도는 허공과 같이 탁 트인 곳에서 차고 더운 것을 아는 것이다.

물, 구름, 안개, 얼음에서 물은 성性(체體)이요, 나머지는 상相(용用)이다. 교敎에서는 '법성法性'은 남겨두고 이론을 편다. 그러나 선禪에서는 부처니, 열반이니 하는 모든 이름을 다 지워버린다. 선禪은 가르치는 것도, 배우는 것도 아니다. 온몸으로 증득(체득)하는 것이다. 모든 알음알이를 다 끊어버리는 것이다.

'도道(진리, 진여)는 닦음을 허용하지 않는다. 도는 닦음을 빌리지 않는다. 도는 오염이 없다. 도는 본래 그 자리 그대로다'

* 『법화경』에서 선언한 것은 "부족한 내가 공부해서 부처가 되는 것이 아니라 부족한 나의 인격 그 자체가 바로 부처다."라는 사실이다. 이러한 표현을 수없이 많이 하는 까닭을 깊게 생각하여야 한다.

인간은 본래 부처다. 수행을 해서 중생인 나를 부처로 만드는 것이 아니다. 더 나아가 만상은 본질적으로 부처 아닌 것이 없다. 이것은 저것에 들어있고 저것은 이것에 들어있기 때문이다. 물리적으로 소립자는 만상의 본질이다. 소립자는 무한한 가능성을 지니고 있다. 소립자의 입장에서 보면 '나' 아닌 것이 없다. 그래서 모든 것은 있는 그대로 불이不二라는 말이다. 이것을 확실하게 체득하면 그것이 큰 깨달음이다.

* 진리는 항상한 것이어서 우리가 잊어버리고 있는 것들이다. 공기는 모든 생명체에 없어서는 안 되는 것이지만, 그 소중함을 느끼고 살지는 않는다. 그래서 가장 큰 것을 가장 작게 생각하기 때문에 놓치고 있다. 존재 자체에서 경이로움을 느껴야 본질을 보는데 빠르다.

다른 생명체에는 없는 능력을 인간은 많이 가지고 있다. 그러나 인간이라면 누구나 다 가지고 있는 능력은 별것 아닌 것으로 여겨 관심을 두지 않고 남들이 가지고 있지 않은 초월 된 능력을 가지는 데 관심을 둔다. 이것은 망상(욕심)이기 때문에 본질(깨달음)을 보는데 방해가 된다. 가장 중요한 능력은 우리가 일상을 살아갈 줄 안다는 것에 있다.

공기와 물이 없으면 생명체는 존재할 수 없으나 이것들은 당연히 있는 것으로 생각하고 크게 인식하지는 않는다. 우주의 존재 원리는 알고 나면 너무나 당연한 일이다. 특별한 것에 진리가 있는 것이 아니라 당연한 것에 진리는 숨어있다.

진리를 깨닫고 나면 가장 경이로운 것은 존재 그 자체에 있다는 사실을 확실하게 알 수 있다. 그래서 깨닫기 전에 이 사실을 굳게 믿으면 깨달음의 길로 가장 빨리 갈 수 있다. 이 사실을 굳게 믿기 위해서는 반드시 내 생각(번뇌 망상, 고정관념, 알음알이)을 죽여야 한다.

* 번뇌 망상은 선을 그어 나누는 것이다. 중도에는 경계선이 아예 없다. 본래 없었던 것이기 때문이다. 그러나 우리는 번뇌, 망상의 선을 긋고 산다. 선을 긋지 않으면 본래의 통합된 그 자리가 나온다. 지혜는 선을 지우는 역할을 한다.

깨닫지 못한 번뇌 망상(중생심, 무명無明)은, 항상 있다–없다, 옳다–그르다, 좋다–나쁘다, 이 종교–저 종교, 주관–객관, 진보–보수, 좌파–우파, 창조론–진화론 등과 같이 모든 것을 개념적으로 분별하고, 나누고, 차별하면서 서로 싸운다. 그러나 본래의 자리(진리, 진여)에서 볼 때는 어떠한 개념(학설)도 인간이 만들어낸 조작(생각)이기 때문에 중요하지 않다. 서로 생각이 다르다는 것을 받아들이고 인정해줌으로써 다투지 않는 것이 가장 중요하다.

중도(진리)는 중도에도 머무르지 않는 이유는, 나를 바꾸어 모든 것을 이익되게 함이다. 중도는 다투지 않기 위해 중도마저도 인연 따라 버리는 것이다. 이것이 원수를 사랑하는 길이다. 중도는 중도에도 머무르지 않기 때문에 '최상의 지혜' 또는 '최상의 깨달음(아뇩다라삼먁삼보리)'이라고 한다.

* 색色을 보면서 색 그대로 공空을 보고, 공을 보면서 공 그대로 색을 본다(색즉시공色卽是空 공즉시색空卽是色). 이것을 '당체즉공當體卽空'이라 한

다. 진리(진여, 참나, 부처, 출세간, 체體)를 보면서 현상(가짜 나, 중생, 세간, 상相–용用)을 떠나지 않고 현상을 보면서 진리를 떠나지 않는다. 이것을 '6조단경'에서는 '정혜일체定慧一體'라 하였다. 비유하자면 불과 불빛은 서로 나뉘어질 수 없는 것과 같다.

밝음에서 어둠을 보고 어둠에서 밝음을 함께 보아야 한다. 밝음이 없는 것이 어둠이고 어둠이 없는 것이 밝음이기 때문에 어둠이 없으면 밝음도 없고 밝음이 없으면 어둠도 없다. 행복과 불행도 마찬가지다.

서로 상대적인 것이 존재의 원리(진리)다. 서로 다른 것끼리 주고받는 관계(연기, 상의 상관성, 상보적)로 존재하고 있다. 그래서 서로 다르면서 둘이 아니고 다르지 않다. 이것이 중도다.

세상은 서로 다르면서 서로 융합(화합)하고 있기 때문에 아름다운 것이다. 우주가 온통 금은보화로만 되어있다면 그것들이 무슨 가치가 있겠는가?

모든 것은 생각(개념)의 문제다. 그래서 '일체유심조'라 한다.

* 수행은 움켜쥐고 있던 것을 놓아버리는 것이다. 괴로움의 본질을 보고 놓아버리는 것이 수행이다. 도道를 구한다고 지구를 몇 바퀴씩 돈다거나 인도에 가면 될까? 티베트에 가면 될까? 하는 것들은 수행병이다. 본질은 구求할 것이 없다는 원리를 아는 것이 도道를 얻음이다.

원리를 깨닫고 나면 '일체유심조'라는 말이 정말로 실감난다. 내 생각

(무명無明)이 모든 것을 가로막고 있었음을 확연하게 알 뿐 그 어떠한 것도 얻는 것이 없다. 다만, 움켜쥐고 있던 내 생각을 완전하게 놓아버리면 그것이 깨달음이다. 내 생각을 죽인 다음 일어나는 그 마음이 지혜다. 그래서 본래심을 회복하는 것이 깨달음이다.

이 짧은 글에 모든 원리가 다 들어있다.

* '인연법'과 '윤회사상'을 "그렇게 했으니까 반드시 그렇게 된다."로 단정 지어 말하면 그것은 '숙명론'이 된다. 이렇게 되면, '모든 것은 이미 정해져 있어 그 틀을 벗어날 수 없다'로 생각하기 때문에 미리 포기하거나 자만에 빠지게 된다.

과거의 결과(업業)는 현재의 일에 영향력을 미치는 것은 사실이나 나쁜 여건에서도 열심히 하면 잘 극복되어 전화위복이 될 것이나 좋은 여건에서도 게으르게 하면 좋은 여건이 도리어 화禍가 될 수도 있다. 따라서 과거에 집착하고 후회하는 일이나 미래를 걱정하여 지나치게 방어하는 것은 다 쓸데없는 망상이다.

무엇보다 중요한 사실은 과거도 아니요 미래도 아니다. '지금(찰나)'이라는 시간이다. 모든 것은 찰나, 찰나 어떻게 하느냐에 따라서 결정된다.

인연법과 윤회사상은 보복의 종자는 아니다.

지금 어떻게 하느냐에 따라 과거의 영향력에서 벗어날 수 있고, 미래는 밝아진다.

과거 현재 미래는 오직 '자업자득'일 뿐이다.

* 흔히 "착하게 살면 손해 본다."라고 한다. 과거의 잘못을 바로잡는 일이나, 복을 짓고 공덕을 쌓는 일도 하자마자 그 결과가 금방 나타나는 것은 아니다. 때가 되어야 한다. 물이 끓는 것도 섭씨 100도가 되어야 한다. 기다려라! 지금 이 순간 착하게 살고 베풀며 사는 것이 수행자의 삶이다. 무심으로 해라! 반드시 이루어진다.

자기가 짓고 자기가 되돌려받는 '자업자득'은 시간을 나누지 않고 연속적으로 보아야 한다. 모든 것은 가장 알맞은 때(시절인연)가 있다. 때는 무심으로 그냥 최선을 다하다 보면 자연스럽게 찾아온다. 때를 잡으려 하지 마라! 그것은 욕심이다. 욕심으로 한 것은 이루어진다 해도 이룬 것의 노예가 된다.

* 의존은 어디에 의지해서 살아가는 것이며, 자족은 자기 스스로 만족하면서 사는 것이다. 의존의 정도가 높아지면 중독이라 한다. 중독이 높아지면 스스로 조절하지 못한다. 의존하면 바라는 마음이 생겨 반드시 미워하는 마음이 생긴다. 하나에 의존하면 둘에 의존하게 되고, 둘에 의존하면 셋에 의존한다. 이것이 윤회다.

행복해지려면 행복을 버려야 한다. 행복을 갈구(의존)하는 순간 행복은 존재하지 않는다. 갈구하는 한 넉넉함은 없다. 무엇이든 원하는 것을 진실로 이루려면 이루고자 하는 그것을 버려라. 버리지 않고 이루려 하면 갈구하는 것이 되어 이루어진다 하더라도 기쁨은 잠시다.

갈구하는 것은 나에게 무엇이 있는지 모르기 때문이다. 갈구하기 전에 보라 보면 이미 이루어져 있다. 생각으로만 구하려 하지 마라, 이미 갖추어져 있는 것을 보아서 확실히 알면 그것이 자족(스스로 만족함)이다. 자족하려면 망념(중생심, 무명)을 떠나서 지혜(불심, 진리)로 돌아가 실상을 보라.

이 꽃을 보면 이 꽃으로 만족하고, 저 꽃을 보면 저 꽃으로 만족하고 이것과 저것을 비교하는 순간 만족은 없어진다.

버린다(내려놓는다)는 것은 갈구하지 않고 그냥 무심無心으로 최선을 다하는 것이다.

하되 결과에는 집착하지 않기 때문에 어떠한 결과가 오더라도 다 만족하는 것이다.

이것이 긍정적인 생각이다.

* 자족自足이 도道며, 지혜가 자족이다. 눈을 뜨고 제대로 보면 부족한 것이 하나도 없다. 다만, 보지 못하기 때문에 부족하다고 만들어 생각하는 것이다. 자족은 지혜에서 생기고 의존은 생각(번뇌)에서 생긴다.

도인은 자족한다. 자족은 대상이 없는 즐거움, 즉 정신적인 즐거움이다. 중생은 무엇을 보고, 듣고, 먹어서 즐거움을 얻는다. 이것은 항상 대상이 있어야 즐겁다. 대상이 사라지면 즐거움도 사라진다. 이러한 즐거움은 대상에 끌려다닌 것이다.

스스로 만족한다는 것은(자족), 무심으로 최선을 다하고 얻어지는 결과에는 집착하지 않는 것이다. 얼마나 얻어지던 얻어지는 대로 만족하는 것이다.

* 보는(관觀: 위빠사나) 훈련이 명상瞑想이다. 명상은 정신을 집중하고 마음의 움직임을 알아차리고 내려놓는 것이다. 깊게 보면 하나의 풀잎에서 모든 것(우주)을 볼 수 있다.

깨달음의 세계에서 본다는 말은 육안肉眼(육신의 눈)으로 보는 것이 아니라 심안心眼(마음의 눈)으로 보는 것을 말한다. 심안은 원리를 깨쳤을 때 가장 밝아진다. 원리를 깨치면 모든 것을 꿰뚫어 보는 통찰력(지혜)이 생긴다.

* 모든 존재는 없어지려 해도 없어질 수 없는 것이 우주의 원리입니다.

시작도 없고 끝도 없이 인연 따라 모이고 흩어짐을 반복하고 있을 뿐입니다. 근본도리(원리)로 볼 때는 '나'라고 하는 고정불변의 자성(주재자)은 없으나 인연 따라 만들어진 '나'는 있습니다. 그래서 '나'는 있기도 하지만 없기도 합니다.

만상은 소립자(미립자)가 인연 따라 모이고 흩어지는 것입니다.

모이는 것을 '생生'이라 하고, 흩어지는 것을 '사死'라 할 뿐 본래 생사는 없습니다. 이것은 마치 한조각 구름이 모였다 흩어지는 것과 같습니다.

이러한 우주의 원리를 확연히 깨치면, 생사가 있는 가운데 생사가 없어지기 때문에 생사를 초월하게 되며, 바람처럼 떠날 수 있을 것입니다.

꿈속에서 '나'는 분명하게 있습니다. 그러나 꿈에서 깨고 나면 '나'라는 존재는 사라지고 맙니다. 지금 '나'라고 생각하는 '나'는 꿈속의 '나'입니다.

꿈속의 '나'는 게임상의 '아바타'입니다. '아바타'를 뒤에서 조정하는

'나'는 '참나'입니다. '참나'는 본래 불생불멸입니다.

이 책의 글은 여러분을 꿈속에서 깨어날 수 있도록 흔들고 있는 것입니다.

* 명상(내 생각 죽이기)을 하는 이유는 원리를 깨달아 지혜를 얻는 것이요, 지혜를 얻고자 하는 이유는 조건 없이 나눌 수 있는 힘을 극대화하기 위해서다.

모두가 하나의 생명공동체라는 사실을 깨달아 싸우지 않는 것은 지혜로움을 의미하고, 조건 없이 나누는 것은 지혜를 실천하는 자비를 의미한다.

수행을 하고 깨달음을 얻은 다음 자기만 행복해지는 것(열반涅槃에 드는 것)은 자기만을 위한 것이므로 이기적인 수행(소승小乘)이다. 깨달음의 내용은 지혜와 자비다. 지혜와 자비는 모두를 위해 쓰여질 때 그것이 진정한 수행(이타적인 수행, 대승大乘, 보살菩薩)이다.

제 35 강

회 통 會 通

세상을 거시적으로 보면 모든 존재는 실상(색色)으로 존재한다. 그러나 미시적으로 보면 세상은 텅 비어있기 때문에 모든 존재는 가립된 존재(허상: 공空)일 뿐이다. 다시 말해서, 거시적으로 보면 세상은 있고, 미시적으로 보면 세상은 없다(색불이공色不異空 공불이색空不異色, 색즉시공色卽是空 공즉시색空卽是色, 진공묘유眞空妙有).

거시적으로는 만상이 독립되어 있기 때문에 다 다르나 미시적으로는 모든 것은 있는 그대로 둘이 아니고(불이不二), 다르지 않으며(불이不異), 같다(즉화卽化).

거시적인 관점으로는 달이 있기 때문에 내가 볼수 있는 것이나 미시적인 관점으로는 내가 봄으로써 달이 거기에 있는 것이다. 따라서 존재는 있기도 하지만 없기도 하다(비유비무,非有非無, 유즉무有卽無 무즉유無卽有).

거시의 세계에서는 거시의 법(예: 뉴턴 역학의 운동방정식)을 따르고 미시의 세계에서는 미시의 법(예: 양자 물리학의 슈뢰딩거 방정식)을 따르는 것이 있는 그대로 보는 것(여실지견如實知見)이며, 이렇게 보는 것이 중도로 보는 것이다.

과학자들이 이러한 공空(진여眞如, 참나)을 깨닫지 못해 '슈뢰딩거의 고양이'라는 사고실험은 논쟁만 있고 그 답을 찾지 못하는 것이다. 아인슈타인과 슈뢰딩거는 이 사고실험을 거시적인 관점으로 보고, 보어를 중심으로 한 코펜하겐 해석은 미시적인 관점으로 본 것이다. 이 논쟁에서 코펜하겐 학파가 이겼다고 말하나 그것은 과학이 양자물리학 쪽으로 계속 발전했기 때문일 뿐, 누가 이기고 진 것은 없다.

이것을 중도적인 관점으로 본다면, 보는 관점만 다를 뿐 고정된 견해에 치우쳤기 때문에 두 관점 모두 맞기도 하고 틀리기도 하다. 이것은 마치 서울로 가려면 내가 있는 곳에 따라 가야 하는 방향이 다르게 정해지는 것과 같아서 정해진 법(진리)은 없다(무유정법無有定法). 인천 사는 사람은 동쪽으로 가야 하고 춘천 사는 사람은 서쪽으로 가야 할 뿐, 각자가 있는 곳에서 가는 방향이 정해지면 그 사람에게는 그것이 진리다. 이것을 가지고 인천 사는 사람과 춘천 사는 사람이 서로 자기가 가는 길이 맞다고 싸운다면 무어라 하겠는가? 신神이 있다-없다를 놓고 논쟁하는 것도 이와 같고, 슈뢰딩거의 고양이에 대한 논쟁도 이와 같다. 따지고 보면 우리들의 삶에서 일어나는 모든 분쟁의 원인이 여기에 있다. 상견常見도 내 생각이요 단견斷見도 내 생각이다. 세상은 본래 조용해서 아무 일도 없으나 내 생각이 시끄러워지면 세상은 늘 시끄럽다.

언어, 문자(언설상言說相, 문자상文字相)는 소통하기 위한 하나의 수단일 뿐, 분별해서 차별하라고 있는 것은 아니다.

형이상학도 형이하학도 상相일 뿐 본래 상학도 하학도 없다.

양자물리학에서 입자-파동이 둘이 아니고, 다르지 않기 때문에 같다는 사실이 밝혀짐으로써 모든 상相의 개념은 상보적으로 통합되었다.

내 생각을 내려놓으면 분별하고 차별하는 것이 저절로 사라진다. 내 생각은 주관적인 것으로서 이것을 '안(내內)'이라 하고, 내 생각으로 분별하는 대상은 객관적인 것으로서 이것은 '바깥(외外)'이라 한다. 분별해서 차별하지 않으면 안과 밖이 밝아지는 데 이것을 '내외명철內外明徹'이라 한다. '내외명철'의 경지에 이르려면 무아無我의 원리를 깨달으면 된다. 객관은 주관으로 인해 생기기 때문이다.

내 생각을 하나도 남기지 않고 완전히 내려놓으면 모든 고통으로부터 벗어나는 데 이것을 해탈이라 한다. 내 생각을 내려놓는다는 것은 어떠한 개념도 갖지 않음이며, 이것은 개념을 가지되 내 것으로 삼지 않음을 말한다. 그래서 중도는 중도에도 머무르지 않는 것이다. 중도라는 것에 머무르면 그것은 중도가 아니다. 단견斷見과 상견常見을 떠나 중도로 보는 것이 중도를 정등각하는 것이다. 이것이 최고의 깨달음이다.

"중도(완성된 지혜)는 어두운 곳에서는 능히 어두울 줄 알고 밝은 곳에서는 능히 밝을 줄 안다.", "중도는 빨리 가야 할 때는 빨리 갈 줄 알고, 느리게 가야 할 때는 느리게 갈 줄 알고, 쉬어가야 할 때는 쉬어 갈 줄 안다." 그러므로 중도의 원리를 깨닫는 만큼 고통은 사라진다.

* 마음에 새겨야 할 글 *

* 만상은 무상無常하고 연기緣起로 존재하기 때문에 공空한 존재다(무자성無自性, 무아無我, 법공法空, 아공我空).

이러한 존재의 진실은 마치 꿈과 같고 아침 이슬과 같고 번개와 같다.

이것이 지금 내가 '나'라고 생각하는 '나(가아假我)'다.

이러한 '나'를 만들어낸 그 무엇(본래부터 있었던 것, 항상恒常한 것)을 우리는 진여眞如, 참나(진아眞我), 하나님(하느님), 알라, 진리, 신神, 조물주, 창조주, 불성, 영혼 등 많은 이름으로 말하고 있다.

가아假我와 진아眞我는 둘이 아니고(불이不二), 다르지 않으며(불이不異), 같다(즉화卽化). 진짜 나와 가짜 나는 서로 분리될 수 없다. 가짜 나는 진짜 나의 다른 모습일 뿐이다.

이것이 깨달음의 내용의 전부라고 해도 지나친 말은 아니다.

* 참아야 할 일이 있다는 것은 내 공부(수행)가 아직은 완성되지 못했다는 증거다. 공부가 완성되면 참아야 될 일 그 자체가 없어진다.

'참아야 될 일 그 자체가 없어진다.'는 말은 화(참아야 될 일)로부터 자유로워진다는 말이다. '자유로워진다'는 말은 화를 내면서도 내 마음이 조용한 것을 이르는 말이다. 이것이 지혜다.

희로애락喜怒愛樂을 겉으로 드러낼 줄 모르면 그것은 죽은 것이다

참으면 병 된다.

우리들의 마음에 탐진치貪瞋痴 삼독三毒이나 희로애락을 빼고 나면 무엇이 있어 마음이라 하겠는가?

도道(선禪)는 활발하게 살아 움직여야 한다.

최고의 지혜(중도, 해탈)는 무슨 짓을 다 해도 늘 마음은 조용하다.

* 우주 만상은 인因과 연緣의 결합(연기, 만남)에 의한 사건의 나타남만 있을 뿐 그 사건을 일으키는 주재자(주체)는 없습니다.

'불'이라고 하는 나타남(현상)은 있으나, 불을 일으키는 고정불변의 '불'이라고 하는 자성自性을 가진 것은 없다는 말입니다. 이것은 마치 소립자의 이중성과 같아서, 소립자는 입자와 파동의 성질을 다 가지고 있기 때문에 관찰자가 관찰하면 입자로 되고, 그냥 내버려 두면 파동의 성질을 가지므로 입자라 할 수도 없고 파동이라 할 수도 없습니다. 그래서 모든 것은 자성이 없으므로 '무자성無自性'또는 '무아無我(비아非我)'입니다.

이와 같이 현상적으로 나타나 있는 것은 진여의 작용으로 인한 것이며, 진여의 작용은 너무도 복잡하고 깊기 때문에 과학이 아직은 극히

일부분만 증명하고 있는 실정입니다.

진여의 작용은 무상無常(변화)과 연기緣起(상호관계성, 상호의존성)의 원리에 의해서 이루어지기 때문에 '무상공無常空', '연기공緣起空'이라 합니다.

이와 같이 자연(우주)은 '소립자'라고 하는 '나' 아닌 요소들의 한시적인 모임(생生)과 흩어짐(멸滅, 사死)이 인연(조건, 여건) 따라 일어나는 것입니다.

이렇게 모임과 흩어짐이 반복(윤회)되는 과정에 이것은 저것에 저것은 이것에 서로 혼재(융합, 화합, 혼합)되어 나타나기 때문에 현상적으로는 서로 분리되어 있으나, 실질적으로는 서로 연결되어 하나의 '생명공동체'로 존재가 가능하므로 너와 나는 둘이 아니라 하나인 것입니다.

이 진실을 똑바로 알게 되면(깨닫게 되면) 모든 것은 있는 그대로 진리(진여, 부처, 하나님, 신神, 창조주, 법法) 아닌 것이 없으니 어떻게 하심下心하지 않고 공경하지 않을 수 있으며, 서로 사랑하고(다투지 않고) 나누지 않을 수 있겠습니까?

* 모든 것은 서로 주고받는 상호관계성(상호의존성)으로 변하고 있기 때문에 내 생각을 어떤 하나에 고정시켜 놓으면 늘 다른 것들과 부딪히게 됩니다.

변화는 가장 강력한 힘(진여의 작용)에 의해 이루어지므로 인간의 능력으로는 바꿀 수도 없으며, 인위적으로 바꾸려 하면 반드시 부작용을 일으킵니다.

때에 따라 바뀌는 것은 나에게 주어지는 인연입니다. 늘 인연(흐름)을 거역하지 말고 받아들이면서 그 흐름에 최선을 다하는 것이 가장 잘하는 일입니다. 내 생각을 고정해 놓고 내 생각대로 세상의 흐름을 바꾸려 하는 것은 가장 어리석은 일입니다. 항상 내 생각을 세상의 흐름에 맡기고 지혜롭게 대처하십시오. 이것은 마치 흐르는 물을 거스르지 않는 것과 같습니다.

왜 변하는 것에 저항하지 말고 다만 그 흐름과 함께하면서 내가 해야 할 도리를 다해야 하는지를 확실하게 아는 것이 큰 깨달음입니다. 변화하는 흐름에 저항하지 않는다는 것은 싸우지 않는다는 뜻이고, 내가 해야 할 도리를 다한다는 것은 무심으로 최선을 다한 다음 이루어지는 것은 조건 없이 나누는 것을 의미합니다.

모든 생명체는 변화의 흐름에 적응하면서 그 모양과 작용을 바꾸는데 이것을 '진화'라 합니다.

慧山이 하고 싶은 말

* 부부란(가족이란)? *

인연법으로 볼 때 서로 주고받을 것이 가장 많은 사람끼리 만나는 것이 부부(가족)라는 인연이다. 바라는 마음이 가장 많다는 말이다. 바라는 것이 많을수록 미워하는 마음이 많이 일어난다. 그래서 부부(가족) 간에 다툼이 가장 많다.

이렇게 해 주면 좋을 텐데, 저렇게 해 주면 좋을 텐데, 이렇게 바라는 마음은 듣는 사람에게는 잔소리가 된다. 따라서 듣는 사람은 제발 잔소리 그만 했으면 하는 것이 바라는 마음이다.

인간의 삶은 서로 상대적이다. 상대가 있을 때는 내가 그 사람에게 맞추어 주는 것이 가장 지혜로운 방법이다. 남을 바꾼다는 것은 불가능하기 때문이다. 내 생각을 내려놓을 때 지혜가 생긴다. 가정이 화목하고 편안하면 그것이 가장 행복한 삶이다. 가정의 중심은 부부다.

* 세상에서 가장 웃기는 일 *

* 종교로 인한 전쟁
* 종교로 인한 가족간의 분쟁
* 내가 믿는 종교는 미신이 아니고 다른 종교나 다른 것을 믿는 것은 미신이라 하는 것.
* 여러 사람 모인 곳에서는 종교 이야기하지 말라는 것.
* 자기 가정의 일은 다 제쳐 두고 종교단체에 가서 봉사하는 일.

세상 모든 것에는 장단점이 있으나, 종교인이라면 한 번쯤 되돌아보아야 할 문제들입니다.

* 세상에서 가장 먼저 해야 할 일 *

세상에서 가장 먼저 해야 할 일은 원리(진리)를 공부해서 지혜를 얻는 일이다.

원리를 알면 모든 것과 하나로 통하기 때문이다.

원리를 알면 모든 일이 매우 쉬워진다는 말이다.

원리 공부는 나이에 따라 가르침의 내용을 달리해야 된다.

나이에 따라 이해도가 다르기 때문이다.

원리를 먼저 알면 모든 학문이 쉬워지고 창의력이 극대화된다.

노년기에 원리를 공부하면 살아온 인생이 정리되고 어떻게 죽음을 맞

이해야 되는지?

그 의미가 분명해진다. 그리고 주변으로부터 존경받게 되고, 노년기에 할 수 있는 일 중에서 가장 값진 일이다.

공부하는 일은 숨이 붙어 있는 한 할 수 있다. 그러나 안타까운 일은 원리를 알고자 하는 사람이 너무나 적다는 것이다. "먹고살기 바빠서, 아니면 원리를 깨닫는 일은 어렵고 아무나 하는 일이 아니다. 또는 종교가 달라서."라는 것이 그 이유다.

그러나 이것은 너무나 잘 못 알고 있는 것이다. 원리(진리)공부는 신앙(종교)이 아니다. 진리는 모든 것을 떠나있기 때문이다. 원리를 알면 모든 것이 밝아진다.

인생을 행복하게 사는 지름길이 원리를 공부하는 일이다.

원리를 알아가는 것은 무엇보다 재미있는 일이고, 어렵지 않다.

다만 글을 정독하고 새기면서 읽으면 된다. 그런데 요즘 사람들은 글을 정독해서 읽고 생각하는 것을 싫어한다. 이런 사람치고 행복하게 살 수 있는 능력을 지닌 사람은 거의 없다는 사실을 알아야 한다. 이유는 인생을 살아가면서 이 정도의 노력도 하지 않고 행복하기를 바라는 것은 '자업자득'의 원리에 맞지 않기 때문이다.

"세상에 공짜는 없다!"

원리를 공부하지 않고 고통으로부터 벗어나 행복해지기를 바라는 것은, 마치 폐암에 걸린 사람이 담배를 끊지 못하는 것과 다를 바가 없다.

이것은 모래로 밥을 지으려는 것과 같고, 땅을 파서 해를 찾으려는 것과 같고, 허공에 말뚝을 박으려는 것과 같다.

慧山은 말합니다. 자라나는 아이들에게도 원리를 가르치고 지혜를 얻게 하십시오. 그리하면 아이들과 다툴 일도 없어지고 자기가 할 일을 스스로 가장 지혜롭게 잘합니다. 원리가 아닌 '내 생각'으로 가르치는 것은 아무리 많은 것을 얻는다 할지라도 결코 고통으로부터 벗어나게는 할 수 없습니다. 가르치기 위해서는 우선 나부터 원리를 공부해야 됩니다. 늦었다고 생각하는 그 순간부터 시작하는 것이 가장 빠르다는 사실을 잊지 마십시오!

* 업業의 순환(윤회)원리 *

업業의 문제를 인간에게 적용시키면, 몸(신身)으로, 입(구口)으로, 생각(의意)으로 짓는 선악善惡의 소행을 이르는 말이다. 쉽게 말해서 우리가 살아가면서 지은 모든 행위의 과보를 말한다. 업業의 넓은 의미로는, 우주의 생성과 소멸 모두가 업이 순환하는 것이다.

업은 마치 여러해살이 풀뿌리와 같다.

땅 위에 돋아난 잎과 줄기는 때가 되면 없어지나 보이지 않는 땅속의 뿌리는 죽지 않고 때(봄, 여건, 조건)가 되면 다시 싹이 돋아난다.

우리는 이것을 생生과 멸滅의 순환(윤회)이라고도 한다.

업은 윤회의 주체다. 그래서 우리가 운명, 숙명이라고 하는 건 업이 윤회하는 것을 말한다. 업이 순환하기 때문에 지금 잘하면 모든 것은 좋아진다. 인간이 죽을 때 어떠한 것도 가져갈 수 없으나 업은 아무리 가지고 가지 않으려 해도 가져가야 하고 태어날 때도 아무리 버리려 해도 버릴 수 없다. 업은 그림자와 같아서 항상 따라다닌다. 업의 흐름을 보려면 시간을 과거, 현재, 미래로 나누지 않고 연결해서 한 선상에서 볼 줄 알아야 한다. 죽으면 끝이 아니다. 죽음은 나의 또 다른 시작이다.

업이 작용하는 것을 '업력業力'이라 한다. 업력은 에너지(소립자)다. 소립자는 어떠한 경우에도 죽지 않는다. 업력에 의해 현실에 나타나는 것을 '과보果報'라 한다. 과보는 반드시 '자업자득自業自得'이고, '자작자수自作自受'다.

업이 순환한다는 사실은 진화, 전통이 이어져 내려가는 것, 유전, 성격, 기질, 생성 소멸 등 끊어지지 않고 이어지는 모든 현상이 잘 말해주고 있다. 이 사실은 양자물리학에서 영점에너지(영점장)를 통해서 증명하고 있다.

慧山은 말합니다.

좋은 업을 지으면 반드시 좋은 결과가 오고 나쁜 업을 지으면 반드시 나쁜 결과가 옵니다(선인선과善因善果 악인악과惡因惡果)! 소립자들끼리 서로 소통하기 때문입니다. 이 원리를 확실하게 알고 실천하면 아무리 불행해지려고 해도 행복해집니다.

* 멈춘다는 것 *

요즘 "멈추어야 비로소 보인다."는 말이 많이 회자(유행)되고 있다. 무엇을 멈추어야 되고 어떻게 멈추어야 될까? 이 말이 품고 있는 의미는 무엇일까?

인간은 모든 생명체 중에서 뇌가 가장 발달되었기 때문에 지금보다는 더 발전적인 곳으로 나아가고자 하는 성향이 많다. 다시 말해서, '바라는 것이 많다'는 말이다. 바라는 마음이 있는 한 '욕심'은 늘 따라다니게 된다. 바라는 마음이 나쁜 것이 아니라 지나친 욕심이 문제다. 욕심은 바라는 한 곳에만 집착하게 되고, 집착하게 되면 집착하는 그것만 크게 보이고 다른 것들은 아주 작게 보이거나 전혀 보지 못하게 된다. 그래서 "산에 가서 아름다운 경치는 못 보고 토끼 한 마리 잡겠다고 온종일 쫓아다닌다. 우리들의 인생도 자칫 잘못하면 이렇게 되기가 십중팔구다."

그래서 慧山은 이렇게 말합니다.

멈춘다는 것은 욕심을 버리는 것이니 바라는 마음(욕심)을 내려놓으십시오! 그리하면 모든 것을 꿰뚫어 보는 통찰력이 생기고, 어떠한 것도 미워하지 않게 되며, 남에게 속을 일도 없어집니다. 바라는 마음 없이 무엇을 한다는 것은 무심無心으로 그냥 최선을 다하는 것을 말합니다. 이렇게 하면 결과가 어떻게 주어지든 다 만족하게 됩니다. 이것이 가장 행복한 것입니다. 따라서 "멈추어야 비로소 보인다."는 말은 "바라는 마음(욕심)을 없애면 비로소 행복이 보인다."는 뜻입니다.

바라는 마음은 아무리 내려놓으려 해도 내려놓기가 어렵습니다. 원리를 깨달으면 가볍게 내려놓을 수 있습니다. 이것이 유일한 방법입니다.

* 인생은 선택이다 (1)*

[“인생은 선택이며, 선택은 각자의 고유권한이며, 자유다. 선택에 대한 대가는 반드시 자기 자신에게 되돌아온다.”]

그러므로 慧山은 이렇게 말합니다.

선택에 대한 대가는 내가 싫어하든 좋아하든 관계없이 어차피 나에게 되돌아올 것이면 피할 수 없다는 말입니다. 이것이 원리(진리)라면 선택을 할 때는 그 결과에 대한 각오를 하여야 합니다. 책임을 져야 한다는 말입니다. 이렇게 하면 선택에 대한 어떠한 결과도 다 받아들이게 되고 그 결과를 즐기게 됩니다. 선택은 내가 해놓고 책임은 내가 지지 않으려 하니 고통스럽고 세상은 늘 시끄러운 것입니다.

선택할 때 “선택의 기준은 어느 것을 선택했을 때 내가 더 행복해 질 수 있느냐?”입니다. 그런데 여기에 중대한 문제가 있습니다. 우리가 바라는 행복의 조건이 너무 많다는 것입니다. 행복해지려면 행복의 조건을 최소화할 줄 알아야 합니다. 이것이 ‘무소유의 즐거움’입니다.

모든 것에는 장단점이 있습니다. 우리가 바라는 것은 많은 것에서 장점을 내 것으로 만들고자 합니다. 이 마음을 버리지 않는 한 행복은 이루어지지 않습니다. 시골생활의 장단점이 있고 도시생활의 장단점이 있습니다. 두 장점을 다 가지려 하면 하나마저도 가지지 못합니다. 어느 하나를 버리고 하나만을 선택하면, 시골에서는 시골에서 대로 좋고, 도

시에서는 도시대로 좋을 것입니다. 그래서 "조금 버리면 조금 얻을 것이요 다 버리면 다 얻을 것입니다." 이것이 모든 것으로부터 자유로워지는 '해탈'입니다. 다 버렸으니 어디에도 걸릴 것이 없습니다.

* 가지고 있는 것을 즐겨라 *

["지금 가지고 있는 것(주어진 여건)을 진정으로 즐길 줄 알면 그것이 선禪(도道)이요, 해탈이요, 무소유다."]

그래서 慧山은 이렇게 말합니다.

우리는 남과 비교해서 내가 가지고 있지 않은 것을 가지려 합니다. 그러나 그것을 가지고 나면 또 다른 것을 가지려 하기 때문에 평생을 만족하지 못하는 삶을 살아가게 됩니다. 이것이 불행의 원천입니다.

가지고 있는 것을 진정으로 즐길 줄 알면 그것에서 새로운 것이 계속 창출됩니다. 이 즐거움은 묘락妙樂입니다.

인간의 본성은 누구나 같습니다. 다만, 배우고 익힌 것이 달라서 생각이 다를 뿐입니다. 누구나 다 가지고 있는 본성으로 되돌아가는 것이 최상의 깨달음입니다. 그래서 "얻을 바 없는 것."입니다.

* 과거, 현재, 미래 *

["과거는 이미 날아간 새요, 미래는 아직 오지 않은 새이니 둘 다 잡을 수 없는

새다. 우리가 잡을 수 있는 새는 오직 현재(지금)라는 새뿐이다."]
["내가 살아있을 날 중에서 오늘이 가장 젊은 날이다."]
["늦었다고 생각할 때가 가장 빠른 때이다."]
["내일 죽는다 할지라도 오늘 한그루의 사과나무를 심어라."]

慧山은 말합니다.

이 말들은 지금(현재)이라는 시간의 중요성을 잘 말해 주고 있습니다. 지금 여기에 있는 나의 일에 충실히 하는 것이 가장 잘하는 일입니다. 지금에 충실하면 돌이킬 수 없는 과거의 일도 좋은 결과를 낳는 원인이 되고, 그로 인해 미래는 밝아집니다. 그래서 운명은 있기는 하지만 없는 것과 같습니다. 과거가 아무리 좋지 않았어도 지금 좋아져 있으면 좋은 것이고, 과거가 아무리 좋았어도 지금 좋지 않으면 나쁜 것입니다. 사람을 평가할 때도 지금 그 사람이 어떠하냐에 중점을 두어야 합니다. 그 사람을 쓸 수 있는 것은 지금뿐이기 때문입니다.

지금이라는 시간을 버리지 마십시오. 지금이라는 시간을 버리는 것은 포기하는 것이니 이것은 운명(숙명)보다 더 무서운 것입니다. 운명은 지금 내가 어떻게 하느냐에 따라 바뀝니다. 포기하는 것보다 더 큰 장애는 없습니다. 지혜로운 사람은 과거에 매이지 않습니다. 과거에 매이면 가장 소중한 지금을 잃어버립니다. 항상 나를 계발하고, 주변을 이익되게 하는 삶은 매일 새롭기 때문에 매일 새로 태어나는 것과 같습니다. 나이를 먹으면 먹을수록 지금을 포기하는 사람들이 많습니다. 이것은 살아있으나 죽은 목숨과 다를 바가 없습니다.

* 깨달음의 대상은 있는 그대로의 진리(원리)다 *

[“깨달음의 대상은, ‘있는 그대로의 모든 것(진리)이다’ 만상이 다 진리(법法)이기 때문에 어느 것 하나를 선택할 수 없으므로 흔히 깨달음의 대상은 없다고 말하면서, 다만 “마음으로 곧바로 들어가라(직지인심直指人心 견성성불見性成佛).”고 한다. 지금 이것을 혼동해서 깨달음을 체득하기 위해 어리석은 짓을 많이 하고 있다.”]

따라서 慧山은 이렇게 말합니다.

깨달음에 들기 위해서는 우선 복잡한 생각(번뇌 망상, 내 생각)을 내려놓기 위해 마음을 고요하게 가라앉히고 하나에 몰입하여야 하므로 잠시 명상에 들고, 마음이 조용해지면 진리(원리)에 대해 순수한 의심을 하여야 합니다. 명상에 드는 것을 선정禪定의 상태인 ‘정定(지止: 사마타 수행)’이라 하고, 진리(원리)에 대해 순수한 의심을 함으로써 사물의 본질을 파악하는 지혜智慧인 ‘혜慧(관觀: 위빠사나 수행)’를 함께 닦아야 하기 때문에 이것을 ‘정혜쌍수定慧雙修’ 또는 ‘지관쌍수止觀雙修’라 합니다.

명상은 깨달음의 대상이 아닙니다. 깨달음의 대상은 우주에 항상恒常한 진리(원리)라는 사실을 잊어서는 안 됩니다. 다만, 명상은 진리를 깨닫기 위한 준비운동이라는 사실입니다. 이것을 모르면 명상의 최고 경지인 삼매(선정)에 들기 위해 평생을 바치게 되며, 삼매에 드는 과정에 생리적으로 일어나는 많은 부작용(마구니 장애) 때문에 수행을 포기하는 원인이 되기도 합니다. 특히, 삼매에 들기 위해서는 많은 시간과 끊임없는 노력이 수반되어야 하므로 일상을 포기해야 하기 때문에 출가자들이 아니면 할 수 없을 뿐만 아니라 특히 오늘날에는 맞지 않는 수행 방편입니다. 무엇보다 중요한 사실은 원리를 깨치지 못하면 아무리 삼매 속에 있다 할지라도 그것이 깨달음은 아닙니다.

삼매에 드는 수행은 뇌 과학과 양자물리학이 발전되지 못했던, 시대에 하던 것이 전통으로 굳어져 지금까지 내려온 방식입니다. 지금은 이 모든 사실을 과학이 밝혀내고 있습니다. 원리를 깨닫는 것과 삼매에 들어 본래(본성)의 자리를 보는 것과는 전혀 의미가 다릅니다. 이 강의의 글을 공부하면 잘 알게 될 것입니다. 명상수행은 마음을 차분하게 가라앉히는 것에는 매우 효과적이나 원리(진리)를 깨달아 체득되는 '완성된 지혜'를 얻지는 못합니다.

'완성된 중도의 지혜'를 얻을 수 있는 방편으로는 원리를 깨치는 것이 유일합니다. 본성(본래의 마음자리, 참나, 진여)은 모든 개념을 초월해 있기 때문에 어떠한 교설敎說로도 정확하게 나타낼 수 없습니다. 그러나 진여眞如의 성품인 원리는 언어문자로 나타낼 수 있으며, 이 원리를 깨달을 때 '참나'와 '가아'가 하나로 계합합니다.

"외웠느냐? 그러면 너는 따라 할 것이다. 못 외웠느냐? 그러면 너는 새로운 것을 할 것이다."

깨닫기 전에는 과거에 젖어 그대로 따라 하다가 깨닫고 나면 과거의 것을 벗어나 지금에 가장 알맞은 독창적이면서 새로운 수행 방편을 창출하게 됩니다. 부처님께서도 과거로부터 해오던 고행을 하시다가 삼매에 드는 지나친 수행(고행)은 깨달음에 도움이 되지 않는다는 사실을 아시고 고행을 그만두셨습니다. 그리고 보리수나무 아래서 진리(원리, 진여)를 깨달았습니다. 깨닫고 나서 가장 먼저 하신 말씀이 "나는 중도中道를 정등각正等覺 했노라."였습니다. 모든 종교의 가르침도 이와 같아서 가르침의 말씀(진리)을 확실하게 깨닫고 그것을 실천하는 데 있습니다.

* 집착(바라는 마음: 욕심)*

["내려갈 때 보았네! 올라갈 때 보지 못한 그 꽃."]

-시인 고은 -

["산에 가서 아름다운 경치는 못 보고 토끼 한 마리 잡겠다고 온종일 쫓아다닌다. 우리들의 인생도 자칫 잘못하면 이렇게 되기가 십중팔구다."]

["멈추어야 비로소 보인다."]

["얻을 때 반드시 잃어버리는 것이 있고, 잃어버릴 때 반드시 얻는 것이 있다."]

慧山은 말합니다.

이 글들은 표현 방식은 다르나 품고 있는 의미는 하나로 통합니다. 그 하나의 의미는 바로 '집착하면 놓치는 것'입니다. 집착은 바라는 마음에서 생깁니다. 바라는 마음이 있으면 반드시 바라는 목표가 설정되고, 그 목표를 향해 나아가게 됩니다.

인간의 뇌는 동시에 두 가지를 집중하지 못하는 구조로 되어있으며, 집중한 것과 매우 충격적이었던 일일수록 기억에 오래 남게 됩니다. 따라서 집착한 것은 크게 잘 보이나 나머지 것들은 잘 볼 수 없습니다. 부분만 보고 전체를 볼 수 없다는 말입니다. 이것은 마치 행운의 네 잎 크로바를 찾으려다 행복의 세 잎 크로바를 놓치는 것과 같아서 매우 어리석은 일입니다.

음식을 먹을 때도 가장 중요한 것은 골고루 먹는 것입니다. 아무리 좋은 음식도 한두 가지만 먹으면 건강할 수 없듯이 우리들의 인생살이도 한두 가지 일에만 집착하는 것보다 골고루 발전시켜야 행복을 누릴 수 있을 것입니다. 그때마다 이 일과 저 일에 집중하는 시간 배정을 잘 해야 된다는 말인데 여기에는 정해진 원칙이 없습니다. 다만, 지혜롭게 해야 합니다.

행복의 조건에는 여러 가지가 있겠지만 공통적으로 볼 때 건강, 명예, 재물, 화목 등일 것입니다. 행복의 조건을 골고루 발달시키기 위해서는 원리를 깨달아 중도를 체득(증득)해야 됩니다. 이유는 바라는 마음을 내려놓아야 하기 때문입니다. 그래야만 그때그때 인연 오는 대로 잡아 쓸 수 있는 것입니다. '완성된 중도의 지혜'는 어디에도 걸림이 없어 자유자재합니다. 빨리 가야 할 때는 빨리 갈 줄 알고, 느리게 가야 할 때는 느리게 갈 줄 알며, 쉬어가야 할 때는 쉬어 갈 줄 알고, 밝은 곳에서는 능히 밝을 줄 알며 어두운 곳에서는 능히 어두울 줄 알기 때문입니다.

원리를 체득해서 확실한 깨달음을 얻기 위해서는 '내 생각'을 내려놓는 것이 우선되어야 하고 '내 생각'을 완전하게 내려놓는 것이 완전한 깨달음입니다. '내 생각'은 내가 배우고 익힌 것으로부터 만들어지며, 이것을 고정관념, 지식, 알음알이, 아상我相, 무명無明이라고도 합니다. 바라는 마음은 '내 생각'으로 만들어지며, 만들어지고 나면 항상 '내 생각'이 옳다고 생각하기 때문에 그것에만 집착하고, 다른 것과 비교하며, 분별하고, 차별하고 배척하게 됩니다. 따라서 '내 생각'을 내려놓으면 있는 그대로의 진실(진리)을 볼 수 있고, 늘 전체를 볼 수 있게 됩니다. 이것이 중도中道를 정등각正等覺(체득)하는 것입니다.

* 해탈解脫 *

["누구나 다 본래 해탈되어 있다."]

慧山은 말합니다.

'본래 해탈', '본래 부처'라는 사실을 명확하게 알고 조금의 의심도 일어나지 않는다면 그것이 그대로 큰 깨달음입니다. 해탈이란? 어떠한 경계(조건, 여건, 대상, 객관, 상황)에도 구속받지 아니하고 대 자유인이 되는 것을 이르는 말입니다.

똑같은 경계를 만나도 내가 어떻게 생각하느냐에 따라 2차적으로 일어나는 반응은 다릅니다. 한 대 맞고 같이 대응하면 싸울 것이요, 그냥 지나치면 싸우지 않을 것이기 때문에 나에게 주어지는 경계의 문제가 아니라 그 경계에 대응하는 '내 생각'이 문제라는 말입니다. 그래서 '일체유심조一切唯心造'입니다. 다시 말해서, 경계는 내가 만드는 것일 뿐, 없는 것과 같다는 뜻입니다. 우리는 살아가면서 배우고 익힌 고정관념(내 생각, 학문, 지식, 윤리, 도덕, 전통, 풍습, 문화 등)으로 수많은 경계를 스스로 만들고 그 경계에 속박되어 살아가고 있습니다.

"스승님 죽지 않는 것이 있습니까?"

"그래 있다."

"그것이 무엇입니까?"

"아야 아야! 아야 아야다!"

이것이 기가 막힌 법문입니다.

이 법문을 참구해서 깨닫게 되면 '본래 해탈', '본래 부처'라는 사실을 깨달을 수 있으며, 반대로 '본래 해탈', '본래 부처'라는 사실을 깨달아도 이 법문을 깨달을 수 있습니다.

인간을 비롯한 모든 것들의 본성本性은 본래 해탈되어 있고, 본래 깨달아 있기 때문에 얻을 것도 없고, 구할 것도 없습니다. 다만, '내 생각'이 이것을 막고 있을 뿐입니다. 배고프면 밥 먹을 줄 알고, 피곤하면 잠잘 줄 알고, 아프면 아픈 줄 알고, 모든 생명활동이 그대로 해탈이요, 부처(깨달음)입니다.

만상의 본질(본성)은 미립자(소립자)요 미립자는 무한한 가능성을 지니고 있기 때문입니다.

* 업력業力과 법력法力 *

["업력業力(업식業識)은 지식(고정관념, 알음알이, 내 생각, 아상我相, 무명無明)이고, 법력法力은 지혜(중도)다. 업력을 끊을 수 있는 것은 오직 법력뿐이다. 법력은 과거(업)를 정리하고 미래를 밝혀주는 등불과 같다."]

慧山은 말합니다.

지식은 과거로부터 지금까지 내가 배우고 익힌 알음알이(학문, 윤리, 도덕, 풍습, 문화, 전통 등)를 말하며, 이것이 내 생각을 만들고 나의 모든 행위는 내 생각으로부터 비롯됩니다. 내 생각은 고정관념으로 굳어지고 계속 반복하게 되므로 무의식(제8아뢰야식, 업장業藏)에 저장됩니다. 이것을 '업業(삶의 찌꺼기)'이라 하고, 업이 작용하는 힘을 '업력業力

(업식業識)'이라 하는데 나의 모든 행위는 업력의 지배를 받습니다. 업은 윤회의 주체이기 때문에 우리들의 모든 인연(여건, 조건)은 업에 의해 만들어집니다.

지식은 개념이 고정된 내 생각이기 때문에 모든 것을 주관적으로 판단함으로 전체를 보지 못하고 부분만 볼 수 있으며, 늘 경계(조건, 여건, 대상, 인연, 객관)에 부딪힙니다. 그러나 법력은 법계法界(우주)에 항상恒常한 진리(원리)를 깨달아 체득體得(증득證得)되는 지혜의 작용(힘)이기 때문에 주관(나)과 객관(대상, 경계)이 사라져 어떠한 분별도 없으므로 어디에도 걸릴 것이 없습니다. 업력은 경계에 걸리기 때문에 업력으로(의식적으로) 업력(과거의 업)을 끊을 수는 없으나 법력은 모든 경계로부터 벗어나 해탈의 경지에 있으므로 업력을 끊을 수 있습니다.

우리가 살아가면서 가장 중요한 것은 '내가 행복해야 된다'는 것입니다. 내가 행복해지기 위해서는 반드시 선택해야 되고 선택에 대한 책임(각오, 결과를 받아들임)을 져야 합니다. 내가 선택한 나머지는 미련 없이 버려야 합니다. 선택하는 것(욕심)이 많을수록 만족(행복)은 줄어들고, 적을수록 만족은 커집니다. 따라서 바라는 것을 다 내려놓으면 다 얻을 수 있습니다. 업력은 걸리는 곳이 많기 때문에 많이 내려놓지 못하나 법력은 걸리는 것이 없어 어떠한 경우에도 '행복(만족, 해탈, 열반)' 하나만을 선택하고 나머지는 다 버립니다. 이것이 바라는 바가 없는 것입니다.

지혜는 고정관념이 없고 때에 따라 적응하는 것이므로 새로운 것을 계속 창출해 내지만 지식(고정관념)은 새로운 것을 창출해 내지 못합니다. 그래서 진화는 바뀌는 것에 적응하기 위해 자신의 모양(상相)을 바꾸는 것입니다. 이것을 일러 상相이 있는 가운데 상相이 없다고 말합니다. 초월한다는 말도 이와 같아서 있는 가운데 없는 것을 이르는 말입니다. 생사가 반드시 있는 가운데 생사가 없는 원리를 깨닫는 것이 생사를 초월하는 것입니다.

바라는 것이 있어 행行하면 업業(삶의 찌꺼기)을 만드나, 바라는 것 없이 행하면 업을 만들지 않습니다. 업을 만들지 않는 것이 업을 끊는 것입니다. 업력은 마음을 일으켜 행行하는 것이고, 법력은 일으키는 마음 없이 무심無心으로 그냥 최선을 다하는 것입니다. 법력은 누구에게나 다 갖추어져 있는 본래심本來心(청정심, 본성, 진여)의 작용(힘)입니다. 본래심은 '내 생각'을 완전하게 내려놓은 본래의 마음일 뿐 갈고 닦아서 새롭게 만드는 것이 아닙니다.

이 원리를 깨치면 모든 사람이 스스로 계발됩니다.

* 오고 감이 없다(불래불거不來不去) *

[한 스님이 조주 스님에게 물었다. "모든 것(법法)은 하나로 돌아가는데, 그 하나는 어디로 돌아갑니까?" (만법귀일萬法歸一 일귀하처一歸何處) 조주 스님이 대답하였다. "내가 청주에 있을 때 삼베적삼을 하나 만들었는데 그 무게가 일곱 근이었다네."]

["일중일체다중일一中一切多中一 일즉일체다즉일一卽一切多卽一 하나 안에 일체(모두) 있고 일체 안에 하나 있어 하나가 곧 일체요, 일체가 곧 하나라. 일미진중함시방一味塵中含十方 일체진중역여시一切塵中亦如是 한 티끌 그 가운데 온 우주를 머금

었고 낱낱의 티끌마다 온 우주가 다 들었네."] - 의상조사 법성게法性偈 -

慧山은 말합니다.

이 글을 읽고 오고 감이 없다(불래불거不來不去)는 원리를 통해 불이不二(불이不異)를 체득하면 그것이 깨달음(견성見性)입니다.

자연은 있는 그대로 둘이 아니며, 다르지 않으며 조금도 움직인 적이 없습니다(여여부동如如不動). 그래서 아공我空 법공法空이라 합니다.

* 일체유심조一切唯心造 *

["세상만사는 마음 한 번 바꾸는 데 따라서 함께 바뀐다. 따라서 주어지는 여건(대상, 조건, 환경, 객관)이 문제가 아니라 내가 어떻게 생각하느냐에 따라 그다음에 일어나는 일이 달라진다."]

따라서 慧山은 이렇게 말합니다.

우리는 대체로 나에게 주어지는 여건을 운명이라고 말하면서 그것에 끌려다니게 됩니다. 이러한 개념은 매우 어리석은 생각입니다.

그릇에 물이 절반 남아있을 때, '아이고! 벌써 물이 절반씩이나 줄었네!'라고 생각한다면 실망과 함께 좌절하는 마음이 일어날 것이나, '어라! 아직도 물이 절반씩이나 남아 있네!'라고 생각한다면 희망과 함께 용기가 일어날 것입니다. 이것이 똑같이 주어진 여건을 부정적으로 생각할 때와 긍정적으로 생각할 때의 차이입니다. 우리들의 인생은 이러한 사소한 생각의 문제로부터 갈라지게 됩니다.

그래서 "인생은 재물이나 명예의 합계가 아니라 생각의 합계다."라고 말합니다. '일체유심조一切唯心造'라는 말도 같은 여건에서 생각의 차이에 따라 주어진 여건이 바뀐다는 뜻입니다.

주어진 여건을 바꾸려 하지 말고 내 생각을 바꾸십시오. 내 생각을 바꾸면 주어진 여건은 저절로 바뀝니다. 대상을 바꾸는 일은 불가능할 뿐만 아니라 바꾸려 하는 대상과 늘 다투게 됩니다. 상대방도 나를 바꾸려 하기 때문입니다. 나에게 주어지는 여건은 과거에 내가 저지른 업業(원인)에 의한 과보(결과)로 지금 나에게 주어지는 것이므로 알고 보면 다 '내 탓'입니다. 이것이 인연이 오는 대로 잡아 쓰는 것이며, 도道입니다.

* 본분사本分事로 그냥 한다는 것 *

["본분사로 그냥 한다는 것은, 마치 호흡하는 것과 같아서 무심無心으로 하는 것이다. 무심으로 하는 일은 일마다 최고의 만족을 가져다준다. 그래서 무심이 도道다."]

慧山은 말합니다.

일할 때 목적(목표)을 세우면 목적에 집착하게 되고, 집착하면 욕심이 생기며, 욕심이 생기면 남과 비교하게 된다. 이렇게 되면 만족은 없다. 아무리 많은 것을 가졌다 해도 만족하지 못하면 최소한의 필요한 만큼만을 가지고 만족하는 것보다 못하다.

원願을 세워 원력으로 하는 일은 매우 바람직한 일이나 자칫 자기도 모르는 사이에 바라는 마음이 생기기 쉽다. 원을 세웠기 때문이다. 무엇인가 세운다는 것은 이미 무심이 아니다.

원願도 세우지 말고 그냥 무심으로 하라! 일원이 생기면 일원에 만족하고 만원이 생기면 만원에 만족한다. 무심은 다만, 주어진 여건에 최선을 다하는 것이다. 이것이 본분사로 하는 것이다. 우리가 하는 일 가운데 가장 무심으로 열심히 하는 일이 숨 쉬는 일이다. 일을 호흡하는 것처럼 하는 사람이 가장 무서운 사람이다.

* 이 사실 하나만 알고 실천하면 인생이 달라진다 *

[“남을 바꾸려 하는 것은 땅을 파서 하늘을 보려는 것과 같고, 모래로 밥을 지으려는 것과 같으며, 허공에 말뚝 박으려는 것과 같다. 남을 바꾸려면 나를 바꾸어라. 그리하면 남은 스스로 바뀐다.”]

그래서 慧山은 이렇게 말합니다.

인간은 서로 남을 바꾸려 하기 때문에 남을 내 생각대로 바꾸려 하는 것은 불가능합니다. 자기 자신을 바꾸기도 쉽지 않은 것을 하물며 남을 바꾸려 해서야……, 인생은 선택입니다. 남을 바꿀 것인가? 나를 바꿀 것인가?

많은 것을 알려고 하지 마십시오. 하나를 확실하게 알고 꾸준히 실천하다 보면 그것이 모든 것과 하나로 통해 만상이 술술 풀립니다. 진리는 하나로 통하기 때문입니다. “내가 세상을 바꿀 수는 없다. 다만, 내가 바뀜으로써 세상은 저절로 바뀐다.”라는 말이 진리에서 나온 말이라는 사실을 원리를 깨달으면 알게 됩니다. 그래서 일체一切(모든 것)는 유심소조唯心所造(마음이 짓는 바다)라고 합니다.

* 인생은 선택이다 (2) *

["인생은 선택이고 선택에 대한 결과의 각오를 미리 하고 결과에 대한 책임을 지면(다 받아들이면) 세상은 본래 아무 일도 없다."]

이 문제는 가장 중요하기 때문에 慧山은 다시 강조해서 말합니다. 선택은 각자의 고유권한이며 선택에 대한 결과는 싫든 좋든 반드시 나에게 되돌아옵니다(자업자득, 자작자수). 그렇기 때문에 결과를 받아들이는 내 마음이 매우 중요합니다. 우리는 누구나 욕심(바라는 마음)이 있기 때문에 선택은 내가 해놓고 결과가 나쁘면 그것을 받아들이려 하지 않으므로 괴롭습니다. 이것이 어리석다는 말입니다. 어차피 자업자득이므로 선택하기 전에 선택에 대한 결과를 미리 각오하면 어떠한 결과가 오더라도 긍정적으로 다 받아들이게 됩니다. 이렇게 되면 설혹 나쁜 결과가 온다 하더라도 아무 일(괴로움, 고통, 불행)이 없다는 말입니다.

선택할 때 선택의 기준은, '무엇을 선택했을 때 내가 가장 행복할 수 있겠는가?'입니다. 그 외의 다른 것에 마음을 두는 것(바라는 마음)은 어리석은 결과를 만들기 쉽습니다. 선택할 때 '상반되는 두 개의 장점을 동시에 가지려 하면 어리석은 결과를 초래한다'는 말입니다. 예를 들어, 폐암에 걸렸을 때 담배를 끊지 않고 암으로부터 벗어나기는 어려울 것이며, 결혼하지 않으면 자유로우나 외로울 것이고, 결혼하면 외롭지는 않지만 서로 맞추면서 살아야 할 것입니다. 시골에서 살 때의 장단점이 있고 도시에서 살 때의 장단점이 있을 것입니다. 이때 두 개의 장점을 동시에 다 누리려고 하면, 이는 마치 두 마리의 토끼를 다 잡으려다가

한 마리의 토끼도 잡지 못하는 어리석은 결과를 초래한다는 말입니다. 시골에서는 시골의 단점은 각오(포기)하고 시골에서의 장점을 즐기고, 도시에서는 도시의 단점은 포기하고 도시의 장점만을 즐기면 어디에 있어도 즐거움만 있게 됩니다. 이것이 지혜입니다.

영원한 행복을 선택하기 위해 다른 모든 것을 내려놓는 것(버리는 것, 포기하는 것)이 '해탈'이고, 해탈이 완성되면 영원한 행복마저도 내려놓게 되는데 이때의 행복(즐거움)은 '묘락妙樂(묘한 즐거움)'입니다. 그러나 우리는 깨달음이 부족하여 해탈의 경지에 들지 못해 바라는 마음이 많기 때문에 여기에도 걸리고 저기에도 걸려 내려놓지를 못하는데 이것은 업력業力 때문입니다. 업력을 끊을 수 있는 것은 오직 법력法力(지혜)뿐이라는 말은 이미 여러 차례 했습니다. 법력은 원리를 깨달았을 때(체득體得, 증득證得) 극대화됩니다.

해탈(중도를 체득함)하고 나면 어디에도 걸림이 없기 때문에 때에 따라 그 모양을 달리합니다. 이것이 '완성된 중도의 지혜'입니다.

* 믿는 다는 것 *

["믿는 순간부터 속기 시작한다."]

慧山은 말합니다.

속지 않기 위해 믿지 않는다면 되는 일이 없습니다. 우리 속담에 "구더기 무서워서 장 못 담근다."라는 말이 있습니다. 그러나 믿었기 때문에 속는다는 말은 맞습니다. 그렇다면 믿으면서도 속지 않는 방법은 없을까요? 있습니다. 믿기는 믿되 바라는 마음(욕심) 없이 믿으면 속을 일은 절대로 없습니다.

이 문제는 사실 매우 중요합니다. 기도한다는 것은 믿는 마음이 있기 때문에 합니다. 그러나 바라는 마음을 가지고 하는 기도와 바라는 마음 없이 하는 기도는 그 결과에 있어서는 하늘과 땅 차이입니다. 내 소원을 비는 기도는 바라는 마음의 기도이므로 바라는 것이 이루어지지 않으면 반드시 시험에 들게 되고 기도가 끊어지게 되나, 바라는 마음 없이 무심으로 그냥 하는 기도는 기도의 결과에는 관계없이 기도의 대상을 오직 믿는 마음으로 하기 때문에 기도가 끊어지지 않습니다. 그래서 '기도는 다만, 할 뿐', '기도는 호흡과 같아서 끊어지지 않게 하라'고 합니다. 이것이 진정한 기도입니다.

우리가 '일을 할 때도 무심으로 그냥 최선을 다하는 것이 가장 잘하는 것이다'라는 이유도 바로 여기에 있습니다. 이렇게 하는 일은 마치 호흡과 같아서 끊어지지 않습니다. 목표를 세우고 집착해서 하는 일은 이루려고 하는 바라는 마음이 깔려 있기 때문에 이룬다 할지라도 이룬 것의 노예가 되어 나누기가 매우 어려울 뿐만 아니라 오래 지속하기가 어렵습니다. 그러나 바라는 마음 없이 무심으로 그냥 한 일은 목적의식에 떨어지지 않아서 결과가 얼마나 이루어지던 만족함으로써 이룬 것으로부터 자유로워져 나누기가 쉬워집니다.

기도하든 일을 하든 바라는 마음 없이 무심으로 그냥 하는 것이 가장 잘하는 것이라는 말을 잊지 마십시오. "무심無心이 도道(선禪)입니다."

* 향상일로向上一路 *

[“향상일로向上一路 하라!”]

慧山은 말합니다.

‘향상일로’란? 최고의 깨달음의 경지로 향하는 유일한 길, 즉 법신法身(진여眞如)의 모습을 갖추기 위해서는 끊임없이 정진하여야 한다는 뜻입니다. 법신(절대의 모습)이란? 너와 나의 구별이 있는 가운데 너와 나의 구별 없이 모든 것이 하나 되어 서로 조건 없이 주고받는(연기緣起관계, 상호의존성) 있는 그대로의 모습을 말합니다. 다시 말해서, 서로가 서로에게 이익되게 하는 것을 말합니다.

진여(법신, 참나)의 세계는 어떠한 분별도 없기 때문에 선악善惡을 비롯한 이원적二元的(상대적)인 개념이 끊어진 세계입니다. 서로에게 이익되게만 하기 때문에 선악이 없다고 하는데, 이것을 이원적인 세계(중생계, 인간세상)에서는 ‘선善’이라 합니다. 이와 같이 선악을 분명하게 아는 것이 정견正見입니다.

참나의 자리(근본자리, 본성 자리)에는 본래 선악이 없으나 선과 악은 분명하여야 합니다. 나와 남을 이익 되게 하면 그것은 선善이요, 나만을 이익되게 하면 그것은 악惡입니다. 참나의 마음으로 살아가는 것을 선이라고 합니다. 우리가 하는 행위가 참나의 뜻과 같으면 그것을 선이라 하고 참나의 뜻과 다르면(맞지 않으면) 그것을 악이라 합니다.

수행해서 최고의 경지에 도달하였다 할지라도 ‘향상일로’ 하지 않으면 자칫 중생의 나락으로 떨어질 수 있습니다. 그러므로 ‘향상일로’의 입장에서 본다면, 그 누구도 예외일 수는 없습니다. 깨달았다고 하는 순간 깨달음과는 멀어지는 것이니 깨달았다는 생각을 버리라는 말입니다. 선善은 오늘 행行하고 내일은 행하지 않아도 되는 것이 아닙니다. 끊임없이 이어져야 합니다. 이것이 '향상일로'입니다. 따라서 '향상일로' 한다는 것은 지금이라는 시간을 가장 충실하게 살아가는 것이 됩니다.

수행(공부)으로 최고의 경지에 도달하여 더 이상 수행할 것이 없지만 '향상일로' 하면 매 순간 진화합니다. 깨달은 자는 선악은 본래 없다는 사실을 알지만 늘 선을 행하는 것입니다.

나는 완전하다고 생각하는 순간 이미 완전하지 않습니다. 무심으로 그냥 늘 최선을 다하지 않으면 '향상일로'는 어렵습니다. 호흡하는 것과 같이 본분사本分事로 하는 것이 '향상일로向上一路' 하는 것입니다.

* 원리를 깨달으면 *

["법력法力은 버려야 할 것은 버릴 줄 알고, 버리는 것이다. 버린다는 것은 업력業力으로 만들어진 인연을 버리는 것이다. 법력은 업력을 끊을 수 있는 유일한 도구다."]

慧山은 이렇게 말합니다.

법력은 오직 원리를 깨달았을 때만 생깁니다. 역사의 기록을 살펴보면, 업력에 의해 일어나는 인연을 벗어나지 못해 가지가지 일들에 휘말리고 맙니다. 우리는 이것을 운명이라고 합니다. 운명을 바꾼다는 것은 악업(업장業障)으로 맺어진 인연을 버리는 일입니다. 그러나 원리를 깨치지 못하면 어떤 인연이 악업으로 맺어진 인연인지를 알지 못합니다. 알기도 어렵지만 버리기는 더더욱 어렵습니다. 업력(내 생각)으로 악업을 끊으면 또 다른 업장만 쌓일 뿐입니다. 내 생각에는 바라는 마음이 있기 때문입니다. 바라는 마음(욕심)을 버리면 어떠한 인연에도 휘말리지 않습니다. 바라는 마음을 없앤다는 것은 상반되는 두 가지의 장점을 동시에 가지려하지 않는 것을 말합니다.

예를 들어, 나를 사랑도 해주고 부자며 명예도 높은 사람을 바라지 말라는 말입니다. 사랑과 돈, 명예 중에서 하나를 버려야 합니다. 그래야 하나라도 누릴 수 있습니다. 가장 좋은 것은 둘 다 내려놓을 때입니다. 원리를 깨친 법력에는 바라는 마음이 없습니다. 해탈은 일체의 바라는 마음을 내려놓고 그냥 무심으로 다만, 최선을 다하는 것입니다.

* 분별하지 마라!(무분별지無分別智) *

["분별하지 말고 있는 그대로 보라! 그것이 가장 실實답게(정확하게, 확실하게, 사실과 같게) 보는 것이다(여실지견如實知見)."]

["분별한다는 것은 '나'라고 하는 주관이 있기 때문이다. 주관이 있으면 객관(경계, 대상)이 만들어지고, 객관은 항상 주관에 의해서 분별 되고 차별된다. 있는 그대로 보는 것이 분별 되어 있는 가운데 분별없이 보는 것이다. 내 생각(고정관념, 무명無明, 아상我相)을 내려놓고 보는 것이 있는 그대로 보는 것이다. 이것이 무분별지無分別智다."]

慧山은 이렇게 말합니다.

불교에서는 "분별심을 일으키지 마라."고 가르칩니다. 이 말은 "분별하지 마라."는 말인데, 어떻게 살아가면서 분별하지 않고 살아갈 수 있다는 말입니까?

결론적으로 "분별하지 마라."는 말의 의미는 개개인이 가지고 있는 자기 잣대로 세상을 판단해서 선과 악, 옳고 그릇됨을 결정짓지 말라는 말입니다. 사람마다 배우고 익힌 것이 다 달라서 가지고 있는 잣대가 다 다르기 때문에 주관적으로 판단해서 분별하면 분쟁의 원인이 되기 때문입니다. 이것은 마치 저마다의 색안경을 쓰고 세상을 보는 것과 같아서 있는 그대로를 볼 수가 없습니다. 무엇보다 자기 잣대의 바탕에는 대체로 자기의 이익이나 명예욕이 깔려 있기 때문에 나만을 이익되게 하고 남에게는 해를 끼치게 됩니다.

세상에는 본래 정해진 법法이 없으나(무유정법無有定法) 인연(상황, 여건, 때) 따라 정해진 법은 있습니다. 목욕탕 안에서는 옷을 벗는 것이 법이고, 밖에서는 옷을 입는 것이 법입니다. 평화 시에는 사람을 죽이면 안 되지만 전쟁 시에는 사람을 죽여도 괜찮듯이 때에 따라 법이 바뀌기 때문에 "법을 법이라 하면 그것은 이미 법이 아닙니다."

만상은 본질(체體, 소립자의 입장)에 있어서는 같으나 겉으로 드러난 모양(상相)은 다릅니다. 이렇게 서로 다른 것이 분별된 모습이라면 있는 그대로 본다는 것은 분별된 가운데 분별을 떠난 모습을 보는 것입니다.

자기 잣대는 '내 생각(고정관념, 아상我相, 무명無明, 진리를 모르는 어리석음)'을 말합니다. '내 생각'은 그동안 배우고 익힌 것을 개념화하고 그것을 내 것으로 삼고 있기 때문에 전체를 보지 못하고 내 생각과 같은 것만 보게 됩니다. 따라서 가장 좋은 개념은, 개념이 있되 어떠한 개념에도 머무르지 않는 무개념이 가장 좋은 개념입니다. 그래서 "중도는 중도에도 머무르지 않는 것."입니다.

중도는 인연 따라 가장 적절한 법을 쓰는 것입니다. 중도는 가장 정확하게 분별하고(정견正見) 그것과 융합하는 것(하나 되는 것)입니다.

* 진정한 깨달음 *

["진정한 깨달음은 나눔을 실천하는 것이다."]

慧山은 말합니다.

모든 종교의 본질은 나눔입니다. 수행하고, 기도하고, 자기를 계발하는 것도 나누는 것을 생활화하기 위함입니다. 아무리 큰 깨달음을 얻었다 할지라도 나누지 않으면 아무런 의미가 없으며, 아무것도 몰라도 나눔을 실천하면서 살아가는 사람이 진정으로 깨달은 사람입니다.

가지고 있는 것이 무엇이 되었든 조건 없이 나누는 것보다 우리에게 더 큰 울림을 주는 것은 없습니다. 나누는 것이 사랑이고, 자비며, 지혜입니다. 울지마 톤즈의 이태석 신부님과 다일공동체의 최일도 목사님이 그 본보기입니다.

모든 것이 하나로 연결되어 서로 주고받기 때문에 존재 자체가 가능하다는 원리를 확실하게 깨달았을 때 조건 없이 나누는 것이 가능해집니다. 이 모든 것을 가능하게 하는 것은 무심無心을 체득體得하는 일입니다.

* 정해진 법法은 없다(무유정법無有定法) *

["세상 모든 것에는 정해진 고정불변의 원칙(법)이 없다. 다만, 인연(상황, 조건, 여건) 따라 정해진 원칙이 있을 뿐이니 법에 집착하지 마라."]

慧山은 말합니다.

포기하는 것은 좋은 것도 아니고 나쁜 것도 아닙니다. 원을 세우고 앞으로 나아가다 중간에 포기하는 것은 어떠한 장애보다도 더 큰 장애입니다. 그러나 내가 행복해지기 위해 둘 중의 하나를 선택해야 할 때 하나를 포기하는 것은 지혜입니다. 때로는 포기하지 말아야 하고 때로는 포기할 줄도 알아야 합니다.

인천 사는 사람이 서울로 가려면 동쪽으로 가야 하고, 춘천 사는 사람은 서쪽으로 가야 할 것이며, 부산 사는 사람은 북쪽으로 가야 할 것입니다. 가야 하는 방향은 서로 다르나 있는 위치에 따라 모두 진리입니다. 이와 같이 내가 있는 위치에서 가야 하는 방향이 다 다르듯이 경전의 내용도 내가 믿는 종교의 가르침만 절대시하고 다른 종교의 가르침은 배타 시 한다면 이것은 매우 잘 못된 일입니다.

물과 같이 인연(그릇의 모양) 따라 모양을 달리하는 것을 '완성된 중도의 지혜'라고 합니다. 정해진 법이 없다는 것이 진리이기 때문에 중도는 중도에도 머무르지 않는 것입니다.

* 비방하지 마라! *

["남을 비방하는 것은 내 공부(수행)가 아직 무르익지 못했다는 가장 확실한 증거다."]

慧山은 말합니다.

참나(진여)를 찾아가는 방편도 다르고, 법法(원리, 진리)을 깨닫는 방편도 사람마다 다릅니다. 깨닫고 나서 깨달은 법을 펼치는 것도 다 다릅니다. 그러나 그 내용에 있어서는 조금도 다르지 않아야 됩니다.

깨닫지 못한 사람은 법을 펼쳐내는 방편이 자기 것과 다르면 틀렸다고 말하면서 비방합니다. 이것은 비방하는 사람이 아직 깨치지 못했다는 반증입니다. 그러나 깨친 사람은 설혹 누가 틀린 방편을 펼치더라도 그 사실을 알아차리기만 하고, 나는 정법을 잘 펼치고 있는지? 를 되돌아보는 기회로 삼을 뿐 결코 비방하지는 않습니다.

사람은 저마다 배우고 익힌 것이 달라서 개념이 다르고 생각이 다 다르기 때문에 같은 대상을 놓고도 말과 행동을 다 다르게 합니다. 다르다는 것을 인정하고 받아들이면 아무 일도 없으나 그렇지 않으면 분쟁이 일어납니다. 다른 사람의 생각을 받아들이기 위해서는 내가 고정관념(내 생각)을 가지면 안 됩니다. 옳지 못한 것을 보면 나는 저렇게 하면 안 되겠구나 하는 것을 배우고, 옳은 것을 보면 나도 저렇게 해야지 하는 것을 배우면 됩니다.

남의 잘못만 캐고 다니는 사람, 남의 험담만을 하고 다니는 사람, 남의 약점을 떠들고 다니는 사람은 자기 허물을 알지 못하는 사람입니다.

서양 속담에 이르기를……. "남을 비방하는 것은, 비방하는 사람과 비방의 대상과 비방하는 것을 듣고 있는 사람, 이 셋을 다 죽인다."라고 하였습니다.

"너나 잘해라!"

* 업장소멸業障消滅 *

["과거(전생)의 인연은 현재(금생, 지금)에 나타날 때 반대로 나타나는 것이 우주의 원리다. 이것이 인과법因果法(인연법因緣法, 연기법緣起法)이고 업業의 순환원리다."]

그래서 慧山은 이렇게 말합니다.

친구에게 돈을 빌렸다면 나는 언젠가는 그 돈을 갚아야 할 것입니다. 마찬가지로 내가 하는 모든 행위는 반드시 어떤 결과를 만들어 내고 과보가 따르는 것이 우주의 질서(진리, 원리)입니다. 이것을 '인연과보因緣果報'라 합니다.

우리가 하는 모든 행위의 결과를 업業이라하며, 지은 업에 의해 서로 주고받음으로써 새로운 업이 다시 만들어지기 때문에 업은 윤회의 주체입니다. 그러므로 서로 주고받을 것이 많으면 많을수록 윤회할 때 가까운 사이로 다시 인연이 맺어지게 되는 것이 업의 순환원리입니다.

이러한 업의 순환원리에 의해, 지금(금생) 나에게 고통을 주는 사람은 과거(전생)에 내가 그 사람에게 고통을 주었기 때문에 그것(업장)을 되돌려받는 것(업의 순환)입니다. 돈을 빌렸다면 반드시 갚아야 하는데 갚지 못하면 그 돈을 갚기 위해 다시 인연이 맺어져 빌려준 사람이 이번에는 반대로 만나 돈을 빌리고 갚지 않음으로써 과거(전생)에 빌려준 돈을 받아낸다는 말입니다.

남편이 아내를 괴롭히는 것은 과거에 아내가 남편을 괴롭힌(업장) 과보가 현재 일어나는 것이기 때문에 아내는 남편을 미워하고 원망할 일이 아니라 오히려 남편에게 과거의 잘못을 참회하고 용서해야 된다는 말입니다. 따라서 남편을 고치기 위해서는 과거(전생)에 내가 지은 업장을 소멸시켜야 남편이 스스로 바뀌어집니다. 내가 지은 업장을 소멸하기 위해서는 괴롭히는 남편을 이해하고 잘 대해줌으로써 내가 지은 업장을 소멸시키는 만큼 남편은 조금씩 스스로 바뀐다는 말입니다. 이것이 나를 바꾸어야 상대방을 바꿀 수 있다는 원리입니다. 그래서 역경계逆境界(고통스러운 일)를 수행의 문(스승)으로 삼으라는 것입니다.

모든 일은 다 내 탓이며, 자업자득自業自得이요, 자작자수自作自受며, 사필귀정事必歸正입니다.

* 있는 그대로 *

["있는 그대로 보고, 있는 그대로 보여주는 것이 '참나'와 늘 함께 하는 것이다. 이것이 주인공의 삶이다."]

慧山은 말합니다.

만상을 있는 그대로 보고, 나를 나타낼 때도 조금의 가식도 없이 있는 그대로 보여준다는 것은 자아의식(제7말나식)에 의해 조작된 '내 생각(무명無明)'이 조금도 개입되지 않았을 때 가능한 일입니다. 모든 분별심이 사라진 경지입니다.

공부하는 수행자들은 누구나 '진정한 나(참나, 진아眞我)'를 찾고자 합니다. '참나'는 늘 '나(가아假我)'와 함께 하고 있으나 우리가 인식하지 못하고 있을 뿐입니다. 둘은 분리될 수가 없습니다. '내 생각(가아의 생각)'이 개입되면 '참나'가 아닌데 '내 생각'도 '참나'의 작용이라는 사실을 알아야 합니다. 그래서 번뇌와 깨달음도 둘이 아니라고 합니다(번뇌즉보리煩惱卽菩提). 자아의식에서 만들어진 '내 생각'을 내려놓고 생각, 감정, 오감(눈, 귀, 코, 혀, 몸)을 사용하면 그것이 '참나'와 함께하는 것이므로 '참나'를 찾은 것입니다.

자아의식에는 아치我痴, 아견我見, 아만我慢, 아애我愛의 네 가지 번뇌가 있습니다.

아치란? 나에 대한 무지를 뜻합니다. 오온五蘊이 공空하기 때문에 나라고 할 것이 없음에도 불구하고 내가 아닌 것을 나라고 착각하고 집착하는 것을 말합니다.

아견이란? 아집이 강화되어 자신을 위한 이기심이 자리 잡고 있기 때문에 자기 이익을 위한 모든 행동이 나타나게 됩니다.

아만이란? 아견이 더욱 객관화된 것으로서 나를 밖으로 나타내려 하기 때문에 오로지 자기만이 존귀하고 다른 사람은 자기보다 못하다는 태도가 은연중에 밖으로 나타납니다. 이는 모든 것은 평등하다는 진리에 대한 망각에서 발생합니다.

아애란? 자아에 대하여 참으로 소중하다고 애착하기 때문에 가아를 실체의 나로 착각하여 애착을 일으키는 것입니다. 탐심과 애착심을 야기하는 마음을 아애라고 합니다.

이 네 가지 번뇌가 '내 생각'입니다. '내 생각'이 '나(가아)'입니다. '나'를 버리면 '참나'는 저절로 드러납니다. '참나'는 항상 있는 그대로 봅니다.

"나는 간소하면서 아무 허세도 없는 생활이야말로 모든 사람에게 최상의 것. 육체를 위해서나 정신을 위해서나 최상의 것이라고 생각한다."

– 아인슈타인 –

* 원리를 깨닫고자 하는 이유 *

["원리를 깨닫고자 하는 이유는 내가 살아가는 방법(삶의 지혜)을 배우기 위해서다."]

慧山은 말합니다.

원리를 깨닫고자 하는 이유는 내가 살아가는 방법(삶의 지혜)을 배우기 위해서이므로 삶 그 자체를 깨달음의 대상(수행의 대상)으로 삼고 진리(원리)를 탐구하는 것이 가장 효과적입니다.

깨달음의 핵심은 "우주는 하나다."입니다. 다시 말해서, 모든 것은 서로 주고받는 의존의 관계(상호의존성, 연기성緣起性)로 얽혀 존재하며, 고정불변의 자아自我가 없고(무자성無自性, 무아無我, 비아非我), 이것은 저것에 저것은 이것에 들어있기 때문에 겉으로 드러난 모양(상相)은 다르나 본질(체體)에 있어서는 다르지 않습니다(불이不二, 불이不異).

만상을 구성하고 있는 최소한의 알갱이는 소립자(미립자)입니다. 따라서 소립자의 입장에서 본다면 모든 것은 다 '나'입니다. 이러한 우주의 원리를 확연히 깨치고 나면 분별심이 사라지게 됩니다.

모든 것이 '나'이기 때문에 가장 지혜로운 삶은 '조건 없이 나누는 삶' 입니다. 누구나 바라는 것은 영원한 행복입니다. 나누는 삶이 세세생생 끊어지지 않으면 그것이 영원한 행복입니다. 영원한 행복은 외부로부터 주어지는 것이 아니라 자업자득입니다.

* 정견正見과 지혜智慧 *

["바른 견해를 정견이라 하고, 정견은 조금의 가식도 없이 있는 그대로 보는 것이다. 정견을 바탕으로 하지 않은 지혜는 사견私見이기 때문에 이기심이 끼어들어 많은 것을 이익되게 하지 못한다."]

그러므로 慧山은 이렇게 말합니다.

바른 견해는 반드시 원리(진리)를 깨달았을 때만 가능한 일입니다. 제7말나식(중간의식)에서 일어나는 자아의식은 본능적으로 일어나며, 자아의식에는 너와 나의 분별이 있기 때문에 이기적인 생각이 전혀 없을 수는 없습니다. '모든 것은 하나다(불이不二: 不異)'라는 우주의 진리(원리)를 확실하게 깨달아야 너와 나의 구별이 없어지면서 자아의식이 타파되기 때문입니다.

정견은 원리를 확연히 깨닫고(체득體得, 증득證得) 나면 '내 생각(자아의식)'이 소멸함으로써 조금의 분별도 없이 있는 그대로를 보게 되는 것을 이르는 말이며, 있는 그대로 본다는 말은, 주관적(자아의식, 가아假

我)인 입장에서 보는 것이 아니라 모두의 입장, 즉 '참나(진아眞我)'의 입장에서 보는 것을 말합니다. 따라서 진정한 지혜는 '가아'의 작용은 소멸된 상태에서 '진아'의 작용만 사용하는 것입니다.

'가아'는 내 것으로 가지고 있는 고정된 개념이 있으나 '진아'는 본래 어떠한 개념도 없고, 어떠한 것에도 물들지 않습니다. '진아'는 너와 나의 구별이 없이 모두가 '나'이므로 모두를 이익되게만 합니다. 이것이 '완성된 지혜(지혜바라밀)'이며, 무주상보시無住相布施(보시바라밀)입니다. '가아'와 '진아'는 따로 분리되어있는 것이 아니라 하나의 마음인데 그 작용만 다를 뿐입니다. 마치 바닷물과 파도가 다르지 않듯이……. 파도는 바람(자아의식, 내 생각, 무명)만 불지 않으면 일어나지 않습니다.

* 더 얻을 것이 없다 *

["얻을 것이 없다는 사실을 확실하게 알기 위해 수행을 하는 것이다."]

따라서 慧山은 이렇게 말합니다.

원리를 깨닫지 못한 상태에서 내가 '나'라고 생각하는 것은 '가짜 나'입니다. '가짜 나'는 영원한 행복(해탈, 열반)을 구하기 위해 별짓을 다합니다. 그러나 원리를 깨달아 '진짜 나'를 찾고 늘 함께하면 어디에 있든 있는 그 자리 그대로 영원한 행복(묘락)입니다. '진짜 나'는 본래 있던 '나'이고 '가짜 나'는 내가 만든 '나'입니다. 얻는 것이 아니라 오히려 '가짜 나'를 버리는 것이 깨달음이기 때문에 더 얻을 것이 없습니다. 그래서 무학無學이라고 합니다.

* 원인과 결과 *

["원인 없는 결과는 없다."]

慧山은 이렇게 말합니다.

"원인 없는 결과는 없다."라는 말은 진리입니다. 모든 원인의 주체는 '나'입니다. 따라서 상대방이 나에게 대응하는 것의 원인은 다 '나'로부터 발생하는 것입니다. 그러므로 상대방을 비난하고 원망할 것이 아니라 그 원인을 '나'에게서 찾아 나를 바꾸면 상대방은 저절로 바뀝니다. 다만, 원인을 찾을 때 내가 알고 있는 금생(현재)에서만 찾으면 원인을 찾기가 어려워집니다. 내가 모르는 전생(과거)까지 거슬러 올라가야 합니다. 과거의 원인은 현재 나타날 때 반대로 나타납니다. 전생에 내가 빌려준 돈을 받지 못하였다면 금생에 받기 위해 인연이 맺어진다는 말입니다. 그래서 "세상에 공짜는 없다!"라는 말은 진리에서 나온 말입니다.

"모든 것은 다 내 탓입니다."

* 업장業障 소멸과 미래를 준비하는 일 *

["업장을 소멸하는 일과 미래를 준비하는 일은 지금 이 순간 나에게 주어진 일에 무심無心으로 최선을 다하는 일이다."]

慧山은 말합니다.

업장을 소멸한다는 말은 업장을 개선하는 일을 이르는 말입니다. 업장은 이미 지나간 과거의 일이므로 소멸할 수는 없습니다. 다만, 지금 나에게 주어진 일에 최선을 다함으로써 과거에 지은 업장(원인)으로 인한 피해(결과)를 최소화하는 하는 데 있습니다. 이것을 일러 업장을 소멸한다고 말합니다.

우리는 흔히 미래를 위해 대비해야 한다고 합니다. 업장(과거, 운명, 숙명)에 끌려다니는 것과 미래를 걱정하는 것은 둘 다 어리석은 생각(번뇌, 망상)입니다. 지금 나에게 주어진 일에 최선을 다하면 미래는 좋아질 수밖에 없기 때문에 이것보다 더 미래를 대비하는 일은 있을 수 없습니다. 미래가 무한히 밝아지니 과거에 지은 업장이 저절로 없어지는 결과를 새롭게 만들어 내는 것입니다.

지금 나에게 주어진 일에 무심으로 최선을 다하는 일이 업장을 소멸하고 미래를 준비하는 최선의 방편임을 명확하게 깨닫기 바랍니다. 과거는 이미 날아간 새요, 미래는 아직 오지 않은 새이니 우리가 잡을 수 있는 새는 오직 지금이라는 새뿐입니다.

* 절대자(신神)의 존재 유무有無 *

["절대자(신神)는 있기도 하고 없기도 하다."]

慧山은 이렇게 말합니다.

절대자(신神)는 전지전능하고, 어떠한 경우에도 바뀌거나 변하지 않습니다. 그동안 인류는 절대자의 존재 유무에 대해 많은 논쟁을 벌여 왔습니다. 있다고 하면 거기에 따라 많은 개념이 정리되고, 없다고 하면 거기에 따라 많은 개념이 정리됩니다. 절대자의 존재 유무뿐만 아니라 바뀌지 않는 것(항상恒常 한 것)이 있다고 하면 이것을 상견常見이라 하고 없다고 하면 단견斷見이라 합니다. 상견과 단견은 바라보는 각도는 다르나 둘 다 고정된 관념(개념)이라는 측면에서는 다를 것이 없습니다. 따라서 상견과 단견은 서로 화합(융합)하지 못하고 늘 다투게 됩니다. 상견과 단견을 벗어나서(초월해서) 어디에도 걸림이 없어 하나로 화합하는 것을 '단상중도斷常中道'라 합니다.

절대자(신)의 존재 유무는 일체유심소조一切唯心所造(모든 것은 오직 마음이 짓는 바다.)입니다. 절대자의 존재 문제는, 있다(유有: 상常) 없다(무無: 단斷)의 문제가 아니라 믿음의 문제이기 때문입니다. 있다고 믿는 사람에게는 있는 것이고 없다고 생각하는 사람에게는 없습니다.

믿는다는 것에는 어떠한 논리(개념)도 통하지 않습니다. 믿음은 어떠한 개념도 다 초월해 있기 때문입니다.

모든 존재는 무상無常한 가운데 서로 주고받는 연기緣起(상호의존성)관계로 그 존재가 가능하기 때문에 절대자는 현상계에는 없습니다. 그러나 있다고 믿는 사람들의 마음속에는 살아계십니다. 인간에게만 있는 '믿음'이라는 것은 오묘한 것입니다. 믿음은 에너지이기 때문에 그 본질이 소립자(미립자)입니다. 나의 믿는 마음(소립자)과 우주에 조금의 빈틈도 없이 꽉 차있는 무한한 능력을 지닌 소립자가 서로 소통하기 때문에 철저하게 믿고 간절한 마음으로 기도하면 이루어질 가능성이 높아진다는 사실이 오늘날 양자물리학을 통해 밝혀지고 있습니다.

절대자의 존재 유무를 중도적인 관점에서 본다면, 있다고 하는 곳에서는 있다 하고 없다고 하는 곳에서는 없다고 하기 때문에 어디에서도 부딪힘이 없습니다. 그래서 중도는 중도에도 머무르지 않습니다. 정해진 법法이 없다(무유정법無有定法)는 것이 진리(원리)이기 때문입니다.

중도는 인연(대상, 경계, 조건, 여건, 상황) 따라 법을 다르게 씁니다. 옷을 입어야 할 때는 옷을 입고, 벗어야 할 때는 옷을 벗을 줄 압니다. 이것이 '완성된 중도의 지혜'입니다.

* 깨닫기 전前과 후後 *

慧山은 말합니다.

원리(진리)를 깨닫고 나면 세상 모든 것이 저절로 바뀝니다.

세상은 전혀 바뀌지 않고 그대로지만 내 마음이 바뀌기 때문입니다.

믿음(종교)도 예외가 아니어서 깨닫기 전에는 모르고 믿었으나 깨닫고 나면 확실하게 알고 믿게 됩니다.

무엇이 종교의 본질인지?

인간의 이기심으로 종교가 어떻게 변질되어 왔는지?

종교와 진리(가르침의 말씀, 경전, 성서)는 어떠한 관계인지?

깨닫고 나면 바르게 알고 바르게 믿고 바르게 삽니다.

* 항상恒常한 것 *

["원리를 깨닫는 공부는 종교 이전의 것이다."]

慧山은 말합니다.

항상恒常 하다는 것은 본래부터 있었던 것으로서 불생불멸不生不滅이고 보편타당한 것이며, 모든 것을 가능하게 합니다(전지전능全知全能). 우리는 이것을 진리眞理라 이름 하는데 불교에서는 진여眞如, 참나(진아眞我), 일심一心 등 여러 가지 이름으로 말하고, 기독교에서 말하는 창조주 하나님과 그 의미가 같습니다.

진리는 인간의 어떠한 개념도 벗어나 있기 때문에 종교적이나 철학적으로 진리를 알고자 접근하면 안 됩니다. 다만, 종교나 철학 등 인문학에서 진리를 가장 많이 다루고 있기 때문에 우선적으로 이것들을 통할 뿐입니다. 특히, 불교에서 가장 심도 있게 다루고 있기 때문에 불교의 가르침을 많이 인용하고 있으므로 진리를 탐구하는 것은 불교라는 고정관념에서 기독교나 다른 종교에서 배타 시하는 경우가 많은데 이것은 매우 잘못 알고 있는 일입니다. 모든 것(만상)은 진리로부터 출발했기 때문에 진리를 깨닫고 나면 분리된 개념을 가지고 있던 것이 하나로 통합(회통, 융합)됨으로써 분별과 차별이 없어질 뿐만 아니라 통찰력(지혜)으로 모든 것을 꿰뚫어 알게 됩니다.

과학은 진리(창조의 원리)를 하나씩 연구하고 찾아내 인간의 삶에 적용하고 있습니다. 특히, 소립자(미시의 세계)를 연구하는 양자물리학이 등장하면서 진리의 세계에 아주 조금씩 가까이 다가가고 있습니다. 기본 입자들과의 상호작용을 통해 다른 모든 입자에 질량을 부여하는 역할을 하고 사라져 버린 '신神의 입자'라고 부르는 '힉스 입자'도 빅뱅을 인위적으로 만들어 그 존재를 확인하였습니다. 머지않은 미래에 형이상학과 형이하학도 하나로 통하는 그날이 올 것입니다.

* 중도中道 *

["중도中道는 중도에도 머무르지 않는다."]

慧山은 말합니다.

"세상에 변하지 않는 것은 없다(무상無常)."라는 진리에서 모든 원리가 나왔기 때문에 모든 원리를 하나의 말로 통합(회통, 융합)시킨 '중도'의 진정한 의미는 '중도는 중도에도 머무를 수 없는 것'입니다.

있으면서 없고, 없으면서 있고, 있음과 없음이 공존하는 것이 중도적 존재방식입니다. 중도는 이것도 아니고 저것도 아니면서 때로는 이것도 되고, 때로는 저것도 될 수 있습니다. 중도는 모든 것과 함께하면서 어디에도 물들지 않고 걸림이 없기 때문에 '해탈'과 그 의미가 같습니다. 해탈은 화를 내면서 화에 물들지 아니하고 슬퍼하면서 슬픔에 빠지지 않습니다. 해탈은 일어나는 마음을 자유자재(무애자재)하게 때에 따라 가장 알맞게(모두에게 이익되게) 쓰기 때문에 알아차려야 할 마음이 없습니다. 이것이 무의식에 저장된 업業의 종자(삶의 찌꺼기)를 깨끗하게 청소한 것입니다.

『금강경』에 이르기를……, "응무소주이생기심應無所住而生其心 하라!(마땅히 어디에도 머무르지 않는 그 마음을 내라!)." 하였습니다. 이 모든 뜻을 하나로 합친 말이 '무심無心으로 하라!'는 말이기 때문에 "무심이 도道(선禪)다."라고 말하는 것입니다.

중도는 때로는 가아假我(무명無明, 세간世間, 유루법有漏法, 망념)로 나타나기도 하고 때로는 진아眞我(상낙아정常樂我淨, 출세간出世間, 무루법無漏法, 청정심)로 나타나기도 합니다. 중도는 오직 모든 것을 이익이 되게 하는 것이라면 무슨 짓도 다합니다. 그래서 중도에는 정해진 법이 없습니다(무유정법無有定法).

중도를 정등각正等覺(체득體得, 증득證得)하는 것이 최상의 깨달음이고, 중도라는 말보다 더 완벽하고, 멋있고, 융통성 있는 말은 있을 수 없습니다.

* 선禪(도道) *

["선禪은 간결하고 자명自明(설명하거나 증명하지 아니하여도 저절로 알 만큼 명백하다.)하다."]

慧山은 이렇게 말합니다.

원리(진리, 진여, 참나)를 확실하게 깨달아 정견正見으로서 정행正行을 하는 것이 선禪입니다. 이것은 복잡하지 않아서 이미 우리가 상식적으로 다 잘 알고 있는 것들입니다. 대다수 것은 어릴 때부터 배워서 아는 것들입니다. 다만, 알고는 있으나 꾸준히 실천할 수 있는 힘이 있느냐

없느냐의 차이만 있을 뿐입니다.

“스님 공부가 잘 안됩니다.”, “열심히 하세요.”

“열심히 하는데도 잘 안 됩니다.”, “더 열심히 하세요.”

이것보다 더 간결하고 자명한 대답이 있을까요?

세상살이 지나치게 복잡하게 생각하지 마십시오! 세상은 본래 조용하고 아무 일 없으나 내 생각이 시끄럽기 때문에 세상이 시끄럽다고 하는 것입니다. 배고프면 밥을 먹어야 하고 피곤하면 잠을 자야 합니다.

‘일체유심조一切唯心造’

* 법상法相 *

[“세상은 본래 조용하나 저마다 배우고 익힌 것이 다르기 때문에 개념이 다르고 일어나는 생각이 사람마다 달라서 내 생각과 같으면 옳다 하고 다르면 틀렸다 하면서 편 가르기를 하고 끝없는 분쟁(전쟁)을 하게 된다. 특히, 종교적인 가르침(진리)을 배우고 익혀 믿음이 생기면 그것을 나도 모르게 내 것으로 삼게 되는데 이것 보다 더 위험한 것은 없다.”]

그러므로 慧山은 이렇게 말합니다.

법상法相이란 자기가 배워서 알고 있는 가르침의 내용(성경, 경전을 비롯한 모든 종교의 가르침)만이 오직 진리라는 믿음에서 자기의 고정관념으로 삼는 것을 말합니다. 이것이 우상입니다. 모든 것을 하나로 회통(융합)시켜 깨달음을 얻은 극소수의 사람을 제외한 많은 성직자가 지금 이렇게 가르치고 있기 때문에 배우는 사람들도 배운 대로 믿는 것이 올바른 믿음으로 착각하고 있습니다.

불교의 경전만이 진리라는 생각, 기독교의 성경만이 진리라는 생각, 이슬람의 코란만이 진리라는 생각은 마치 최면에 걸린 사람처럼 인간의 이성을 마비시키게 되므로 어떠한 논리, 생각, 윤리, 도덕도 통하지 않게 됩니다. 믿음이 이렇게 되면 '성전聖戰'이라는 이름 아래 살인(전쟁)도 정당성을 확보하게 됩니다.

법상을 가지게 되면 내가 알고 있는 진리 이외의 것은 무조건 배척하면서 내 생각을 상대방에게 주입시키기 위해 그 어떤 노력도 마다하지 않습니다. 법상에 집착하고 빠져있는 사람은 다른 사람이 어떻게 생각하든 나는 진리의 길을 확실하게 가고 있는 사람이기 때문에 마음의 문을 굳게 잠그고 귀를 열지 않습니다.

"감히 나를 가르치려해! 너희가 무엇을 알아!"

우주를 구성하고 있는 모든 것들의 본질(체體)은 빅뱅이라는 하나의 거대한 사건으로부터 똑같이 시작되었기 때문에 둘이 아니고(불이不二), 다르지 않으며(불이不異) 같습니다. 그러나 그 모습(상相)과 쓰임새(용用)는 저마다 다른 가운데 함께하면서 서로 주고받는 상호의존의 관계(연기緣起)를 유지하고 있는 것이 진리(진여)의 모습입니다. 다시 말해서, 서로 다르나 화합하고 있다는 말입니다. 이것이 존재의 원리입니다.

인간의 마음도 이와 같아서 본래심本來心(체體)은 어떠한 것(지식, 학식, 개념, 알음알이)에도 더럽혀지지 않은 청정심淸淨心이며, 이 마음은 누구에게나 본래 갖추어져 있으며 이것을 '참나(진아眞我, 진짜 나)'라고 합니다. 그러나 과거로부터 개개인이 배우고 익힌 것이 다 다르기 때문에 개념이 다르고 생각이 달라서 말과 행동이 다 다르게 나타납니다. 이것은 '가아假我(가짜 나, 고정관념으로 형성된 나)'라고 합니다.

인간을 제외한 어떠한 것도 자기만을 이익되게 조작하는 능력을 갖추고 있지는 않습니다. 자기중심주의, 인간중심주의는 이기적이기 때문에 조작을 통해서 많은 것들을 해롭게 하고 있습니다. 이것은 존재의 원리(진리)인 상호의존관계(연기)를 파괴합니다. 그러나 인간에게는 다른 생명체에는 없는 살리는 능력도 갖추고 있습니다. 연기의 고리를 끊으면 죽이는 것이고 끊어지는 고리를 연결하면 살리는 것입니다.

믿음이라는 강력한 힘을 동반하는 법상法相이 어떠한 것보다도 더 무섭다는 까닭은, 내 것(내가 아는 진리)만이 최고이기 때문에 다른 것은 배척함으로써 화합(융합)하지 못하고 늘 다툰다는 데 있습니다. 이것은 연기의 고리를 끊는 것과 같아서 진리에 어긋나는 일입니다. 따라서 진정한 진리는 서로 화합하기 위해서 때로는 진리로부터도 벗어날 줄 알아야 한다는 말입니다.

진리로부터도 벗어날 줄 알아야 한다는 말은 진리를 거스른다는 뜻이 아니라 진리는 진리대로 가지고 있되 진리를 모르는 사람이나 아니면 종교가 달라서 가르침의 내용은 같으나 표현 방법이 다른 것을 진리의 내용이 다른 것으로 착각하는 경우가 거의 대부분이기 때문에 이러한 사람들과 화합하기 위해서는 배척하지 말고 그들의 말도 일시적으로 들어주면서 서서히 진리를 깨달을 수 있게 화합하라는 말입니다. 진리를 깨닫지 못한 사람들은 그들이 알고 있는 것을 진리라고 생각하기 때문입니다.

진리(진여)란? 우주 만상이 서로 다른 모습으로 있으면서 있는 그대로 화합하고 있는 그 모습이 그대로 진리입니다. 따라서 어떠한 경우에도 서로 화합하지 못하는 것은 이미 진리가 아닙니다. 선善과 악惡을 상대적으로 갈라놓고(이분법, 흑백논리, 이법二法) 선은 좋은 것이고 악은 나쁜 것이라 해서 선으로 악을 물리쳐 없애고 세상을 선으로 바꾸려 한다면 선과 악은 영원히 화합하지 못하고 다투게 됩니다. 모든 전쟁은 선과 악의 대결이 아니라 선과 선의 대결입니다.

이러한 이유로 "중도中道는 중도에도 머무르지 않는다."는 말보다 더 위대한 말은 없다는 말입니다. 무유정법이 진리이기 때문입니다.

* 행복 *

["행복이 없는 성공은 진정한 성공이 아니다."]

慧山은 이렇게 말합니다.

행복은 어떠한 경우(결과)에도 다 받아들이고 만족하는 것이기 때문에 행복은 긍정의 힘으로부터 나옵니다. 많은 것을 가지려 하고 높은 지위에 올라 성공하려는 것은 행복해지기 위한 하나의 조건일 뿐입니다.

가정이 화목해야 모든 일이 순조롭습니다. 가정이 화목해지기 위해서는 부부간의 화합이 필수적입니다. 그러나 부부간의 인연은 서로 바라는 것이 많기 때문에 화합하려면 바라는 마음을 내려놓고 서로 맞추면서 살아야 합니다. 부부간에 화합하지 못하면 아무리 성공을 해도 행복과는 거리가 멀어집니다. 부부간에 화합이 잘 되면 아이들은 잘될 확률이 매우 높아집니다. 고통의 문제를 상담하러 다니는 사람들의 공통점이 부부간에 화합하지 못하고 있다는 사실입니다.

내 인생이 지금 불행하다면 제일 먼저 나는 부부간에 화합이 잘 되고 있는지를 살펴보아야 합니다. 화합은 내 생각을 내려놓고 상대방의 입장에서 객관적으로 살펴보고 나를 상대방에게 맞추는 것을 말합니다. 그러나 이러한 것이 생각처럼 잘되지 않습니다. 나를 바꾸는 것은 오직 원리를 깨달았을 때가 가장 강력한 힘을 발휘함으로 행복한 인생을 원한다면 원리를 깨닫는 공부를 하는 것이 지름길입니다.

* 나눔 *

["깨달음을 얻고자 하는 이유는 나눔을 실천하기 위해서다."]

慧山은 이렇게 말합니다.

"사랑(자비)과 믿음과 소망 중에 가장 으뜸은 사랑이라네." 사랑이 나눔이고 나눔이 사랑입니다. 진정한 사랑은 너(객관, 대상)와 나(주관)의 구별이 없어지고 너와 내가 하나 될 때입니다. 이것을 불이不二(둘이 아니다.) 또는 불이不異(다르지 않다)라고 합니다.

원리를 깨달았을 때 가장 확실하게 아는 것은 모든 것은 하나로 된 '생명공동체'라는 사실입니다. 어떠한 것도 서로 분리될 수 없다는 말입니다. 어떠한 것이든 쪼개고 쪼개서 더 이상 쪼갤 수 없을 때까지 쪼개면 소립자(미립자)가 나오는데 우주는 이 소립자로 조금의 빈틈도 없이 서로 연결되어 소통하고 있기 때문에 분리되어있는 것 같지만 그렇지 않다는 것입니다.

수행하기 위해 가장 가까운 인연(부모, 형제자매)을 끊고 출가를 하는 이유는, 모든 사람을 내 부모 내 형제자매처럼 사랑하기 위해서입니다. 다시 말해서, 너와 나를 하나로 만들기 위해서입니다. 그러나 너와 나를 하나로 만들어 무심으로 나눔을 끊임없이 실천한다는 것(무주상보시無住相布施)이 말처럼 쉬운 일이 아닙니다.

나눔을 실천하지 않고 천국에 들어갈 수 없으며, 부처도 될 수가 없습니다. 모든 수행(마음공부, 자기계발, 마음경영)의 궁극적인 목적은 나누기 위해서입니다. 지혜와 자비와 사랑에 나눔이 없다면 그것은 지혜도 아니고 자비도 아니고 사랑도 아닙니다. 무슨 종교를 믿든 무슨 수행을 하든 나눔이 없으면 그것은 잘못된 것입니다. '향상일로向上一路하라!'는 말은, 나눔을 끊임없이 하라!는 것을 이르는 말입니다. 끊임없이 한다는 말은 끝이 없다는 말이기 때문에 아무리 높은 깨달음에 이르렀다 할지라도 이 말에는 예외가 될 수 없습니다.

나눔을 실천하면서 수행하는 것이 깨달음으로 가는 가장 빠른 길입니다.

* 상견常見과 단견斷見 *

["상견과 단견은 서로 대립되는 견해를 말하며, 세상은 본래 조용하나 상견과 단견으로 인해 늘 다투고 시끄럽습니다."]

慧山은 이렇게 말합니다.

인간은 배우고 익힌 것(업業)이 다 다르기 때문에 그것으로 인해 만들어지는 생각(업식業識)도 다 다릅니다. 생각이 다른 것만으로는 별문제가 없으나 자기 생각과 같으면 옳다(맞다, 좋다) 하고, 다르면 그르다(틀렸다, 나쁘다)고 하면서 생각이 같은 사람들끼리 무리를 형성하고 무리가 커지면 세력화하게 됩니다. 인간은 자기중심적으로 생각하는 속성이 있기 때문에 옳고 그릇됨을 떠나 누구나 자기 생각이 맞다(선善)고 생각함으로 자기 생각과 다른 것을 만나면 틀렸다(나쁘다: 악惡)고 하면서 상대방의 생각을 바꾸려 하고 그것이 마음대로 이루어지지 않으면 다투게 됩니다. 따라서 분열과 다툼(전쟁)은 선善과 선의 대결입니다.

신神(절대자, 창조주)의 문제를 예로 들자면, 신이 있다고 하면 상견이고 없다고 하면 단견입니다. 다시 말해서, 고정불변의 그 무엇, 즉 항상恒常한 것이 있다는 것은 상견이고, 없다고 하면 단견이라는 말입니다. 무엇이 되었든 내 생각이 옳다고 하면 상견이 아니면 단견입니다. 따라서 상견과 단견은 보는 각도는 다르나 서로 상반된다는 점에서는 같다는 뜻입니다. 그렇다면 생각을 어떻게 해야 상견도 아니고 단견도 아닌 것이 될 수 있다는 말인가? 라는 의문이 들것입니다. 위에서 말했듯이 상견이 되었든 단견이 되었든 그 자체로는 아무 문제가 없습니다. 다만, 자기 것만 주장하지 말고 서로 화합(융합)하라는 말입니다. 상견은 단견을 받아들이고 단견은 상견을 받아들이면서 보다 더 발전적인 것을 재창출해 내라는 뜻입니다. 이것을 '단상중도斷常中道'라 합니다. 중도는 중도에도 머무르지 않는 까닭이 바로 여기에 있습니다.

세상에는 많은 종교(믿음)가 있습니다. 종교마다 자기가 믿는 신이 제일이고 자기 종교의 가르침이 절대적이라는 생각에서 서로 분리되고 배척하고 싸운다면 이것은 결코 자기가 믿는 종교의 가르침도 따르지 못하고 있다는 사실을 깊이 헤아려야 할 것입니다. 나라마다 정치적인 문제도 마찬가지입니다.

인간에게서 일어나는 모든 문제는 상견과 단견으로부터 시작됩니다. 그래서 '일체유심조一切唯心造'라 합니다. 慧山은 힘주어 말합니다. "내 생각(고정관념, 아상我相, 무명無明, 알음알이)을 버리십시오! 내 생각을 버린 그 자리에 성령(진리)이 임하고, '참나(진리)'가 드러납니다." 내 생각은 버리려 하면 점점 더 강해지는 속성이 있습니다. 원리를 깨달으면 저절로 서서히 사라집니다. 이것이 유일한 방법입니다.

* 지혜롭고 자명自明하라 *

["지혜롭고 자명하게 일을 하라."]

慧山은 이렇게 말합니다.

지혜롭다는 것은 때(인연, 상황, 조건, 여건)에 따라 가장 적절하게(알맞게) 함으로써 이것과 저것을 조화롭게 하고, 모든 것을 이익이 되게 하는 것을 말하고, 자명하다는 것은 '설명하거나 증명하지 아니하여도 저절로 알 만큼 명백하다'라는 뜻으로 '너무 당연하다'라는 말입니다.

지혜롭게 하는 일과 자명하게 하는 일은 하기 전에 조금의 망설임도 없고 하고 나서 조금의 후회도 없기 때문에 어떠한 업(삶의 찌꺼기, 윤회의 종자)도 남기지 않습니다. 무심으로 하는 일이기 때문에 다만, 공덕만 쌓일 뿐입니다.

* 법法(진리, 하나님, 진여)을 대하는 태도 *

慧山은 말합니다.

혜산은 이 법 앞에 매일 무릎을 꿇고 이 글을 씁니다. 무릎을 꿇는다는 것은 내 생각을 죽인다는 의미입니다. 그렇기 때문에 이 글은 혜산에 의해 쓰여지기는 하였으나 혜산이 하는 말이 아닙니다. 다만, 항상恒常한 우주의 진리(원리)를 말하고 있을 뿐입니다.

법의 깨달음을 체득하기 위해서는 반드시 법 앞에 무릎을 꿇어야 합니다. 명상(묵상, 관상, 기도)하는 이유도 법 앞에 무릎을 꿇기 위해서입니다.

과거로부터 지금까지 내가 배우고 익힌 모든 것들을 내려놓아야 있는 그대로의 진리를 볼 수 있습니다. 법은 인간의 어떠한 개념도 초월해 있기 때문입니다.

그러나 대부분 사람은 자기 생각으로 법을 이기려고 합니다. 법 앞에 무릎을 세우는 사람은 얻는 것 보다 잃어버리는 것이 훨씬 더 많습니다. 이 일은 금생(현재)만 보아서는 안 됩니다. 먼 미래(내생, 사후死後) 언젠가는 반드시 되돌려받습니다. 그래서 업業(행위에 의한 과보)의 순환원리에서 비롯된 '자업자득'이라는 말보다 더 무서운 말은 없습니다. 이 원리를 깨닫고 나면 결코 함부로 말하고 행동할 수 없습니다.

우리가 죽을 때는 어떠한 것도 가져갈 수 없습니다. 그러나 내가 살아있을 때 말하고 행동한 모든 것(업)은 없어지지 않고 우주의 순환 원리에 의해 다음 생의 종자(윤회의 주체)로 가져가게 됩니다. 이것은 미래에 내가 나아가야 할 길을 만들어주는 역할을 합니다.

물리학에서는 물질이 에너지고 에너지가 물질이라고 합니다. 업은 에너지이며, 에너지의 본질은 소립자(미립자)입니다. 양자물리학에서 소립자는 어떠한 경우에도 없어지지 않는다는 것(불멸)을 확인하였습니다. 이 사실을 실험적으로 보여준 것은, 열이 완벽하게 제로(0)상태인 섭씨 영하 273도인 절대영도absolute zero에서는 어떠한 생명체도 존재할 수 없으나 광자, 전자, 양자 등의 소립자는 여전히 왕성하게 진동하며 활동하고 있는 것이었습니다. 소립자는 영원히 죽지 않는다는 사실을 가장 쉽게 확인시켜 주는 것으로는, 밤하늘에 반짝이는 별빛들입니다. 우주가 생긴 이래 최초의 빛도 희미하나마 찾아내고 있기 때문입니다. 최초의 빛을 비롯해서 백 억 년 전의 빛도, 십 억 년 전의 빛도 지금을 지나 앞으로도 영원히 사라지지 않고 우주를 여행할 것입니다.

미립자 차원의 세계(우주)를 영점공간(영점장 zero-point field)이라고 하며, 소립자를 영원히 죽지 않는 '영혼'이라고 말합니다. 영점공간이라고 한 것은 소립자들은 절대영도에서도 죽지 않고 살아있기 때문에 붙여진 이름입니다. 영혼(소립자)은 모든 정보(모든 가능성)를 다 가지고 있는 전지전능한 존재라고 합니다.

영점공간인 미시의 세계는 무한한 가능성을 가진 진동하는 에너지로 가득 차있으므로, 신神의 마음, 신의 공간, 무한한 정보창고, 영혼의 공간이라고 불려집니다.

진공이라고 해서 텅 비어있는 것이 아니고 입자들이 끊임없이 요동치고 있는 세계입니다. 우리들의 기억은 뇌 안에 있는 것이 아니라 과거의 정보 파동이 계속 유지되면서 영점장에 저장된다는 것입니다. 양자물리학자들이 이렇게 말하는 이유는 어떠한 경우에도 죽지 않고 살아있는 것이 소립자(영점장)이기 때문에 끊어지지 않고 이어져 내려오는(윤회) 모든 것들은 영점장에 저장된다고 하는 것입니다. 죽어버리면 이어져 전해질 수 없기 때문입니다.

영점공간은 무한한 정보창고이므로 생물학적인 진화, 유전과 문화적인 것들(전통, 풍습 등)이 이어져 내려가는 현상, 사람마다 기질, 성격, 특성을 결정하는 것, 국민성, 지방색 등이 다른 것은 영점공간에 저장되었던 정보와 지혜가 이어져 내려가는 현상입니다. 이러한 현상은 많은 실험을 통해 과학적으로 확인되고 있습니다.

* 관상과 인상 *

["관상보다 인상이 더 중요하다."]

慧山은 이렇게 말합니다.

관상이란? 과거(전생)로부터 지금까지 내가 지은 행위(업業)에 의해 그 과보로 만들어지는 나의 생김새를 말하고, 인상이란? 지금 내 생각(마음)으로 인해 겉으로 나타나는 모습을 말하기 때문에 관상은 지나간 과거를 말하고, 인상은 지금을 말합니다. 따라서 지나간 시간(관상)보다 지금이라는 시간(인상)이 더 중요하다는 말이 됩니다. 다가오는 미래는 지금 어떻게 하느냐에 따라 결정됩니다.

아무리 못생긴 얼굴도 웃는 모습은 보기 좋고, 아무리 잘 생긴 얼굴도 찡그린 얼굴은 보기 싫습니다.

관상은 타고나는 것이고 타고난 관상을 어떻게 운영하느냐에 따라 겉으로 드러나는 것이 인상입니다. 사람들은 관상보다 인상을 보고 그 사람을 평가합니다. 마음이 더러워지면(시끄러워 지면) 인상도 더러워집니다.

우리가 쓸 수 있는 시간은 지금이라는 시간뿐이고, 그 사람을 필요로 하는 것도 지금입니다.

* 이미 알고 있는 것을 실천하라! *

慧山은 말합니다.

많은 것을 아는 것보다 이미 알고 있는 것을 실천하는 것이 더 중요합니다. 그 하나를 끊임없이 실천하면 모든 것들과 하나로 통하기 때문입니다. 이것이 늘 깨어있는 것(알아차림)이고, 깨달음(지혜)입니다. 알고는 있으나 실천하지 않으면 그것은 지혜가 아니라 지식입니다. 천만 개의 지식보다 하나의 지혜가 우리들의 삶을 행복의 길로 인도합니다.

"다 사랑하라!", "원수를 사랑하라!", "긍정적으로 생각하라!", "범사에 감사하라!", "비교하지 마라!", "착한 사람이 되라!", "부모에게 효도하라!" 이러한 말을 모르는 사람은 별로 없으나 이것을 실천하는 사람은 80이 넘어도 많지 않습니다.

우리가 원리를 깨닫는 공부를 하는 것도 실천하는 힘을 키우기 위한 하나의 방편일 뿐입니다. 깨닫는다는 것이 대단한 일인 것 같으나 별것 아닙니다. 알고 있는 것을 실천하는 힘을 기르기 위한 것입니다. 원리를 깨닫고자 하는 이유는 알고 있는 것을 실천하지 않기 때문에 자극(충격)을 주기 위한 수단입니다.

깨닫고 나면 대단한 것을 얻는 것이 아니라 내가 지금 이대로 완전하다는 사실을 확실하게 아는 것 뿐입니다. 이것을 '누구나 다 본래 부처(진여, 진리)다'라고 합니다. 다시 말해서, '참나'를 찾아다니다가 찾고 보니 내가 지금 있는 그대로 '참나'였다는 사실입니다. '참나'와 '가짜 나'는 떨어지려 해도 떨어질 수 없다는 사실을 분명하게 아는 것입니다. 따라서 깨달음이란? 본래 있었던 것을 확인하는 것일 뿐 새로운 무엇을 얻는 것이 아닙니다.

자연을 보십시오. 무엇이 부족합니까? 만상은 있는 그대로 완벽합니다. 조금도 부족함이 없습니다. 이것이 중도中道의 모습(불이不二, 不異)입니다.

우리가 살고 있는 여기가 가장 완전한 천국(극락)입니다. 그러나 내 마음이 시끄러우면 곧바로 지옥으로 바뀝니다.

* 세상을 바꾸려 하지 마라! *

자기의 허물을 보라
만약 진정으로 도를 닦는 사람이라면
세상의 허물을 보지 않고
마땅히 스스로 자기의 허물을 보아야
도에 있어서 잘 맞을 것이다.

若眞修道人 不見世間過 當自見己過 於道便相當

약진수도인 불견세간과 당자견기과 어도편상당

– 육조 혜능 대사 –

慧山은 이렇게 말합니다.

무릇 수행자는 자신의 알음알이로 세상을 직접 바꾸려 하면 안 됩니다. 설혹 그것이 진리라 할지라도 세상을 그 진리로 직접 바꾸려 하면 진리를 모르는 사람을 만나면 서로 다투게 됩니다. 이렇게 되면 진리마저도 이미 진리가 될 수 없습니다. 법法(진리)을 법이라 하면 이미 그것은 법이 아니기 때문입니다. 그래서 '정해진 법이 없다(무유정법無有定法)'고 하는 것이며, 중도는 중도에도 머무르지 않는 이유입니다. 세상 어떠한 것보다도 우선되어야 하는 것은 서로 다투지 않는 것입니다. 그래서 모든 종교의 가르침은 서로 화합하고 다투지 말라는 것이 가르침의 핵심입니다.

깨달은 사람은 오직 깨달음의 내용을 세상에 널리 알리는 역할을 함으로써 많은 인재를 양성하고 그 인재들이 올바르게 세상을 다스리면 세상은 저절로 바뀌는 것입니다.

세상은 바꾸려 하면 할수록 점점 더 시끄러워집니다. 그래서 중도는 중도마저도 인연(때) 따라 버리는 것입니다. 내가 믿는 것(아는 것)이 절대적인 진리라는 생각으로 세상을 바꾸려 한다면 그것은 이미 절대적인 진리가 아니라는 사실이 가장 확실하게 증명되는 일입니다. 진리는 보편타당성(누구에게나 딱 들어맞는 성질)이 있어야 하기 때문입니다.

"세상일에 관심은 가지되 집착에서는 벗어나라!"

* 중도적인 믿음 *

["믿음은 강할수록 좋다. 그러나 그 믿음을 고정관념(우상)으로 삼지는 마라!"]

慧山은 말합니다.

화엄경 현수 보살 품에 이르기를…. "믿음은 길의 으뜸이요 공덕의 어머니이니라. 일체 모든 착한 법을 기르고, 일체 모든 의혹을 없애, 위 없는 길을 보이고 개발하느니라."

모든 종교의 근본은 믿음이기 때문에 믿음은 강할수록 좋습니다. 믿음이 약하면 화두를 참구 할 때도 의심이 일어나지 않습니다. 믿음이 강할수록 의심은 더욱 간절해지므로 화두와 한 덩어리가 되기 쉽습니다. 하나님을 믿는 마음이 없거나 약하다면 찬양(할렐루야)과 순종(아멘)은 불가능합니다.

믿음이 있어야 종교가 성립되나 그 믿음을 내 것(고정관념)으로 삼아 다른 믿음을 차별하거나 배척하는 것은 모든 성인의 말씀을 부정하는 것과 같습니다.

믿음은 서로 다른 것끼리 싸우지 않고 하나 되기 위한 것입니다. 싸우지 않는 방법은 내 것과 서로 다른 것을 만나면 이해하고, 인정해주고, 서로 화합하는 길 외에는 다른 방도가 없습니다. 서로서로 인정해주고 융합하면 반드시 공통점을 발견하게 되고, 그 공통점은 서로 통하게 하는데 이것이 진리(보편타당성)입니다.

자비, 사랑, 나눔, 감사, 긍정과 같은 가르침이 공통점입니다. 이 진리는 모든 것을 하나로 통하게 만듭니다. 이것이 중도적인 믿음입니다. 중도적인 믿음이 가장 진실 된 믿음이며, 모두를 이익되게 합니다.

* 전체와 부분 *

慧山은 말합니다.

깨달은 자는 항상 전체를 보고 깨닫지 못한 자는 늘 부분만 봅니다.

전체를 보는 사람은 이타적인 삶을 살고, 부분을 보는 사람은 이기적인 삶을 삽니다.

전체를 보면 생멸(생사)은 없습니다. 그러나 부분만 보면 생멸이 있습니다.

전체를 보면 천국(극락)과 지옥은 없습니다. 그러나 부분만 보면 천국과 지옥은 있습니다.

책을 읽을 때도 전체를 이해하십시오. 전체를 이해한다는 것은 핵심을 아는 것입니다. 이것과 저것의 핵심을 알면 반드시 하나로 통하는 것이 나옵니다.

하나로 통하지 않으면 핵심이 아닙니다. 모든 것과 다 하나로 통하는 것이 진리입니다.

전체를 알기 위해서는 이것과 저것의 공통점(같은 점)을 찾으십시오.

공통점을 찾는 사람은 시비하지 않고, 비평하지 않으며, 비방하지 않습니다.

원리를 깨달으면 전체가 보이고 원리를 깨닫지 못하면 부분만 보입니다.

* 깨달은 사람과 깨닫지 못한 사람 *

慧山은 말합니다.

깨달은 사람과 깨닫지 못한 사람과의 차이는 별로 없습니다. 다만, 깨달은 사람은 슬퍼하되 슬픔에 오래 머물지 않으며, 기뻐하되 기쁨에 오래 머물지 않습니다. 어떠한 것에도 집착하지 않기 때문입니다. 집착하면 반드시 바라는 마음이 생깁니다. 따라서 바라는 마음을 없애면 집착하는 마음이 일어나지 않게 됩니다. 이것을 무심無心이라 합니다. 무엇을 하든 무심으로 한 것은 한 일에 대한 또 다른 문제가 발생하지 않습니다.

가족 간에 죽음으로 이별할 때 지나치게 슬픔에 빠지면 그 일로 인해 또 다른 좋지 않은 일이 생기게 됩니다. 어떠한 경우에도 죽은 사람은 살아올 수 없습니다. 잠시 슬퍼하되 한시라도 빨리 잊어버리는 것이 죽은 사람에게도 좋고 살아있는 사람에게도 좋습니다. 이것이 지혜입니다.

깨달은 사람은 항상 지혜롭고 깨닫지 못한 사람은 어리석다는 말입니다. 이것 외에 다른 차이는 없습니다. 수행은 무심으로 살기 위해서 하는 것이고, 그래서 무심이 도道입니다.

무심無心은 무념無念, 무상無相, 무주無住입니다.

* 첫 번째 화살과 두 번째 화살 *

慧山은 말합니다.

"첫 번째 화살은 맞을지언정 두 번째 화살은 맞지 마라!"고 부처님께서는 말씀하셨다.

기뻐하되 기쁨에 빠지거나 물들지 말고, 슬퍼하되 슬픔에 빠지거나 물들지 마라!

기뻐하거나 슬퍼하는 것은 첫 번째 화살은 일단 맞은 것이다. 그러나 기쁨과 슬픔에 오래 머무르지 않으면 기쁨과 슬픔으로 인한 또 다른 일은 발생하지 않기 때문에 두 번째 화살은 맞지 않는다.

기쁨도 슬픔도 지나치면 좋지 않은 일이 생긴다.

두 번째 화살을 맞으면 세 번째, 네 번째 화살을 맞을 가능성이 높아진다.

"마음을 내되 머무는 바 없이 그 마음을 내라!"

"무심으로 하라!"

머무는 바 없이 마음을 낸 것과 무심으로 한 것은 하기는 하였으나 한 바가 없이 한 것이기 때문에 첫 번째 화살도 맞지 않은 것이다.

* 생生과 사死(멸滅) *

["생生은 사死(멸滅)를 전제로 하고 사死(멸滅)는 생生을 전제로 한다."]

慧山은 이렇게 말합니다.

인연 따라 모인 것(생긴 것, 생生)은 반드시 인연 따라 흩어집니다(사死, 멸滅). 이러한 현상은 일회성으로 끝나는 것이 아니라 끝없이 반복하기 때문에 시작도 없고 끝도 없습니다(무시무종無始無終).

모이고 흩어지는 과정에 이것은 저것을 구성하는 성분이 되고 저것은 이것을 구성하는 성분이 되므로 이것과 저것은 다르기도 하지만 같기도 합니다. 그래서 불생불멸不生不滅입니다.

이것을 확실하게 깨달으면 죽는 가운데 죽지 않는 도리(진리)를 알게 되는데 이것을 일러 생사를 초월했다고 합니다.

이 원리를 깊게 참구參究하면 큰 깨달음(확철대오廓徹大悟)을 얻게 됩니다.

* 자연과 문명 *

문명은
사람을 병들게 하고
자연을 파괴한다
그러나 자연은
사람을 소생시켜 주고
사람을 거듭나게 해 주고
사람을 여유롭게 해 준다
자연과 더불어 살 때 사람은
시들지 않고
삶의 기쁨을 누릴 수 있다
– 法頂 –

혜산은 이렇게 말합니다.

자연은 자연적인 것이어서 상호의존의 관계(연기법緣起法)를 거스르지 않는다. 본래 인간도 자연의 일부다. 그러나 인간의 지능이 발달하면서 인간의 이익만을 추구하는 문명이 발달함으로써 자연은 파괴되기 시작한 것이다.

인간도 처음(원시시대)에는 자연에 순응하면서 살았다. 그러나 인간은 영원히 원시시대에 머무를 수 없는 존재다.

인간이 원시시대를 벗어나지 않고 자연과 더불어 살 때의 장단점이 있을 것이며, 문명을 발달시켜 문명에서 오는 장단점도 있을 것이다.

모든 것은 조화의 문제일 뿐 좋고 나쁜 것은 본래 없다. 최고의 조화는 중도中道다. 중도는 자연과 문명을 조화롭게 함께 발전시켜 나가는 것이다.

어차피 자연은 생주이멸生住異滅하는 것이고 우주는 성주괴공成住壞空하는 것이 진리이기 때문이다.

* 침묵 *

혜산은 말합니다.

침묵이란? 말이 없다는 무無의 뜻이 아니다. 말 있는 가운데 말이 없는 것을 침묵이라 한다. 말 있는 가운데 말이 없다는 것의 뜻은, 일체의 개념(내 생각)을 내려놓고 말하는 것이다. 마치 생사가 있는 가운데 생사가 없는 도리(원리)를 깨닫는 것이 생사를 초월하는 것이듯이…….

모든 것은 공空(진여)으로부터 나왔기 때문에 만상의 본질은 있는 그대로 공이다.

우주는 공의 작용으로 모든 것이 가능하다.

공이 우주를 경영하고 있다. 이 사실을 우리는 다만, 모르고 있을 뿐이다.

그래서 공空이라고 이름 한 것이다. 공의 세계(절대계)는 인간의 어떠한 개념도 초월 되어 있기 때문에 공은 침묵 그 자체다.

침묵할 때 침묵과 만날 수 있는 것이다. 침묵은 내 생각을 죽이는 것이다.

공空은 묘유妙有다.

* 바른 수행 *

慧山은 이렇게 말합니다.

지금 세상에는 종교를 비롯한 수많은 수행 방편이 있습니다.

수행이란? 탐내고(탐貪), 성내고(진瞋), 어리석음(치痴)을 바꾸어 나누고, 사랑하고(자비), 지혜로워지는 데 있습니다.

영적 체험이나, 육체적 정신적인 신비를 추구한다거나, 자존심을 강화하는 것은 바른 수행이 아닙니다.

수행의 핵심은 원리를 스스로 깨달아(자각自覺, 체득體得, 증득證得) 자비(사랑, 나눔, 보살행菩薩行)를 베풀고, 삶에서 일어나는 모든 고통을 지혜롭게 해결함으로써 너와 내가 모두 행복해지는 데 있습니다. 이것만이 모든 종교의 본질이 되어야 합니다.

* 수행이란? *

수행이란? 모르던 것을 알고, 아는 것을 실천하기 위함이기 때문에 아는 것 보다 실천하는 것이 더 중요합니다.

모르던 것을 아는 것은 그리 힘들지 않습니다. 그러나 실천에 옮기는 것은 쉽지 않습니다. 이루어진다 하더라도 매우 서서히 이루어집니다. 이렇게 자기 자신이 변화하는 모습은 자기 자신이 가장 잘 느끼게 됩니다.

금생에 공부를 하지 않았음에도 실천력이 강한 사람은 전생에 공부를 많이 한 근기 때문입니다. 모르면 모르기 때문에 자기가 잘 못하고 있다는 사실을 인식하지 못해 계속 잘못을 하게 되나 공부를 해서 알게 되면 실천할 수 있는 힘이 길러져 실천에 옮기게 됩니다.

세상에 공짜는 없습니다. 자업자득입니다. 하늘은 스스로 돕는 자를 돕습니다. 깨달은 사람으로부터 문제의 해결점을 찾았으면 자기 생각으로 헤아리지 말고 무조건 시키는 대로 하면 반드시 이루어집니다. 그러나 머리로는 아는데 실천에 옮기기는 매우 어렵습니다.

될 때까지 하는 것이 수행입니다.

* 깨달음에 대하여 *

["깨달음이란? 중도中道를 정등각正等覺하는 것을 말하는데 이것을 아뇩다라 삼막삼보리阿耨多羅三藐三菩提라 하며, 산스크리트어 아눗타라 사미아크 삼보디(anuttara-samyak-sambodhi)를 한자로 표기한 것이다. 아뇩다라는 무상無上, 삼막삼보리는 정등각正等覺의 뜻이므로 무상정등각無上正等覺이라는 말이다."]

慧山은 이렇게 말합니다.

무상無上이란? 더 이상의 위가 없다는 뜻이므로 최고, 최상을 의미하고, 정등각正等覺이란? 바르고 원만한 깨달음을 의미하기 때문에 무상정등각無上正等覺은 부처의 깨달음은 더 이상 위가 있을 수 없는 최상이며, 바르고 평등하며 완벽하다는 뜻입니다. 즉, 최고의 깨달음을 의미합니다.

부처님께서 깨닫고 나서 가장 먼저 하신 말씀이 "나는 중도를 정등각했노라."입니다. 다시 말해서, "나는 중도를 확실하게 알았다."는 말입니다. 따라서 중도를 확실하게 아는 것이 최상의 깨달음이라는 뜻입니다.

지금 세상에는 깨달음을 얻기 위한 방편으로 여러 가지를 행하고 있습니다. 이 책에서 행하고 있는 방편은 원리를 깨달아 중도를 체득하는 것입니다. 원리란? 모든 성현(성자)들의 가르침과 인간이 가지고 있는 개념(학문, 지식, 종교, 철학, 과학, 문화, 풍습, 전통 등)을 통섭함으로써 공통점을 몇 가지로 찾아낸 것이므로 개념이기도 하지만 개념이 아닙니다.

이것을 혜산은 진여眞如(진리, 참나, 불성佛性, 하나님, 신神)의 성품이라고 합니다. 진여는 공空이고, 진여의 성품인 원리는 진여와 떨어질 수 없는 하나이기 때문에 원리도 공입니다. 원리를 하나의 말로 회통시킨 것이 중도입니다.

중도는 중도에도 머무르지 않기 때문에 중도를 내 것으로 삼는 것이 최고의 깨달음이고, 이것은 중도라는 개념을 가지고는 있으나 중도에도 머무르지 않기 때문에 어떠한 개념(상相)도 가지고 있지 않은 것과 같습니다. 그래서 중도를 묘법妙法이라 합니다. 어떠한 것도 내 것으로 가지고 있으면 깨닫지 못한 것이 되나 중도만이 예외입니다.

중도를 정등각하는 것이 어려운 이유는, 세상의 모든 것은 상대적으로 분별되어 있기 때문에 자기도 모르게 어느 한 쪽으로 기울어지기 쉽다는 말입니다. 다시 말해서, 중도를 자기 것으로 가지고 있으면서 중도에도 머무르지 않기가 가장 어렵다는 뜻입니다. 중도는 어디에도 머무름이 없어야 되는데 원리를 깨닫기 위해 익힌 방편을 벗어나기가 쉽지 않습니다. 가장 벗어나기 어려운 것은 과거로부터 검증되어 내려오는 고전古典입니다. 그래서 사람마다 자기가 체득한 것에 빠지고 맙니다. 천동설天動說이 지동설地動說로 바뀌었듯이 지동설이 바뀌지 말라는 법은 없습니다. 깨달음의 세계(형이상학)는 아직까지 과학(형이하학)과 분리되어 있으며, 이것은 고전에 머물러 있기 때문입니다.

진여의 작용으로 이루어진 우주는 중도로 되어있기 때문에 중도를 정등각하는 것이 최고의 깨달음입니다. 중도를 내 것으로 삼는 것이 진여와 늘 하나 됨이며, 모든 것은 진여로부터 나왔으며 진여의 성품은 공空이며, 공空은 공공空空이며 공공空空은 중도입니다. 이 책의 모든 강의는 중도를 말하고 있습니다.

중도가 6바라밀六波羅蜜(보시布施, 지계持戒, 인욕忍辱, 정진精進, 선정禪定, 지혜智慧)이고, 해탈이며, 열반입니다.

- 如海 慧山 -

지금까지 허공에 점 하나를 찍었습니다.

이제 이 점을 지우겠습니다.

원리를 깨닫고자 하는 것은 나를 바꾸기 위한 가장 강력한 힘을 키우기 위해서입니다.

나를 바꾸면 세상(운명)은 저절로 바뀝니다.

어떠한 것과도 비교하지 않는 나, 어떠한 경우에도 긍정적으로 생각하는 나, 어떠한 것도 바라지 않는 나, 조건 없이 나누는 내가 되면 영원한 행복을 누릴 수 있습니다.

내 생각을 버리기 시작하면 도道의 길에 들어서는 것이고, 내 생각을 하나도 남김없이 다 버리면 그것이 도가 완성되는 것입니다. 이것이 무심無心입니다. 무심이 참나입니다.

이것이 깨달음의 본질입니다.

서로 다투지 말고 화합하라!

그리고 나누면서 살아가라!

이 말만은 지우지 않고 남겨두겠습니다.

정의를 바로 세우는 일보다 더 중요한 것은
서로 화합하는 일이다.
그래서 중도는 중도에도 머무르지 않는다.

참고 문헌

일반적으로 출판된 서적을 참고 문헌으로 하고 있으나 여기서는 저자가 그동안 해 왔던 공부 방법을 소개하고 공부의 대상을 무엇으로 했는지를 말하도록 하겠습니다.

제가 처음으로 접했던 것은, 안양에 있는 '동국 불교 연수원'에서 '권지홍' 법사가 쓴 5권의 출판물이었습니다. 이때 많은 감동을 받았으며 공부에 재미를 느꼈습니다.

그 뒤 기독교 TV방송, 평화 TV방송, 불교 TV방송에서 하는 강의, 설교, 법문, 등을 인터넷을 통해 공부하였으며, 특히 최근에는 유튜브 youtube에 실린 강의를 많이 들었고, 지식인들이 운영하는 블로그, 카페에 올라오는 자료와 지식백과에 실린 글도 많은 도움이 되었기 때문에 내용상 참고로 하였습니다.

공부하는 과정에 그냥 듣기만 하고 보기만 하는 것이 아니라 일일이 필기를 하면서 했던 것이 매우 효과가 있었으며, 정해진 스승이 없었기 때문에 화두(의심)도 스스로 만들어 참구參究하고 의심을 해결하는 것(타파打破)도 스스로 했으므로 흔히 독학했다고 말합니다. 그러나 저는 그렇게 생각하지 않습니다. 저에게는 이 모든 것들이 스승이었기 때문입니다.

정해진 스승이 없었기 때문에 자유롭게 많은 학문을 공부할 수 있었고, 과거의 공부방식에 얽매이지 않았으며, 그로 인해 지금에 가장 알맞은 새로운 방편을 만들 수 있었습니다. 지나고 나서 곰곰이 생각해 보니 이상하게도 저는 처음부터 '내 생각'을 조금도 개입시키지 않고 공부를 했기 때문에 감동 받는 일이 자주 있었습니다.

특히 평상시에 하기 싫어하던 일이나 나를 고통스럽게 하는 모든 것들을 수행의 방편으로 삼았기 때문에 역경계逆境界가 그대로 깨달음으로 인도하는 스승의 역할을 하였습니다.

하나를 확실하게 알기 위해서는 그것과 다른 많은 것들을 알아야 합니다. 학문과 학문은 서로 연결(연기)되어 있기 때문에 하나가 모두요 모두가 하나입니다. 그 하나는 바로 '원리'입니다. 따라서 원리를 먼저 이해하고 다른 공부를 하면, 하나로 통하기 때문에 양자물리학과 같이 어려운 학문도 금방 알게 됩니다.

있는 그대로의 세상을 볼 줄 알면 스승 아닌 것이 없고 기적 아닌 것이 없습니다. 세상이 있다는 것, 그것보다 더 큰 기적은 없습니다. 이유는 세상이 진여眞如이기 때문입니다.

✤ 불교 TV (인터넷) ✤

* 성철 스님의 탄생100주년 법문(산은 산 물은 물)
* 고우 스님의 선요 대강좌
* 무비 스님의 행복특강(법화경 꽃을 피우다)
* 무비 스님의 서장특강
* 특집 세미나('나' 버릴 것인가? 찾을 것인가?)
* 혜능 스님과 함께하는 입보리 행론
* 혜거 스님: 신심명 강의
일체유심조
유식론
* 소운 스님의 알기 쉬운 대승불교사
* 위빠사나 수행법: 김영권
* 수불 스님의 특별법문(안국선원 선원장): 돈오입도요문론, 신심명
* 민희식 교수의 간다라 불교와 한국의 미래
* 달라이라마 행복을 말하다
* 왜 지금 붓다와 노자인가?: 김형효(한국 정신문화연구원 부원장)
* 삶의 도와 불교: 김형효
* 김종욱 교수: 불교로 이해하는 현대 철학
불교와 철학의 만남
* 성본 스님: 선불교 특강(임제어록, 육조단경 돈황본)
선학 특강
* 각성 스님: 능엄경 강의
* 각묵 스님(초기 불전연구원 지도법사): 초기 불교의 교학과 수행

* 우학 스님: 초발심 자경문
불교 공부
금강경 핵심 강의
육조단경(덕이본)

* 정병조 교수: 불교문화를 알면 세상이 보인다
불교, 미래에 도전하라

* 현대물리학으로 풀어본 반야심경: 김성구 교수

* 현각스님의 살아있는 금강경

* 현각 스님이 전하는 달마어록

* 틱 낫한 스님 특별법문: 평화와 지혜를 말하다
붓다의 길

* 설기문 박사의 마음 특강: 이제는 마음이다

* 설우 스님(법인정사 선원장): 선에서 본 금강경
선요 특강
간화선 수행의 지침서

* 수진 스님의 화엄경

* 일묵 스님 특별법문(제따나와 선원장): 팔정도 수행(바로알고 내려놓기)

* 전현수 박사의 마음 테라피

* 조계사 28고승 초청 법화산림법회

* 종범 스님의 향기있는 법문

* 지운 스님의 대승기신론

* 지운 스님의 해심밀경

* 진각종 밀교 수행강좌: 혜정정사(진각종 통리원장)

* 천문학자, 우주에서 붓다를 찾다: 이시우 박사

* 과학, 생명 그리고 불교: 김성구 교수(이화여대 물리학과)
조원호 교수(서울대 재료공학부)

장현갑 교수(영남대 심리학과)
한자경 교수(이화여대 철학과)
김종욱 교수(동국대 불교학과)

* 과학으로 보는 불교의 중심사상: 양형진 교수(고려대 디스플레이 반도체 물리학과)

* 뇌와 생각의 출현: 박문호 박사

* 박문호 박사의 137억년 우주의 진화

* 다시 듣고싶은 법문: 석주, 성오, 숭산, 혜암, 정대, 서암, 청화, 관응, 서옹, 정일,
법장, 틱 낫한, 성철(백일 법문), 구산, 해안, 경봉, 달라이라마

* 대원 스님의 선요

* 묘허 스님의 인과법문(49재 특강)

* 법륜 스님의 반야심경

* 법륜 스님의 즉문즉설

* 벽송사 벽송선회: 월암 스님

* 불교와 과학의 만남(초끈이론과 화엄사상): 조현학

* 불교와 의학의 만남: 김재일 교수, 강용원(마음향기 한의원장)
이문성(한국 분석심리 학회장), 장현갑 교수
인환 스님, 박문호 박사, 소광섭 교수

* 영혼의 윤회와 해탈: 오형근 교수

* 특집 세미나('욕망' 삶의 동력인가? 괴로움의 뿌리인가?): 김종욱, 정준영,
한자경, 이덕진,
박찬국, 권석만,
우희종 교수

* 우승택의 유식으로 하는 투자 클리닉

* 마음을 훈련하라! 몸과 뇌가 바뀐다: 정현갑 교수

* 무상사 일요 가족법회 등 스님들의 법문

* 홍익학당 윤홍식 강의

✤ 기독교 TV (인터넷) ✤

* 장경동, 김삼환, 조용기 목사님을 비롯한 많은 목사님들의 설교

* CBS성서학당

* 장경동 CBS파워특강

* 김문훈 CBS 파워특강

✤ 평화(천주교) TV(인터넷) ✤

* 차동엽 신부님 강의

✤ 인터넷 블로그, 카페 및 지식백과 ✤

✤ 참고 서적 ✤

* 돈오입도요문론 강설: 성철스님 법어집 1집 4권(장경각, 2002)

* 간화선: 대한불교조계종 교육원(조계종 출판사, 2005)

* 선지식(6인 큰스님 법어집): 석주, 구산, 서옹, 월산, 월하, 경산(홍법원, 2006)

* 티벳 사자의 서: 파드마 삼바바 지음, 라마 카지 다와삼둡 번역, 에반스 웬츠 편집, 류시화 옮김(정신세계사, 2001)

* 성자와 범부가 함께 읽는 금강경: 윤을순(도서출판 신우당, 1998)

* 마음의 자유를 찾아서: 동광 스님 법어집(여성 불교사)

* 선답, 진리를 묻고 깨달음을 답하다: 김성우(은행나무, 2008)

* 21세기 붓다의 메시지: 자재만현(현지궁 현지사, 2005)

* 영원한 대 자유인: 법기 강정진(궁리, 2003)

* 설득의 심리학: 로버트 치알디니(21세기 북스, 2003)

* 만들어진 신: 리처드 도킨스 지음, 이한음 옮김(김영사, 2008)

* 이기적 유전자: 리처드 도킨스 지음, 홍영남 옮김(을유문화사, 2006)

* 블링: 윌리암 안츠, 마크 빈센트, 벳시 체스 공저, 박인재 옮김(2010)

* 왓칭: 김상운(정신세계사, 2012)

* 기독교의 본질: 이치문 목사(도서출판 엘리, 2007)

* 기: 혜강 최한기 지음, 손병욱 역주(통나무, 2004)